高等学校计算机基础教育教材精选

C程序设计教程

周世平 卢云宏 谭征 贺利坚 刘迎军 编著

清华大学出版社

北 京

内 容 简 介

本书系 C 程序设计教程,以算法和 Raptor 程序设计引导读者如何用计算机求解问题,以 C 语言为基础介绍了程序设计的基本思想和方法,从计算机问题求解与算法设计的角度提高程序设计的能力。全书内容丰富,强调程序设计方法与综合实践能力的培养。

本书可作为计算机及相关专业 C 程序设计的教材,也可供专业技术人员参考或者作为培训教材。

图书在版编目(CIP)数据

C 程序设计教程/周世平等编著. --北京:清华大学出版社,2016(2024.7重印)

高等学校计算机基础教育教材精选

ISBN 978-7-302-43966-0

Ⅰ. ①C… Ⅱ. ①周… Ⅲ. ①C 语言-程序设计-高等学校-教材 Ⅳ. ①TP312

中国版本图书馆 CIP 数据核字(2016)第 117590 号

责任编辑:张 玥 薛 阳
封面设计:傅瑞学
责任校对:焦丽丽
责任印制:刘 菲

出版发行:清华大学出版社
   网 址:https://www.tup.com.cn,https://www.wqxuetang.com
   地 址:北京清华大学学研大厦 A 座   邮 编:100084
   社 总 机:010-83470000   邮 购:010-62786544
   投稿与读者服务:010-62776969,c-service@tup.tsinghua.edu.cn
   质量反馈:010-62772015,zhiliang@tup.tsinghua.edu.cn
   课件下载:https://www.tup.com.cn,010-83470236
印 装 者:三河市铭诚印务有限公司
经 销:全国新华书店
开 本:185mm×260mm 印 张:24.25   字 数:556 千字
版 次:2016 年 9 月第 1 版   印 次:2024 年 7 月第 11 次印刷
定 价:75.00 元

产品编号:065454-03

前言

本书是面向程序设计初学者编写的教材,目标是让学生学会第一门程序设计语言,而且还要具备用计算机语言进行程序设计的能力,培养读者计算思维以及对计算机问题求解的能力。

本书内容共分成三部分:算法和 Raptor 程序设计、C 程序设计及计算机问题求解。

第一部分涵盖了算法的表示及设计、三大结构及模块化程序设计思想。通过本部分的学习,学生可以用流程图、N-S 图及伪代码表示算法、用 Raptor 语言进行算法设计并实现算法。

第二部分包括 C 程序设计的基本思想、C 程序的基本结构、C 提供的基本数据类型、C 的各种语句、C 程序的函数与模块化程序设计、C 语言中复合数据类型的设计与应用。

第三部分为高级篇,以计算机问题求解为导向,涵盖了问题分析、数据结构的选择、算法的设计与分析以及典型解题策略的应用。

本书突破传统教材的限制,章节顺序以学生容易接受、迅速应用的宗旨安排,例如,将程序设计的结构放在数据类型、表达式和语句的前面,先见"森林",再见"树木";将文件的简单应用安排在程序的多文件组织部分,使读者能及早体会到实际工程中对数据来源和去向的安排。

本书采用案例教学与传统教学相结合的方式介绍全书内容。第 2、3、8 章为案例式教学,介绍 Raptor 程序设计、C 程序设计以及计算机问题求解;第 4、5、6 章采用传统教学方式,介绍 C 程序的组成元素。本书各章内容如下。

第 1 章绪论,介绍简单的计算机组成,计算机解决问题的步骤,算法的表示与设计。

第 2 章 Raptor 程序设计,包括算法设计和 Raptor 部分,涵盖了三大结构及模块化思想的可视化实现。在 C 程序设计教材中引进可视化程序设计 Raptor,帮助学生理解算法,能够看到算法实现的结果,有助于学生进行算法设计。

第 3 章 C 程序设计初步,包括 C 程序的开发过程、程序设计的三大结构及简单的算法,如枚举和迭代。没有在基本数据类型之前介绍 C 的基本结构,目的是为了让学生学会程序设计的思想,对 C 程序设计先有感性的认识。

第 4 章基本数据类型及表达式,包含 C 语言提供的基本数据类型、运算符及表达式、语句,以及基本的输入输出函数。在第 3 章中学习了程序设计的基本结构,以及对数据类型和表达式有了初步印象后,学生对于数据类型及表达式的概念是容易接受的。

第 5 章函数与模块化程序设计,利用函数与文件实现模块化程序设计,并且实现对输入输出的数据进行简单的文件处理。本章涉及简单的文件处理,将文件的一部分内容提前介绍。

第 6 章复合数据类型,涵盖数组、结构体、共用体、枚举构造数据类型以及指针。将所有非基本数据类型的内容放在一起处理,强调数据类型在程序设计中的重要性。

第 7 章文件,涵盖文件作为输入输出的概念、文件的基本应用与综合应用。

第 8 章计算机问题求解及算法,介绍了计算机问题求解过程、问题求解中数据结构的选择,以及计算机问题求解的常见算法和策略,包括查找、排序、贪心、动态规划等。

本书每章后附知识结构图以及全书知识结构图,帮助读者全方位掌握知识,树立整体观念。

本书的习题分为基础知识题、算法设计题、程序阅读题、程序设计题、Online Judge 题以及综合实践题。综合实践题可作为课程实践题目。

本书可作为计算机专业和非计算机专业的教材。较难的章节、例题及习题的前面都加了 * 符号,帮助教师选择教学内容。根据教学课时,本书可采用如下的教学安排。

<1>→[2]→<3>→<4>→<5>→<6>→<7>→[8]

(1) 全书按顺序全讲;

(2) 对于非计算机专业的学生,第 8 章可不讲;

(3) 第 2 章内容,可以去掉,也可以让学生自学,也可以与第 3 章内容交替进行,也可以安排在第 3 章后进行;

(4) 第 3 章内容可以安排在第 2 章前。

本书第 1、2 章由周世平编写,第 3 章由周世平、刘迎军编写,第 4 章由刘迎军编写,第 5 章由卢云宏编写,第 6 章由谭征编写,第 7、8 章由贺利坚编写,全书由周世平、卢云宏统稿。由于时间仓促,作者水平有限,书中难免出现差错,欢迎读者提出批评和意见。

目录

第 1 章　绪论 ……………………………………………………………… 1

1.1　计算机系统 ………………………………………………………… 1

　　1.1.1　硬件系统 …………………………………………………… 1

　　1.1.2　软件系统 …………………………………………………… 4

1.2　程序设计语言 ……………………………………………………… 5

　　1.2.1　机器语言与汇编语言 ……………………………………… 5

　　1.2.2　高级语言 …………………………………………………… 5

1.3　计算机问题求解 …………………………………………………… 6

　　1.3.1　计算机问题求解概述 ……………………………………… 6

　　1.3.2　算法与程序设计 …………………………………………… 7

　　1.3.3　计算机科学 ………………………………………………… 8

　　1.3.4　程序设计范式 ……………………………………………… 8

1.4　算法的设计 ………………………………………………………… 9

　　1.4.1　算法思维 …………………………………………………… 9

　　1.4.2　算法表示 …………………………………………………… 10

　　1.4.3　算法的三种基本结构 ……………………………………… 11

　　1.4.4　算法的设计方法 …………………………………………… 12

本章知识结构图 …………………………………………………………… 14

习题 ………………………………………………………………………… 15

第 2 章　Raptor 程序设计 ……………………………………………… 16

2.1　Raptor 的输入与输出 ……………………………………………… 16

　　2.1.1　什么是 Raptor ……………………………………………… 16

　　2.1.2　简单输出语句 ……………………………………………… 16

　　2.1.3　简单输入语句 ……………………………………………… 19

2.2　Raptor 的赋值与过程 ……………………………………………… 21

　　2.2.1　赋值语句 …………………………………………………… 21

　　2.2.2　过程调用语句 ……………………………………………… 24

2.3　Raptor 的控制结构 ………………………………………………… 28

      2.3.1　顺序结构 ················· 28

      2.3.2　选择结构 ················· 28

      2.3.3　循环结构 ················· 30

      2.3.4　级联选择控制与嵌套循环 ······· 35

      2.3.5　Raptor 注释 ··············· 37

  2.4　Raptor 的数组 ················· 37

      2.4.1　为什么使用数组 ············· 37

      2.4.2　数组和数组元素 ············· 38

      2.4.3　创建和使用数组 ············· 38

 *2.5　Raptor 的文件与图形界面 ·········· 40

      2.5.1　计算结果的文件保存 ·········· 40

      2.5.2　输出结果的图形显示 ·········· 43

  2.6　综合设计案例 ················· 43

  本章知识结构图 ··················· 45

  习题 ························· 46

第 3 章　C 程序设计初步 ················· 48

  3.1　C 语言程序 ·················· 48

      3.1.1　C 语言起源 ··············· 48

      3.1.2　简单 C 程序 ··············· 49

      3.1.3　C 程序的构成和风格 ·········· 50

      3.1.4　C 程序的开发 ············· 51

      3.1.5　C 的标准 ················ 53

  3.2　C 程序的数据信息 ··············· 53

  3.3　C 程序的控制结构 ··············· 56

      3.3.1　顺序结构 ················· 56

      3.3.2　选择结构 ················· 58

      3.3.3　循环结构 ················· 60

  3.4　C 程序的设计 ················· 61

      3.4.1　枚举法 ·················· 61

      3.4.2　迭代法 ·················· 65

  本章知识结构图 ··················· 68

  习题 ························· 68

第 4 章　C 语言基本组成 ················· 71

  4.1　C 语言的词法 ················· 71

      4.1.1　C 语言字符集 ············· 71

      4.1.2　保留字 ·················· 72

    4.1.3　用户标识符 ·· 73

    4.1.4　C 语言的词类 ·· 74

  4.2　基本数据类型 ··· 74

    4.2.1　数制 ··· 74

    4.2.2　数据类型 ·· 75

    4.2.3　常量 ··· 77

    4.2.4　变量 ··· 79

  4.3　运算符和表达式 ··· 82

    4.3.1　算术运算 ·· 83

    4.3.2　关系运算 ·· 84

    4.3.3　逻辑运算 ·· 85

    4.3.4　赋值运算 ·· 87

    4.3.5　自增自减运算 ·· 88

    4.3.6　逗号运算 ·· 89

    4.3.7　长度运算 ·· 89

    4.3.8　条件运算 ·· 89

    *4.3.9　位运算 ··· 90

    4.3.10　类型转换 ·· 93

  4.4　C 语言基本语句 ··· 95

    4.4.1　表达式语句 ··· 96

    4.4.2　复合语句 ·· 96

    4.4.3　选择语句 ·· 97

    4.4.4　循环语句 ··· 105

    4.4.5　跳转语句 ··· 114

    4.4.6　标号语句 ··· 116

  4.5　格式化输入与输出 ··· 116

    4.5.1　格式化输出函数 printf ································· 116

    4.5.2　格式化输入函数 scanf ································· 121

本章知识结构图 ·· 126

习题 ·· 127

第 5 章　函数 ·· 138

  5.1　模块化思想概述 ··· 138

    5.1.1　模块的概念 ·· 138

    5.1.2　模块的例子 ·· 138

    5.1.3　模块-函数 ··· 140

    5.1.4　模块设计的原则 ·· 140

  5.2　函数的定义 ··· 141

5.3 函数的调用 ……………………………………………………… 143
    5.3.1 函数的调用形式 …………………………………………… 143
    5.3.2 参数传递与返回值 ………………………………………… 144
    5.3.3 函数声明 …………………………………………………… 145
    5.3.4 系统函数调用 ……………………………………………… 147
5.4 递归调用 ………………………………………………………… 150
    5.4.1 简单递归的设计 …………………………………………… 150
    *5.4.2 其他递归的设计 ………………………………………… 153
5.5 变量的作用域与存储类型 ……………………………………… 156
    5.5.1 变量的作用域 ……………………………………………… 156
    5.5.2 变量生存期和存储类型 …………………………………… 157
5.6 程序文件结构 …………………………………………………… 160
    5.6.1 单文件结构 ………………………………………………… 160
    5.6.2 多文件结构 ………………………………………………… 160
    5.6.3 预处理指令 ………………………………………………… 163
    5.6.4 文本文件输入输出 ………………………………………… 166
*5.7 模块化程序设计 ………………………………………………… 169
本章知识结构图 ……………………………………………………… 174
习题 …………………………………………………………………… 175

第6章 复杂数据类型 ………………………………………………… 184
6.1 一维数组 ………………………………………………………… 184
    6.1.1 数组的定义 ………………………………………………… 186
    6.1.2 一维数组的初始化 ………………………………………… 189
    6.1.3 一维数组的应用举例 ……………………………………… 190
6.2 二维数组 ………………………………………………………… 197
    6.2.1 二维数组的定义 …………………………………………… 197
    6.2.2 二维数组的存储 …………………………………………… 197
    6.2.3 二维数组元素的引用 ……………………………………… 198
    6.2.4 二维数组的初始化 ………………………………………… 198
    6.2.5 二维数组的应用举例 ……………………………………… 199
6.3 指针 ……………………………………………………………… 201
    6.3.1 指针的概念 ………………………………………………… 202
    6.3.2 指针变量 …………………………………………………… 203
    6.3.3 一维数组和指针 …………………………………………… 205
    6.3.4 二维数组和指针 …………………………………………… 208
    *6.3.5 返回指针值的函数和指向函数的指针变量 …………… 215
    *6.3.6 动态内存分配 …………………………………………… 218

6.4　字符串 ………………………………………………………………… 221

　　6.4.1　字符串常量 …………………………………………………… 222

　　6.4.2　字符串的存储和初始化 ……………………………………… 222

　　6.4.3　用指针指向字符串 …………………………………………… 223

　　6.4.4　字符串的访问 ………………………………………………… 224

　　6.4.5　字符串处理函数 ……………………………………………… 227

　*6.4.6　用指针数组处理字符串 ……………………………………… 233

6.5　结构体 ………………………………………………………………… 237

　　6.5.1　定义结构体类型 ……………………………………………… 238

　　6.5.2　结构体变量的定义及初始化 ………………………………… 239

　　6.5.3　结构体变量所占空间的大小 ………………………………… 240

　　6.5.4　结构体变量的引用 …………………………………………… 242

　　6.5.5　结构体数组 …………………………………………………… 244

　　6.5.6　指向结构体的指针 …………………………………………… 246

6.6　复杂数据类型作函数参数 …………………………………………… 248

　　6.6.1　一维数组作函数参数 ………………………………………… 248

　*6.6.2　二维数组作函数参数 ………………………………………… 251

　　6.6.3　指针作函数参数 ……………………………………………… 255

　*6.6.4　结构体类型的指针和变量作函数参数 ……………………… 260

*6.7　其他复杂数据类型 …………………………………………………… 261

　　6.7.1　共用体类型 …………………………………………………… 261

　　6.7.2　枚举类型 ……………………………………………………… 264

　　6.7.3　类型重定义 …………………………………………………… 267

本章知识结构图 ……………………………………………………………… 270

习题 …………………………………………………………………………… 272

第7章　文件 ………………………………………………………………… 280

7.1　输入输出的基本概念 ………………………………………………… 280

　　7.1.1　普通文件和设备文件 ………………………………………… 280

　　7.1.2　二进制文件和文本文件 ……………………………………… 281

　　7.1.3　文件流 ………………………………………………………… 282

　　7.1.4　缓冲文件系统 ………………………………………………… 283

　　7.1.5　文件指针 ……………………………………………………… 283

7.2　文件的打开和关闭 …………………………………………………… 284

　　7.2.1　文件的打开(fopen 函数) …………………………………… 284

　　7.2.2　文件关闭函数(fclose 函数) ………………………………… 286

7.3　文本文件的输入输出 ………………………………………………… 287

　　7.3.1　读写字符 ……………………………………………………… 287

　　7.3.2　读写字符串 …………………………………………………… 289

7.3.3 读写格式化数据 ·················· 291
7.3.4 利用标准输入输出设备的读写操作 ·········· 293
7.4 二进制文件的输入和输出 ················· 294
7.4.1 文件定位 ···················· 294
7.4.2 读写数据块函数 ················· 296
7.4.3 二进制文件的随机读写 ·············· 298
本章知识结构图 ······················ 303
习题 ···························· 304

*第8章 问题求解与算法 ··················· 309
8.1 问题求解中数据结构的选用 ··············· 309
8.1.1 问题求解的过程 ················· 309
8.1.2 问题求解中对数据结构的选择 ·········· 317
8.1.3 基于数组存储数据的局限 ············· 320
8.2 链表 ························· 323
8.2.1 单链表存储结构 ················· 324
8.2.2 遍历链表 ···················· 325
8.2.3 创建一个链表 ·················· 325
8.2.4 在链表中插入结点 ················ 327
8.2.5 在链表中删除结点 ················ 329
8.2.6 链表结构的应用 ················· 331
8.3 查找 ························· 337
8.3.1 在有序表上的二分查找 ·············· 337
8.3.2 用哈希法存储和查找数据 ············· 341
8.4 排序 ························· 344
8.4.1 快速排序 ···················· 345
8.4.2 简单计数排序 ·················· 347
8.5 问题求解策略 ····················· 348
8.5.1 回溯法 ····················· 349
8.5.2 贪心法 ····················· 352
8.5.3 动态规划 ···················· 356
本章知识结构图 ······················ 359
习题 ···························· 360

附录A ASCII 码表完整版 ·················· 365

附录B 综合实践报告 ···················· 367

本书知识结构图 ······················· 372

第 **1** 章 绪 论

　　计算机系统能够自动工作，依靠的是各种各样的程序，驱动着组成计算机的各个部件，协调、有序地工作。学会一种程序设计语言，学会用程序设计的手段解决问题，也成为人们深入了解和学习计算机的入手点。本章首先介绍为程序提供运行环境的计算机系统和用于编制程序的计算机语言的基本概念。编写程序的目的是为了利用计算机进行问题求解，本章对问题求解的过程、算法与程序设计的任务也做了概述，最后简述 C 语言程序的构成及开发过程。

1.1　计算机系统

　　计算机系统由硬件系统和软件系统两部分组成。硬件系统是计算机赖以工作的实体，由各种物理设备有机组合而成；软件用于指挥计算机完成指定的任务，由程序和文档组成。计算机硬件与软件相互依存，硬件是软件得以运行的基本保障，而软件使硬件性能得以发挥并实现。1946 年，冯·诺依曼（von Neumann）采用二进制作为计算机的数制基础，提出了在数字计算机内部的存储器中存放程序的概念，成为现代电子计算机的范式，被称为"冯·诺依曼结构"。按这一结构建造的计算机称为存储程序计算机（Stored Program Computer）。程序和数据以二进制代码的形式存放在存储器中，计算机按照人们事先指定的顺序执行程序中的指令，为此计算机必须具有计算、控制、存储、输入与输出的功能。

1.1.1　硬件系统

　　硬件（Hardware）是计算机系统中所有实体部件和设备的统称。按照冯·诺依曼计算机结构，计算机主要由运算器、控制器、存储器、输入和输出设备 5 个部分组成，如图 1.1 所示。

1. 运算器

　　运算器也称为 ALU（Arithmetic Logic Unit，逻辑运算单元），其基本功能为加、减、乘、除四则运算，与、或、非、异或等逻辑操作，以及移位、求补等操作。计算机运行时，运算器的操作和操作种类由控制器决定。运算器处理的数据来自存储器；处理后的结果数据通常送回存储器,或暂时寄存在运算器中。运算器只能做简单的基本运算,复杂的运算要通过基本运算的复合实现。然而运算器的运算速度非常快,具有高速完成复杂运算的能力。

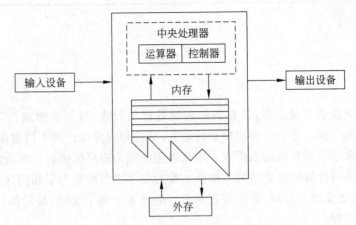

图 1.1　计算机的基本结构

2. 控制器

控制器(Control Unit,CU)的功能是控制中央处理器的操作,指导计算机的存储器、运算器、输入设备和输出设备如何应对程序指令。提供时序信号和控制信号,管理计算机的大部分资源,完成协调和指挥整个计算机系统的操作。

中央处理器(Central Processing Unit,CPU)由运算器、控制器及一些寄存器(Register)构成,其中寄存器负责给 ALU 提供运算所需的数据和存储运算的结果。CPU是一台计算机的运算和控制的核心。现代的 CPU 仅由一块集成电路 IC 芯片(Integrated Circuit)构成,也称为微处理器。

CPU 的性能大致决定了计算机的性能,CPU 性能主要取决于其主频和工作效率,主频即是 CPU 内部核心工作的时钟频率,可以通过增加 CPU 芯片即多核提高计算机的性能。

3. 存储器

计算机提供存储设备存储输入的数据以及程序,称为存储器(Memory)。有两种形式的存储器:主存储器(Main Memory)和辅存储器(Secondary Memory),也简称为内存和外存。

内存用来存放即将要执行的程序及其程序所需的数据,被划分为一系列单元,每个单元用来存储一组 8 位由 0 和 1 组成的二进制数,称为字节(Byte)。一个字节总共能够表示 256 个不同的数(0~255 或 −128~+127),见附录 A。计算机可以将数据存放到内存单元中,也可以从内存单元中读取数据。每个单元都有一个唯一的数字编码,称为内存单元的地址(Address)。计算机通过内存地址找到内存单元,然后对这个单元的数据进行存取。

如果一个字节不能表示一个数据,可用连续的多个相邻单元存储,通常是两个、4 个或 8 个,这时该数据的地址指的是存储它的第一个单元的地址,见图 1.2。

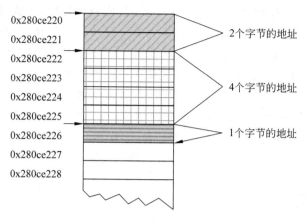

图 1.2　内存单元的数据及其地址

外存以文件的形式存储程序和数据,数据信息在外存里可以永久保存。当运行一个程序时,将该程序及该程序所用的数据复制到内存。内存不能永久保留程序及数据,一旦关机,内存中的内容自动消失。一个计算机可以连接多个外存。常用的外存有硬盘(Hard Disk)、U 盘(Flash Disk)、光盘(Compact Disk)等。

计算机可以根据内存地址访问内存中任意地址的数据,所以内存也称为随机存储器(Random Access Memory,RAM)。然而外存常常需要顺序存取(Sequential Access),所以计算机在读取外存的数据时,需要搜索,不能随机存取。

计算机存储信息大小的基本单位为字节(B),每个字节包含 8 个二进制位。存储量的单位从小到大是 B、KB、MB、GB 和 TB。它们之间的关系是:1KB＝1024B、1MB＝1024KB、1GB＝1024MB、1TB＝1024GB。因为计算机使用的是二进制,所以倍数是 2 的幂。而 $2^{10}＝1024$,所以换算公式中使用 1024 作为系数。

CPU 处理器和主存储器构成了计算机的核心,通常把它们看成一个整体。计算机的其他部分与主存储器连接,在 CPU 的指示下工作。

4. 输入设备

输入输出设备是用户与计算机系统信息交流的接口。

用户通过输入设备向计算机输入数据信息,输入设备将它们转化为计算机能够处理的二进制形式数据存入内存。主要的输入设备是键盘和鼠标,其他输入设备有摄像头、扫描仪、光笔、手写输入板、游戏杆、语音输入装置等。计算机能够接收数值型的数据,也可以接收各种非数值型的数据,如图形、图像、声音等。

5. 输出设备

输出设备用于接收计算机数据的输出,把各种计算结果数据或信息以数字、字符、图像、声音等形式表现出来。最常用的输出设备是显示器,其他输出设备有打印机、绘图仪、影像输出系统、语音输出系统、磁记录设备等。

计算机的发展经历了大型主机阶段、小型计算机阶段、微型计算机阶段、客户/服务器阶段、Internet 阶段、云计算时代。计算机的类型越来越多样化,大致可分为服务器、工作站、台式计算机、笔记本计算机、手持设备 5 大类。服务器是为客户端计算机提供各种服务的高性能的计算机,通常具有高速的运算能力、强大的数据处理能力。工作站是一种面向专业应用领域,具有较强的信息处理功能和图形图像处理功能,为满足工程设计、动画制作、科学研究、软件开发、金融管理、信息服务、模拟仿真等专业领域而设计开发的高性能计算机。台式计算机也就是流行的微型计算机,也称为个人计算机,为个人和公司所用。笔记本电脑是一种小型、可携带的个人计算机。手持设备种类较多,如 PDA、SmartPhone、智能手机、3G 手机、Netbook、EeePC 等,它们的特点是体积小。

1.1.2 软件系统

软件系统(Software System)是指由系统软件和应用软件组成的计算机软件系统,是计算机系统中由软件组成的部分。

1. 程序

计算机的输入包括两个部分:程序和数据。程序(Program)是指完成一定功能的指令的有序集合。指令是可以被计算机的硬件直接识别和执行的。程序的输入是数据(Data)。例如,一个将班级同学的成绩排序的程序,其输入数据是全班同学的成绩。

编写程序也称为程序设计,是给出解决特定问题程序的过程。程序设计往往以某种程序设计语言为工具,在某种语言下编写程序。用计算机运行程序(Run Program)就是将程序和程序所需要的数据给予计算机,计算机依次执行程序中的每一条指令。

2. 软件

软件(Software)是指程序、程序运行所需要的数据以及开发、使用和维护这些程序所需要的文档的集合。

3. 系统软件

系统软件是指控制和协调计算机及外部设备,支持应用软件开发和运行的系统,是无须用户干预的各种程序的集合。系统软件主要功能是调度、监控和维护计算机系统,负责管理计算机系统中各种独立的硬件,使得它们可以协调工作。系统软件使得计算机使用者和其他软件将计算机当作一个整体而不需要顾及底层每个硬件是如何工作的。人不能直接和计算机进行对话,而是通过操作系统进行交流。操作系统(Operating System)给各个计算机任务分配资源,负责所有计算机程序,包括运行计算机程序。常用的操作系统有 Windows、UNIX、Linux、DOS、Mac OS 及 VMS 等。

4. 应用软件

应用软件(Application)是指为某一专门的应用目的而开发的软件,包括文字处理软件、信息管理软件、辅助设计软件、实时控制软件、图形图像处理软件等。应用软件满足不同领域、不同问题的应用需求,可以拓宽计算机系统的应用领域,扩充硬件的功能。

1.2　程序设计语言

计算机程序是用计算机语言来编写的。计算机语言是人与计算机之间通信的语言。计算机系统通过语言传达指令给机器。为了编写程序,让计算机进行各种工作,人们创造由数字、字符和语法规则组成的计算机各种指令,这些指令能够被计算机接受并执行,称为计算机语言(Computer Language)。计算机语言大致可分为机器语言、汇编语言和高级语言。

1.2.1　机器语言与汇编语言

机器语言(Machine Language)是由二进制数 0 和 1 组成的,是能够被计算机识别的一种机器指令集合。机器语言的每一条语句就是一条指令,计算机的硬件结构使得计算机具有执行指令的功能。如某种计算机的指令为 1011011000000000,它表示让计算机进行一次加法操作;而指令 1011010100000000 则表示进行一次减法操作。不同型号的计算机的指令系统是不相通的,所以机器语言编制的程序不具有通用性。

机器语言具有灵活、直接执行和速度快等特点。但是用机器语言编写的程序,难读、难写、难记、直观性差、容易出错等,编程人员面临烦琐艰巨的工作。为了解决机器语言的问题,人们用符号代替机器语言的二进制码,把机器语言变成了汇编语言(Assembly Language),也称为符号语言。计算机不能直接识别汇编语言编写的程序,需要一种程序将汇编语言翻译成机器语言,这种程序叫汇编程序(Assembler)。汇编程序把汇编语言翻译成机器语言的过程称为汇编。

机器语言和汇编语言都是面向机器的低级语言(Low-level Language),虽然运行速度快,但是难于编写、较差的通用性及维护性促使人们创造友好、使用方便的计算机语言。

1.2.2　高级语言

与低级语言相对,高级语言(High-level Language)是一种接近人类自然语言的程序设计语言,如 C/C++、Java、FORTRAN、BASIC 等语言。高级语言脱离具体机器环境,不使用机器的指令系统,使用人们易于接受的文字和数学表达式,使程序设计人员编写更容易,极大地提高了编程的效率,并且用高级语言编写的程序具有较高的可读性、移植性和维护性。

计算机不能识别和执行高级语言编写的程序,为此需要设计一种程序将高级语言编写的程序翻译成机器语言。翻译程序的方式有编译和解释两种。

1. 编译方式

由高级语言编写的程序称为源程序(Source Program)或源代码(Source Code)。编译器(Compiler)也是一种程序,它将源程序翻译成由机器指令构成的代码,称为目标程序(Object Program)或目标代码(Object Code)。代码(Code)通常指程序或程序段。然后连接器(Linker)将目标代码与相关的库文件连接生成一个可执行程序(Executable Program)。运行可执行程序就能够实现程序的功能。

编译方式的特点是可执行程序可以脱离源程序和编译器独立运行,并且执行速度快。但不同的操作系统之间移植有问题,需要根据运行的操作系统环境编译不同的可执行文件。编译型语言的代表有 C、C++、Pascal、Object-C 以及苹果新语言 Swift 等。

2. 解释方式

解释方式是通过解释器实现的。在运行程序时,解释器(Interpreter)将高级语言编写的源程序逐行解释执行。不论在什么平台上,只要安装了解释器就可以不用修改源代码执行程序,具有良好的移植性。但解释型语言每次运行程序都要重新逐条解释、逐条执行,所以执行速度较慢。解释型语言的代表有 JavaScript、Python、PHP、Perl、Ruby 等。

为了克服编译型和解释型语言的缺点,就出现了混合语言,在编译的时候先编译成中间码,如 C#、Java 语言。严格来说,混合型语言也属于解释型语言。

1.3 计算机问题求解

1.3.1 计算机问题求解概述

问题求解(Problem Solving)用在很多领域。在计算机科学领域,问题求解是一个计算化的过程,是将问题的求解步骤用计算机实现的过程。然而这个过程并不是简单的编写程序的过程,而是分析问题、确定解决方案、程序设计等一系列步骤的合成。计算机解决问题的基本步骤如下。

(1)分析问题:对问题进行分析,理解问题的条件以及所要解决的问题。

(2)构建数学模型:用计算机解决问题是解决能够计算机化的问题,为此,首先对实际问题用数学语言描述,进行抽象,构建其数学模型。

(3)选择数据结构和设计算法:首先根据问题的数学模型中数据的特点,选择数据结构。然后针对数据结构的特点,设计解决该模型的算法,并对算法的性能进行分析。最后采用合适的方法对算法进行描述,方便将算法转化为程序。

(4)编写程序。选择一门程序设计语言,将上述的数据结构用该语言的数据表示,将上述的算法描述转化为用程序设计语言表述,并创建程序文件。

(5) 运行与测试。运行程序,并选择测试数据对程序进行测试,确保程序的正确性。

如果进行测试的结果不正确,要逆行检查。首先检查编写的程序是否正确地转化了算法。如果是,再检查数据结构是否合理,算法是否正确。如果也是,接下来检查对问题的描述、建立的数学模型是否正确,直到找出问题,再重新实施计算机问题求解的过程。

1.3.2 算法与程序设计

当我们开始学习第一门计算机语言,通常认为最难的是如何将解题思路翻译成计算机语言,让计算机帮助我们解决问题,然而,事实并非如此。用计算机求解问题最难的部分是找到问题求解的方法。找到解的方法后,按照常规将方法翻译成需要的计算机语言,如 C 语言或其他计算机语言。暂时忽略程序设计语言,避开语言的细节,以人类语言写下求解的步骤,被称为算法。

算法(Algorithm)是对问题求解方案的准确而完整的描述,是一系列解决问题的清晰指令,代表着用系统的方法描述解决问题的策略机制。如果一个算法有缺陷,或者不适合于某个问题,执行这个算法将不会解决这个问题。求解一个问题,可能有多种算法,虽然它们都能够完成同样的任务,但效率不尽相同。算法的优劣可以用空间复杂度与时间复杂度来衡量,时间复杂度是衡量算法完成任务所用时间的多少,空间复杂度是度量执行该算法所用的变量的多少。好的算法将会产生高质量的程序。算法应该具备以下 5 个重要特性。

(1) 有穷性(Finiteness):算法必须能在执行有限步骤之后终止,不能是无限的。

(2) 确定性(Definiteness):算法中的每一步骤必须有确切的定义,不能含糊有二义性。

(3) 输入项(Input):算法有 0 个或多个输入,用以描述对象的初始状态,0 个输入是指算法本身给定了初始条件。

(4) 输出项(Output):算法有一个或多个输出,刻画对输入数据处理后的结果。没有输出的算法没有任何实际意义。

(5) 有效性(Effectiveness):算法中的每一步骤都是可以被分解为基本的可执行的操作步骤,即每步都可以在有限时间内完成。

【案例 1.1】 自助加满油的算法。

(1) 把车开到标有 DIY 加油标识的加油机;

(2) 确定油枪等级;

(3) 插入加油卡,输入密码确认;

(4) 选择加满;

(5) 将油枪喷嘴插进汽车的油箱;

(6) 按下开关,等加满会自动停止;

(7) 把油枪放回原处;

(8) 取收据。

该算法产生以下两个结果。

（1）可见的结果：收据。

（2）隐性的结果：油箱满了，油卡里的钱少了。

【案例 1.2】 判断一元二次方程 $ax^2+bx+c=0$ 是否有实根的算法。

（1）输入三个系数：a、b、c；

（2）计算 $\Delta=b^2-4ac$；

（3）判断 $\Delta \geqslant 0$ 是否成立。如果成立，则输出"方程有实根"；否则，输出"方程无实根"。

虽然算法给出了计算机问题求解的步骤，但是计算机不能执行它，必须进行程序设计。程序设计（Programming）是用计算机程序设计语言为算法编码的过程，提供数据类型表示数据，提供控制结构表示算法步骤，并且计算机可以执行它，求出算法的结果。算法是问题求解的第一步，没有算法，就没有程序。

1.3.3 计算机科学

什么是计算机科学？计算机科学通常很难定义，虽然使用了计算机一词，但是计算机科学不单是研究计算机的。计算机在本学科扮演了重要的作用，然而它的作用仅仅是工具的支持。计算机科学（Computer Science，CS）是对问题、问题求解以及问题求解过程的研究。给定一个问题，计算机科学家的目标是开发设计一个算法解决该问题。可以认为计算机科学是研究算法的科学。有些问题有解，有些问题可能没有解。问题有解称为可计算。计算机科学是研究可解问题和不可解问题，研究其算法的存在和不存在性。在许多情况下，会发现"计算机"一词根本不出现，解被认为是独立于机器的。所以说计算机科学是研究算法，不是研究程序设计的。然而程序设计是计算机科学家做的非常重要的工作。程序设计通常是一种方式，通过这种方式表示解的过程成为学科的基础。

1.3.4 程序设计范式

程序员以什么样的风格编写程序是编程范式，也称为程序设计范式（Programming Paradigm）。程序设计范式是程序设计语言的基础风格，指导程序员如何构建程序的结构和元素。有的语言被设计的只遵循一种范式，有的语言可以遵循多种范式。常见的编程范式有过程式的编程范式和面向对象的编程范式。编程范式是程序员看待程序应该具有的观点。

1. 过程化程序设计

过程化程序设计（Procedural Programming）是传统的编程方式，也称为命令式程序设计，其思想源于计算机指令的顺序排列。程序由可计算的步骤组成，过程式程序是一系列指令的集合，告诉计算机逐步执行。过程式程序设计语言有 C、GO、FORTRAN、

Pascal 以及 BASIC 等。

过程化编程的步骤是：首先将待解问题的解决方案抽象为一系列概念化的步骤。然后通过编程的方式将这些步骤转化为程序指令集(算法)，而这些指令按照一定的顺序排列，用来说明如何执行一个任务或解决一个问题。

过程化语言特别适合解决线性的算法问题，它强调自顶向下、精益求精的设计方式。这种方式非常类似人们的工作和生活方式。过程化语言趋向于开发运行较快且对系统资源利用率较高的程序。

2. 结构化程序设计

为了让程序具有良好的可读性、保证程序质量及效率，著名的 Pascal 语言之父沃斯(N. Wirth)提出了结构化程序设计(Structured Programming)的概念。该思想对程序控制结构做出了本质的描述，提出了三种基本程序控制结构：顺序结构、选择结构和循环结构。

结构化程序设计使用三种基本控制结构、子程序(Subroutines)、块结构(Block Structures)、模块化思想，不使用跳转 goto 语句。遵循着自顶向下、逐步细化的方法进行过程化程序设计。

3. 面向对象的程序设计

过程化程序设计是面向过程的，注重解决问题过程细节、操作数据的步骤，将数据与对数据的操作分离，忽略了数据的重要性。过程化编程范式要求按部就班地解决每个问题。然而并不是每个问题都适合这种过程化的思维方式。由此产生了其他程序设计范式。

面向对象的程序设计(Object Oriented Programming, OOP)是基于对象的概念。所谓对象就是现实世界的实体，它有自身的属性和行为，在程序设计中将其抽象为数据和操作。所以面向对象的程序设计是以对象作为程序的基本单元，将数据和操作封装在其中，以提高软件的重用性、灵活性和扩展性。面向对象的程序设计模式已经出现二十多年，Smalltalk、Java 和 C++ 都是面向对象的编程语言。

1.4 算法的设计

进行算法设计之前，要对算法有正确的认识，包括算法思维、算法表示、算法结构及算法设计的方法。

1.4.1 算法思维

算法思维是一种理解算法、执行算法、评估算法和设计算法的能力。

理解算法和执行算法是程序员应该具备的能力。逐条阅读算法的指令并能够理解，保证每条指令依序正确执行，并非是一件容易的事，需要耐心和毅力，是一个自我培养的过程，也是算法思维的一部分。

评估算法的能力是算法思维中很重要的组成。首先确定算法是否能够解决给定任务。然后估计时间、花费是否可以接受。较详细的算法的评估将在第 8 章中讨论。

创造设计新算法是指对于给定的一个任务，设计出一系列精确的指令解决它，要求算法的每一步都是清晰的、可执行的。这是算法思维中最难的一部分，其复杂程度由任务的复杂度决定。

在信息时代，越来越多的问题由计算机解决。但是目前计算机还不具备理解和认知的能力，独立解决问题，只能完成人已经开发好的算法任务。所以用计算机进行问题求解，设计计算机能够执行的算法是关键。只有知道计算机能够执行什么，才能写出清晰的计算机可执行的指令。

本节要讨论的算法是计算机可执行的算法。

1.4.2 算法表示

在计算机问题求解过程中，算法是先于编写程序的。为了准确无误地解决问题、快速地将算法转化为程序，要考虑用什么样的方法表示算法。有很多方法可以表示算法，包括自然语言、伪代码、流程图、可视化程序设计语言以及程序设计语言等。

1. 自然语言表示

用自然语言(Natural Language)描述算法可以使用汉语、英语或其他语言以及符号等。自然语言描述算法通俗易懂，方便设计算法的思想。但是描述文字冗长、内容表达上容易含糊不清，有二义性，不易于程序的实现，故极少用于描述复杂或技术性的算法，通常只用于对算法做辅助说明。

2. 流程图表示

流程图(Flow Chart)是一种图示，可以用来表示算法、工作流或过程处理。流程图表示算法采用各种框图表示算法的步骤，用箭头连接表示顺序。对给定问题，所画出的算法流程图实际上是该问题的一个解的模型。通常用流程图分析设计算法。流程图采用的符号是由美国国家标准协会 ANSI 规定的，常用的流程图符号如图 1.3 所示。

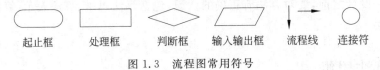

起止框　　处理框　　判断框　　输入输出框　　流程线　　连接符

图 1.3　流程图常用符号

3. N-S 流程图表示

N-S 图用于表示结构化程序设计的图形设计表示。这种图示是由美国学者 I. Nassi 和 B. Shneiderman 于 1973 年提出的,也称为结构图。传统的流程图用箭头表示程序的走向,如图 1.4 所示。N-S 图遵循自顶向下、逐步分解的设计,使用嵌入框表示子问题,与结构化程序设计一致,由此省略了传统流程图中的箭头,也去除了可以到达程序任意地方的 goto 语句[①],如图 1.5 所示。N-S 图几乎等价于流程图,除了 goto 结构和 C 语言循环中的 break 和 continue 语句。

N-S 图很少用于正式编程,其抽象水平接近于结构化程序代码,一旦修改需要重新画图,但是在勾画过程以及高水平抽象的时候非常有用。

4. 伪代码表示

伪代码(Pseudo Code)是介于自然语言和程序设计语言之间的文字和符号,书写简单、修改方便。与计算机语言接近,将算法转化成程序非常容易。通常的做法是,选择类似编程语言的伪代码写算法。例如,如果要编写 C 语言的程序,就用类 C 语言的伪代码写算法。

5. 可视化程序设计语言表示

可视化程序设计语言(Visual Programming Language)用图形方式操作程序元素,是基于框图的程序设计语言。屏幕对象被处理为实体,由箭头、线、弧连接表示关系,允许可视化表示。可视化程序设计语言表示算法也是用结构化方法表示算法。用可执行的可视化编程语言表示算法,算法执行的结果可以直接看到。第 2 章介绍的 Raptor 就是能够可视化设计、执行算法的程序设计语言。

6. 程序设计语言表示

用程序设计语言(Programming Languages)表示算法最大的优点是计算机能够执行它,通常用于定义或记录算法。

1.4.3 算法的三种基本结构

传统的流程图表示算法形象直观、操作含义清晰、易转化程序,但篇幅大,且对流程线的使用没有加以严格的限制,程序可以任意走向,流程图没有任何规律可循。1966 年,Bohra 和 Jacopini 提出了表示算法的三种基本结构:顺序结构、选择结构和循环结构。图 1.4 和图 1.5 分别是用流程图和 N-S 图表示的三种基本结构。

实践证明,任何可计算问题的算法均可以使用这三种结构表示。由基本结构表示的算法称为结构化算法。

---

① "goto 语句有害论"主张从高级程序语言中去掉 goto 语句。C 语言保留了 goto 语句,建议不用或少用。

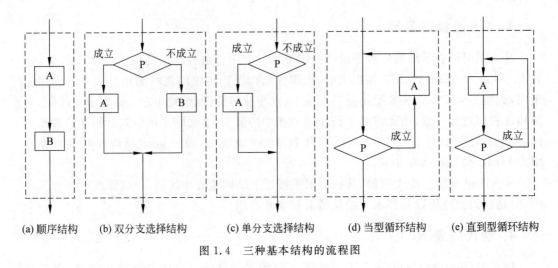

(a) 顺序结构　　(b) 双分支选择结构　　(c) 单分支选择结构　　(d) 当型循环结构　　(e) 直到型循环结构

图 1.4　三种基本结构的流程图

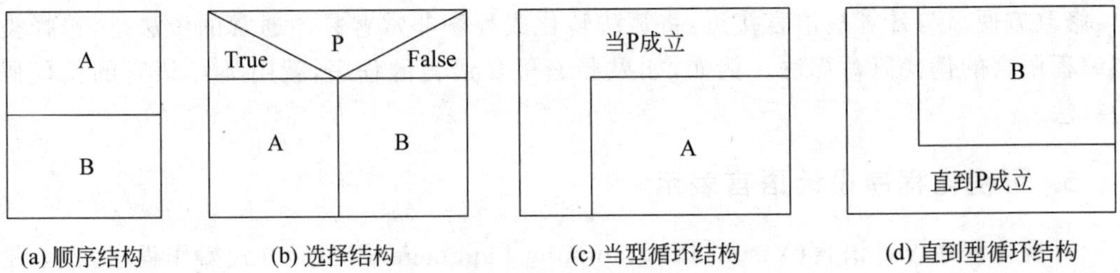

(a) 顺序结构　　　(b) 选择结构　　　(c) 当型循环结构　　　(d) 直到型循环结构

图 1.5　三种基本结构的 N-S 图

1.4.4　算法的设计方法

在软件设计中,有两种策略或称为风格:自顶向下和自底向上。本教材主要使用自顶向下逐步求精的程序设计方法。

自顶向下方法把一个大的复杂系统分解成一些小的子系统。这些子系统称为第一级子系统。每个子系统还可以进一步精细,再分解子系统,具有多级别的子系统,直到子系统分解成基本元素。自顶向下方法是从一个大的系统开始,逐步分解到更小组成的过程。

结构化程序设计支持"自顶向下,逐步求精"的程序设计方法。在软件模块划分时,也采用自上而下、逐步分解的方法,直到最低层达到要求的规模为止。各模块功能独立、相互关联。

【案例 1.3】　BMI(Body Mass Index,身体质量指数)是用体重千克数除以身高米数平方得出的数字,是目前国际上常用的衡量人体健康的一个标准。我国的 BMI 标准为 18.5～23.9。设计统计一个班级中 BMI 指数正常人数的算法,并用流程图、N-S 图及伪代码分别表示。

分析:这是对一个班 N 个同学进行同样的操作,所以使用循环结构。对每个同学根

　C 程序设计教程

据 BMI 指数的大小决定是否计数,所以用选择结构。选择结构的条件判定的依据是 BMI 的大小,这样对每个同学都要计算 BMI。计算 BMI 可以用一个单独过程表示,每次计算 BMI 时,调用这个过程。BMI 是由身高和体重决定的,所以给定一个班的 N 个同学,可以由用户输入同学的身高和体重。图 1.6 为用三种方法表示求解该问题的算法。

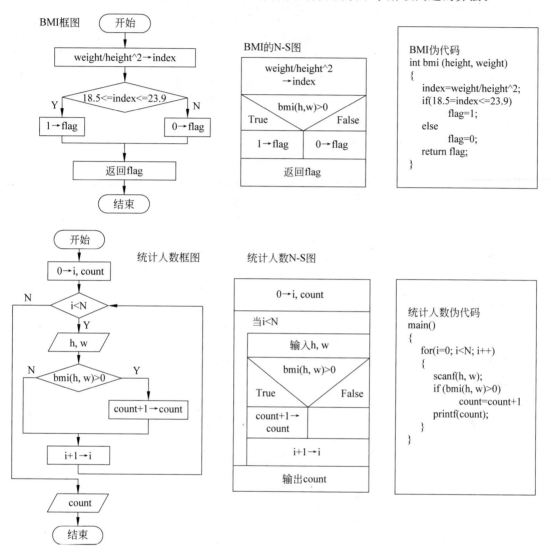

图 1.6　用流程图、N-S 图和伪代码表示案例 1.3 的算法

说明:

(1) 算法中 height^2 表示 height 的平方;

(2) index 表示 BMI 指数;

(3) bmi(height,weight)是一个过程,计算身高为 height,体重为 weight 的 BMI 指数;

(4) bmi(h,w)针对输入的身高 h、体重 w,调用 bmi()过程求其指数。

本章知识结构图

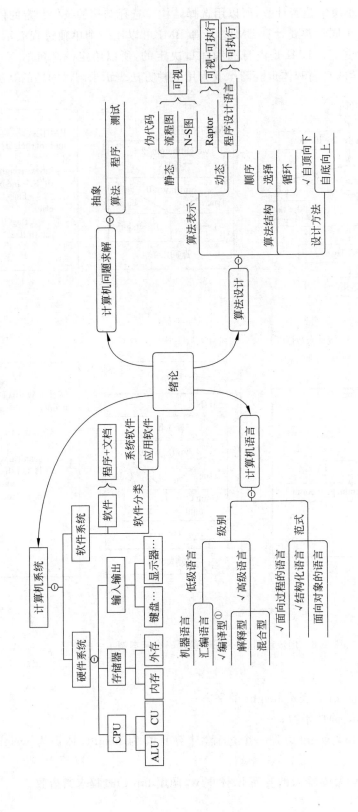

① 对勾的选项为 C 程序设计所具有的特性。

习　题

基础知识

1.1　计算机的 5 个组成部分是什么？

1.2　编译器的作用是什么？

1.3　机器语言和高级语言的区别是什么？

1.4　论述计算机问题求解的步骤。

1.5　论述算法与程序的区别。

1.6　算法的三种基本结构是什么？

1.7　N-S 图的表示算法的优势和不足各是什么？

算法设计

1.8　分别写下手工洗衣服和用洗衣机洗衣服的算法。

1.9　写出计算任意矩形面积的算法。

1.10　用伪代码写出判断一个整数是否为素数的算法。

1.11　画出求 100 之内的素数流程图。

综合实践

1.12　搜索小笼包的吃法及注意事项，用流程图及伪代码描述如下算法。

(1) 吃 6 个小笼包；

(2) 吃小笼包吃饱。

注意：吃完一个再吃下一个。写完算法后，吃一次小笼包，完善算法。

第 2 章 Raptor 程序设计

算法是问题求解的关键,它给出问题的解决方案,是程序设计中重要的一个环节。本章用可视化程序设计语言 Raptor 设计可执行的算法。

2.1 Raptor 的输入与输出

2.1.1 什么是 Raptor

Raptor(Rapid Algorithmic Prototyping Tool for Ordered Reasoning,有序推理的快速算法原型工具),是一种基于流程图的可视化的程序设计环境。流程图是一系列相互连接的图形符号的集合,每个符号代表一个指定的指令,符号之间的连接决定了指令的执行顺序。Raptor 的可视化及可执行性为程序和算法设计的教学提供了实验环境。

前面用流程图表示算法是静态的、不能够运行的,更不能够在计算机上验证结果。Raptor 是可执行的可视化程序设计语言,在 Raptor 上不仅可以用流程图表示算法,还可以直接运行设计成功的算法,直接看到算法的结果。Raptor 可以逐个执行图形符号,以便帮助用户跟踪指令流执行过程,容易掌握。用 Raptor 进行算法设计,有助于初学者理解和掌握算法设计。Raptor 的错误提示简单易懂,初学者调试程序简单方便。另外,使用 Raptor 设计的程序和算法可以直接转换成 C++ 、C♯ 、Java 等高级程序语言,帮助初学者理解和实现算法。使用 Raptor 的目的是进行设计、运行和验证算法。

Raptor 软件可以从官网 http://raptor.martincarlisle.com 下载安装。安装后运行就会看见 Raptor 的主界面,如图 2.1 所示。主界面由 4 个区域组成:用于编辑、运行、调试程序的程序窗口、显示输出程序结果的主控制台窗口、Raptor 的符号区及显示程序中变量变化的变量区。

本章 Raptor 编程采用案例式学习,即先给一个案例,然后看如何用 Raptor 实现,由此学习相关的 Raptor 的概念及 Raptor 程序设计。

2.1.2 简单输出语句

【案例 2.1】 电子欢迎器。某大学计算机学院为了迎接本院新生,在学院门口立了一个电子屏,当新生来到时,显示欢迎词,如图 2.2 所示。

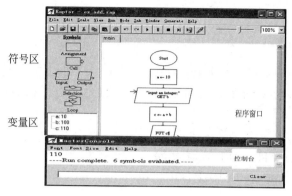

符号区

变量区

图 2.1　Raptor 主界面

图 2.2　计算机学院的电子欢迎器

为了制作这个欢迎器,首先看看 Raptor 的程序是怎样构成的,并且 Raptor 的哪个组成能够输出欢迎器上的信息。

1. Raptor 程序组成

Raptor 程序是由一组连接的图形符号组成。符号(Symbol)表示要执行的操作,符号间的连接箭头确定符号执行的顺序。程序执行时,从开始(Start)符号起步,并按照箭头所指方向执行程序,程序执行到结束(End)符号时停止。最小的 Raptor 程序什么都不做,如图 2.3 所示。

在开始符号和结束符号之间插入一系列 Raptor 符号,就可以创建 Raptor 程序。那么 Raptor 又有哪些符号呢?

2. Raptor 基本符号

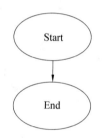

图 2.3　开始和结束符号

Raptor 有 6 种基本符号:赋值(Assignment)、调用(Call)、输入(Input)、输出(Output)、选择(Selection)与循环(Loop),如图 2.4 所示。每个符号代表一个独特的指令类型,完成一个指定的功能。我们也使用"语句"来描述这些符号。

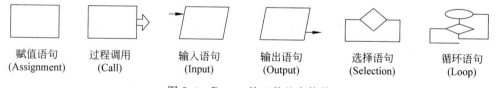

赋值语句　　　　过程调用　　　　输入语句　　　　输出语句　　　　选择语句　　　　循环语句
(Assignment)　　　(Call)　　　　　(Input)　　　　(Output)　　　(Selection)　　　(Loop)

图 2.4　Raptor 的 6 种基本符号

先考虑制作一个简单的欢迎器,只输出简单的信息,例如输出"Hello RAPTOR!"。

为了能够输出这个简单的信息,需要使用 RAPTOR 具有输出功能的符号:输出语句。很简单,只要将输出符号从 RAPTOR 符号区拖曳到程序窗口的开始符号和结束符号之间,就在程序中加上了第 1 条语句,当然它还是空的。然后就定义该语句,让它输出"Hello RAPTOR!"。双击输出符号或右击它选择 Edit,打开 Enter Output 对话框就可以定义输出语句了。

3．输出语句

输出语句通过 Enter Output 对话框定义。在 Enter Output Here 文本框中填入要显示的文字"Hello RAPTOR!"，如图 2.5(a)所示。则程序中的输出符号就有了内容，如图 2.5(b)所示。

说明：

（1）输出符号中的 PUT 字样是系统自动加上的，表示输出；

（2）在定义输出内容时，将输出内容"Hello RAPTOR!"用双引号引起来，双引号是英文的竖引号，不是中文的弯引号；

（3）只输出引号内的内容，不输出引号本身。

然后单击菜单上的"运行"按钮运行程序，Raptor 会另打开一个叫做主控台（Master Console）的窗口，如果程序没有错误就会在该窗口中显示程序运行的结果，如图 2.5(c)所示。

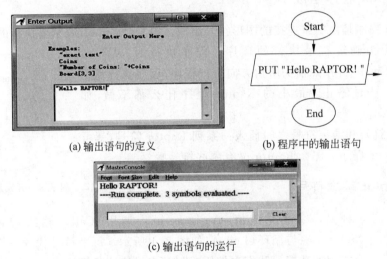

(a) 输出语句的定义　　　　　　　(b) 程序中的输出语句

(c) 输出语句的运行

图 2.5　Hello RAPTOR 程序

注意：只有完全正确的程序才能运行。如果在编辑输出语句时有错误，如输入了中文的双引号，程序是不能运行的，会在文本框的下面显示错误信息"ID is unexpected "Hello RAPTOR""。

说明：在程序中的某一位置增加一条语句并定义的步骤：将语句所对应的 Raptor 符号拖曳到该位置，双击或右击它选择 Edit 命令，打开一个对话框进行编辑定义。本章不再描述如何在程序中加入一条语句以及打开对话框的双击或右击动作。

学会了让 Raptor 输出简单信息，下面继续分析欢迎器要做哪些工作。

（1）欢迎器对每个同学都要显示"Welcome"；

（2）显示每个同学的名字，要注意同学的名字不都是一样的；

（3）显示每个同学的家乡，家乡也是有可能要变化的；

（4）显示分为两行，并且第一行 Welcome 前面有空位置。

欢迎器的主要功能还是显示内容，但是发现显示的内容与刚刚做的 Hello RAPTOR! 有些不一样。Hello RAPTOR! 显示的内容是已知的、不变的，而同学的名字及家乡是未知的、变化的。计算机如何知道每个同学的名字和家乡呢？计算机在显示同学的信息之前又是如何暂存同学的信息呢？

2.1.3　简单输入语句

Raptor 用输入符号实现输入功能，用变量暂存信息。

1. 变量

在计算机程序中，变量（Variable）是计算机内存中的存储位置（也就是地址），表示在这个位置存储的数据。用两个变量分别表示同学的名字及城市，并且为了在程序中能够使用这两个变量，还要给这两个变量起名。

Raptor 的变量名中可以包含字母、数字及下划线，但必须以字母开头且不能包含空格。为了变量名的可读性，所取的变量名应该有描述性意义，能够描述变量在程序中的作用。通常用英文单词或单词的缩写给变量命名。如果一个单词不能很好地描述变量，可以用多个单词给变量命名，但是两个单词间最好用下划线字符分隔。给表示同学的名字和城市的变量分别起名为 student_name 和 student_hometown。

有意义的、具有描述性的变量名字，有助于程序的理解及程序的调试。表 2.1 显示了一些好的、差的和非法的变量名的例子。

表 2.1　变量名实例

好的变量名	差的变量名	非法的变量名
student_hometown	c(没有描述)	123city(以数字开头)
student_name	stuname(需添加下划线)	student name(包含空格)money＄(包括无效字)

2. 输入语句

在程序中加入输入符号，打开 Enter Input 对话框，编辑输入语句，如图 2.6(a)所示。该对话框包括两部分：提示文本和变量名。为了避免用户对要输入的数据茫然，应在提示文本中说明数据的性质、类型、范围、数量单位等。比如，输入"Please enter your name"（注意：再次提示使用英文的竖引号）用以提示用户，程序执行到这里应该输入同学名字。在变量名框里填上变量名 student_name。student_name 用以保存程序执行时用户输入的名字。

一个输入语句定义后，就会在输入框内有输入提示及 GET 字样，如图 2.6(b)所示。GET 是系统自动加上的，表示程序执行到这里需要给变量 student_name 输入值。

输入语句在运行时，将显示一个 Input 对话框，如图 2.6(c)所示。用户在 Input 对话中输入的值将赋值给变量 student_name。

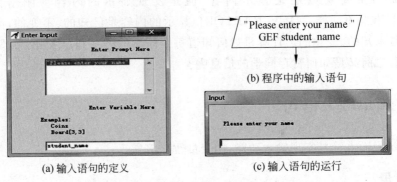

(b) 程序中的输入语句

(a) 输入语句的定义   (c) 输入语句的运行

图 2.6　欢迎器中的输入语句

用同样的方式创建第二个输入语句,给变量 student_hometown 赋值,输入同学的城市。

已经设置变量保存同学的名字及城市,下面就考虑欢迎同学了。输出信息显得复杂一些,输出的东西有不变的,如"Welcome"、"("及")",也有变化的,如同学的名字和城市。

3. 复杂输出

输出语句可以输出纯文本,如输出"Welcome",将纯文本"Welcome"放在双引号内;输出语句也可以输出变量的值,只要在文本框中填入变量的名字,如 student_name;输出语句还可以输出文本与变量的组合,我们称之为表达式输出,如在 Enter Output 对话框中填入表达式 student_name＋"("＋student_hometown＋")"。该表达式是由＋连接的纯文本与变量的组合,文本用双引号括起来了,变量直接写变量的名字。输出时,文本内容原样输出,变量输出其值。

注意:表达式中除了引号要用英文的引号之外,"("及")"也要使用英文的括号。

欢迎器的输出是由三行组成的,第一行是"Welcome",第二行是空白行,第三行是名字和城市,要用三条输出语句实现。为了保证输出三行不是一行,在每行输出后加一个换行。定义输出语句时,只要勾选 Enter Output 对话框中的复选框 End current line 就可以实现换行,不勾选该复选框表示输出后不换行。第二行的空行是用空格实现的,一个或多个空格都可以,但是空格要用引号括起来。

注意:为了美观,我们在"Welcome"前加若干个空格,可以使得"Welcome"输出的位置比较居中一些。

欢迎器完整程序及运行情况如图 2.7 所示。

注意:程序运行过程中可以在观察变量区变量 student_name 及 student_hometown 的产生。

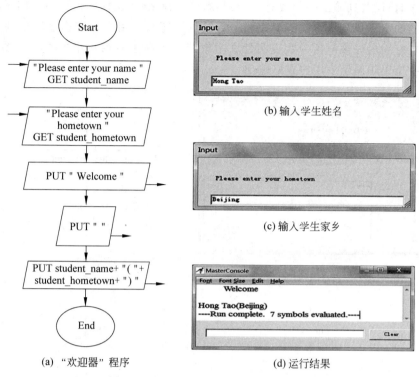

(a) "欢迎器"程序

(b) 输入学生姓名

(c) 输入学生家乡

(d) 运行结果

图2.7 "欢迎器"程序、运行及运行结果

2.2 Raptor 的赋值与过程

【案例2.2】 计算器。制作一个能做加减乘除四则运算的计算器。

先从简单的加法开始。加法过程是：任给两个数，计算和，然后输出和。首先用变量存储这两个数，分别设为 a 和 b。设 sum 为保存和的变量，将 a+b 的结果赋值给 sum。赋值需要使用 Raptor 的赋值语句。

2.2.1 赋值语句

1. 简单赋值

赋值语句（符号）是用于计算表达式的值，然后将其结果存储在变量中，称为给变量赋值。例如，计算 a+b 的值并赋给变量 sum，就可以用赋值语句实现。定义赋值语句的 Enter Statement 对话框包括 Set 和 to 两部分，将需要赋值的变量名输入到 Set 文本框中，需要计算的表达式输入到 to 文本框中。加法器中，在 Set 文本框中输入变量 sum，在 to 文本框中输入计算 sum 的表达式 a+b，如图2.8(a)所示。经过编辑赋值语句如图2.8(b)所示，符号"←"表示右端的值赋给左端。

加法器将 a+b 赋给变量 sum 后输出 sum。直接输出 sum 没有任何问题，但是当用户执行程序时,仅看到输出一个数时,需要判断这是什么数,这样的输出不是用户友好的。用户友好的输出不仅显示算法或程序的运行结果。还要让用户知道程序输出的是什么,所以用户友好输出应该包括一些说明性文本解释输出在主控窗口中的数字。图 2.8(c)中的最后一个语句展示了用户友好输出。

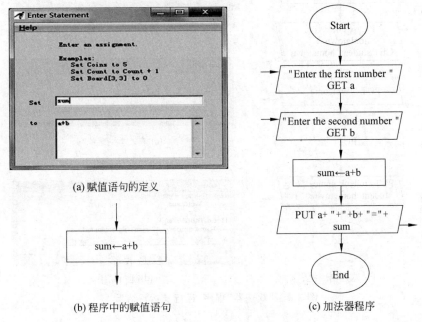

(a) 赋值语句的定义

(b) 程序中的赋值语句

(c) 加法器程序

图 2.8　加法器程序

加法器的运行过程:让用户输入两个数,如图 2.9(a)和图 2.9(b)所示,观察变量区,会发现新创建的两个变量 a 和 b。图 2.9(c)展示了程序运行的结果。

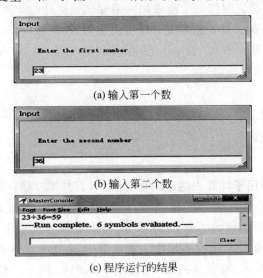

(a) 输入第一个数

(b) 输入第二个数

(c) 程序运行的结果

图 2.9　加法器程序的运行

说明：在图 2.8(c)中的最后一个输出语句中，共输出了三个变量 a、b 和 sum，其他都是文本，文本与变量连接的时候用"+"。

我们注意到案例 2.1 中的变量 student_name、student_hometown 与案例 2.2 中的变量 a、b、sum 是不一样的。Raptor 的变量是有类型的。

2. 变量类型

通过前面的两个 Raptor 程序，可以看到 Raptor 程序开始执行时，没有任何变量存在。在程序执行过程中，Raptor 每当遇到一个新的变量名，就会自动为该变量创建一个内存位置，该变量一直存在，直到程序终止。变量创建时所赋给变量的值称为初始值，初始值决定变量存储的数据类型是数值数据还是文本数据。当变量被赋予新类型的数据时，该变量的数据类型也随之改变。Raptor 有以下三种数据类型。

（1）数值(Number)：表示数量、可以进行数值运算的数据类型，如 567、-3.14159 等。

（2）字符串(String)：表示文本数据的一串字符，如"Please enter your name"、"Enter the first number"、"("以及"a+b="。字符串用于程序中的输入提示、处理语句和输出语句的组合。字符串使用时必须用双引号(英文的竖双引号)引起来与变量名字区别。

（3）字符(Character)：单个字符，如'a'、'$'、'5'。字符要用单引号(英文的竖引号)，引起来与变量区分。

目前 Raptor(Raptor 2014)中的字符与字符串尚不能保存汉字，所有字符仅限 ACSII 字符。

注意：用双引号引起来的单个字符是字符串，如"5"是字符串。

3. 变量的赋值

Raptor 使用的赋值语句的语法为：变量←表达式(Variable←Expression)。箭头右端为表达式，左边为要赋值的变量。如果该变量在前面的语句中未曾出现过，则 Raptor 创建一个新的变量；如果该变量在先前的语句中已经出现，则表达式值将替代原先的值。表达式中变量的值不会被赋值语句改变。一个赋值语句只能给一个变量赋值。在加法器的案例中，变量 a 和 b 是由输入语句创建的，变量 sum 是由赋值语句创建的。

注意：当给变量赋值时，表达式的值必须是已经确定的。如果表达式中含有无值的变量，就会发生变量没有找到(Variable not found)错误。

4. 变量没有找到错误

Raptor 对变量的要求较其他程序设计语言低，使用变量不易发生错误。变量没有找到(Variable not found)错误发生的常见原因是变量无值或变量名拼写错误。图 2.10 中的程序用含有变量 y 的表达式给变量 x 赋值，然而 y 没有值，所以发生变量没有找到错误。使用变量的

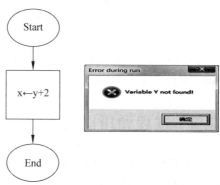

图 2.10　变量没有找到错误

另一个错误是值不能比较错误,详见 2.3.2 节。

5. 表达式

前面已经用过表达式的概念。表达式(Expression)是由常量或变量和运算符连接的有意义的式子。变量是在程序运行过程中变化的量,常量(Constant)是在程序运行过程中保持不变的量。计算机计算表达式时,一次只能做一个运算。当一个表达式包含多个运算符时,就要考虑表达式计算的顺序。虽然表达式的书写从左到右,但计算的顺序,是按照预先定义的"优先级"进行的,例如下面的两个例子:

(1) x←3＋9/3

(2) x←(3＋9)/3

说明:(1)中变量 x 的值为 6,(2)中的变量 x 值为 4。在(1)中虽然"＋"号在"/"号之前,但是"/"号的优先级高于"＋",要先做除法再做加法。在(2)中虽然"＋"号的优先级低于"/",但圆括号改变了运算的优先级,先做加法后做除法。

一般性的"优先顺序"为:函数、括号内表达式、乘幂、乘除,最后加减,遵循从左到右的次序。例如,计算表达式 $5*(\sin(x)+\cos(y))+\dfrac{e^x}{\lg(y)}-\sin\left(\dfrac{\pi}{8}\right)$ 的值。给定 x 和 y 后,根据运算符的优先级,先计算函数 $\sin(x)$、$\cos(y)$、e^x、$\lg(y)$ 及 $\sin\left(\dfrac{\pi}{8}\right)$,然后计算圆括号内的 $\sin(x)+\cos(y)$,再计算乘除,最后从左到右进行加减,得出其值,如图 2.11 所示。

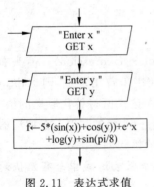

图 2.11 表达式求值

当输入 x 的值为 0.8,y 的值为 0.65,则表达式 f 的值为 10.3086。

说明:

(1) $\sin(x)$、$\cos(y)$、e^x、$\lg(y)$ 均是 Raptor 的内置函数。若使用内置函数,可参考 Raptor 的内置函数表或者在赋值语句的 Enter Statement 对话框中的提示框中会根据输入自动提示内置函数;

(2) Raptor 表达式中乘号不能省略,必须使用"＊"号;

(3) 除号用"/"号;

(4) 表达式的值带有小数时自动保留 4 位,也可以设置保留位数;

(5) Raptor 中用 pi 代替圆周率 π,e 是自然对数的底。pi 和 e 是 Raptor 中的常量。Raptor 提供 4 个符号常量,除了 pi 和 e,还有 true 和 false,表示真和假。

2.2.2 过程调用语句

可以依照加法器的做法做减法器、乘法器和除法器。如果想做一个能做任意两个数的四则运算器,可以在程序中分别写上加法、减法、乘法和除法的代码构成整个程序,也可以将 4 个运算器各写成一个过程,然后调用各个过程。过程(Procedure)是完成某个任务而编写的语句命名集合。

1. 过程调用

程序调用一个过程时,暂停当前程序的执行,转去执行过程中的所有指令,然后返回到程序中,在先前暂停的程序的下一语句恢复执行原来的程序。程序根据过程名调用过程,调用过程时,根据需要向过程传递输入参数,过程也向调用它的程序传递输出参数。以加法过程 add 为例,在主程序中输入两个数 a 和 b,调用 add 过程,将 a 和 b 的值传给 add,add 过程进行加法运算,将运算结果返回到主程序。

2. 过程的定义

Raptor 提供了定义过程的功能。要创建过程,首先将 Raptor 菜单上的模式(Mode)设为中级模式(Intermediate),然后右击主程序 main,选择添加过程 add procedure 命令,打开 Create Procedure 对话框,如图 2.12(a)所示。例如,创建一个名为 add 的过程,在过程名(Procedure Name)框中填入 add,过程 add 有两个输入参数 x 和 y,是要计算的两个加数,在第 1 和第 2 个参数(Parameter)框中分别输入 x 和 y,并且勾选上 Input 复选框,表示 x 和 y 是输入参数,第 3 个参数填入 sum,作为过程的返回值,并且勾选上 Output 选项,表示它是输出参数,图 2.12(a)展示了一个过程的创建,其过程头为 add(in x, in y, out sum),然后在 add 过程中加入希望 add 过程所要进行的操作。add 过程要完成的操作如下。

(1) 对给定的输入参数 x 和 y,计算和,赋给 sum;

(2) 输出和 sum。

这样在 add 过程中加入赋值语句和输出语句,如图 2.12(b)所示。类似地定义其他三个过程 sub、mul 及 div,分别完成减法、乘法与除法的操作过程。

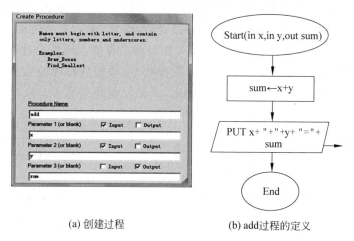

(a) 创建过程　　　　　　(b) add过程的定义

图 2.12　过程的创建与定义

3．过程调用的定义

Raptor 通过过程调用语句(符号)实现调用一个过程。打开 Enter Call 对话框，填写要调用的过程名字，以及参与计算的两个数，如 23 和 36，存放计算结果的变量 s，如图 2.13(a)所示。图 2.13(b)展示了调用 4 个过程，图 2.13(c)显示了计算结果。

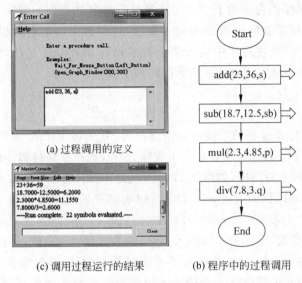

(a) 过程调用的定义

(c) 调用过程运行的结果   (b) 程序中的过程调用

图 2.13 调用过程

提示：Raptor 在对话框 Enter Call 编辑过程调用时，随着过程名称输入有智能提示功能。智能提示列出过程的全名及参数，帮助正确编辑调用过程。

4．过程的参数传递

如图 2.13(b)所示的过程调用将 23 传给 x，36 传给 y。x 和 y 是过程定义时的参数变量，称为形式参数变量(Formal Parameter)，简称形参，表示 x 的值和 y 的值要参与过程中的计算，但是在定义过程的时候，变量 x 和 y 并没有值。而是在过程被调用时，由调用过程的程序传给它们值。23 和 36 是实际参数，是调用过程时的参数，称为实际参数(Actual Parameter)，简称实参。过程调用时，x 和 y 分别带值 23 和 36 参与运算得到

sum，sum 也是形参，是输出参数，其值传给可以调用过程时的参数 s，s 也是实参。

在调用 add 时，使用了固定值的实际参数 23 和 36，但是如果想计算用户指定的两个数怎么办？使用变量 a 和 b，存储用户输入的两个数，调用 add 过程，将 a 和 b 的值传给形参 x 和 y。这样图 2.13 调用 add 过程修改为图 2.14。

说明：

(1) 用两个输入语句给变量 a 和 b 赋值；

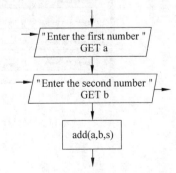

图 2.14 用过程调用实现的计算器程序段

C 程序设计教程

（2）然后 a 和 b 作为实参，调用 add 过程以及另外三个过程；

（3）如果计算加、减、乘、除的数不同，就要在每个过程调用之前，都要输入 a 和 b；

（4）计算器的四则运算按加、减、乘、除顺序进行。

思考：如果想做加法就做加法、想做减法就做减法，怎么办？

在上面的调用 add 的过程中，使用了形参 x、y 及 sum 表示加数及和，使用了 a、b 及 s 表示实际输入的加数以及得到的和 s。事实上，形参和实参可以取相同的名字，例如，在 add 过程的定义及调用中实参和形参都取成 a、b 及 sum。值得注意的是，虽然实参和形参的名字相同，但是它们并不是一回事。形参是过程中的变量，称为局部变量（Local Variable），在过程外是没有值的。实参是过程外的变量，其值不能被过程直接访问，所以借助形参参与到过程中。

下面做一个更为复杂的案例：小学生考试系统。

【案例 2.3】 小学生考试系统的功能如下。

（1）随机出题；

（2）判断对错；

（3）计算得分；

（4）保留学生的答案；

（5）对班级成绩进行分析。

首先解决随机出题。所谓随机出题，是指要计算的两个数，不是由用户输入的，而是由计算机随机地给出。Raptor 提供能够产生随机数的内置函数。

5. 内置函数

Raptor 给程序提供许多工具，最主要的是内置过程和函数，这些内置过程和函数能完成很多任务，帮助程序员节省开发时间以及减少错误。例如前面用到的 sin、cos 等都是 Raptor 的内置函数。过程与函数的区别是：过程没有返回值，而函数是有返回值的。

random 也是 Raptor 的内置函数，它能够产生一个 $[0.0, 1.0)$ 区间的随机数。考试系统是为小学生设计的，四则运算的数值有范围要求，例如，要求不大于 20 的整数。要产生区间 $[a, b)$ 的随机整数，可以将内置函数 floor 和 random 联合使用：floor((random * $(b-a))+a)$。其中，floor 是下取整函数，floor(x) 的值为小于 x 的最大整数，如 floor $(3.8)=3$。图 2.15 是计算两个不大于 20 整数的加法程序段。

由案例 2.1～案例 2.3 可以看出，典型的 Raptor 程序由三部分组成：输入、处理和输出。其中，输入输出部分分别由输入语句和输出语句完成，而处理部分由赋值语句和过程调用语句完成。

解决了考试系统的随机出题，下面来处理判题部分。如何解决判题呢？首先针对每一道题，要根据学生的答案决定程序的执行，如果学生答对了，得分（可能还收到鼓励）；如果学生答错了，则不得分。由此可见程序出现了分支走向状况。还有如果考试题有 20 道，那么判题这件事就要发生 20 次，也就是说有 20 段相同的代码，换句话说是一段代码重复执行 20 次。不论是

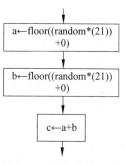

图 2.15　随机整数加法

分支还是重复,程序不再是简单的从头到尾的执行。关于这种程序结构的控制,称为程序的控制结构。

2.3 Raptor 的控制结构

语句执行的顺序对于程序的结果是至关重要的。控制结构语句能够控制程序执行的流程,使程序按照预期的顺序执行。Raptor 支持算法的三种控制结构:顺序结构、选择结构和循环结构。

2.3.1 顺序结构

前文所述的大部分程序使用顺序控制。顺序逻辑是最简单的程序构造。本质上,就是把每个语句按顺序排列,程序执行时,从开始(Start)语句顺序执行到结束(End)语句。图 2.16 中,箭头连接的语句描绘了执行流程。程序的执行顺序为 Statement1 → Statement2 → Statement3。顺序控制是一种"默认"的控制,流程图中的每个语句自动指向下一个。顺序控制只需把语句顺序排列,不需要做任何额外的工作。因此,顺序结构是最简单的控制结构。然而,仅使用顺序控制,无法解决带有分支和重复的问题,例如,考试系统的判题和考试多道题的情况。

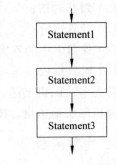

图 2.16　顺序控制结构

首先解决判题问题,以加法为例分析判题的步骤如下。

(1) 随机给出两个数 a 和 b;

(2) 计算 c=a+b;

(3) 学生用户输入答案 answer;

(4) 如果 answer=c,则输出正确的信息,否则输出错误的信息。

第(1)、(2)步用图 2.15 的随机数加法,第(3)步用输入语句;第(4)步程序需要根据条件来决定是否执行某些语句,这是一种选择结构。

2.3.2 选择结构

Raptor 的选择结构是由选择符号(Selection)实现的。将选择符号拖曳到程序中,就是在程序中增加了一条选择语句。例如,在小学生输入 a+b 的答案后增加一条选择语句,打开 Enter Selection Condition 对话框,如图 2.17(a)所示。在该框中输入判题条件"answer=c",表示将根据这个条件是否满足决定程序的走向。然后在选择语句的左侧加入一条输出语句,输出"right",在右侧加入一条输出"wrong"的输出语句,如图 2.17(b)所示的程序片段。表示如果"answer=c"程序走左端,输出"right",否则走右端,输出"wrong"。

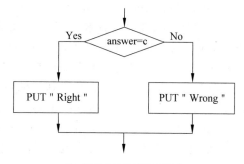

(a) 决策条件的定义　　　　　　　　(b) 程序中的选择控制结构

图 2.17　选择控制结构的定义

1. 选择控制过程及结果

选择语句使程序根据条件是否满足,在两种可选择的路径中选择一条执行。图 2.18 根据决策 Decision 表达式的值来决定走哪条路径。用 Yes/No 表示对问题的决策结果以及决策后程序语句执行走向。当程序执行时,如果决策的结果是 Yes(True),则执行左侧分支;如果结果是 No (False),则执行右侧分支。在图 2.18 的示例中,Statement2 或 Statement3 都有可能执行,但不会同时执行。所以该程序的执行过程有以下两种可能。

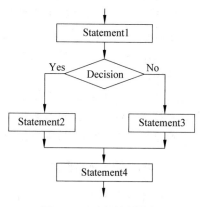

图 2.18　选择控制结构

（1）Statement1→Statement2→Statement4;

（2）Statement1→Statement3→Statement4。

注意:选择控制语句的两个路径之一可能是空的,或包含多条语句。如果两个路径同时为空或包含完全相同的语句,则失去了选择的意义。

2. 决策表达式

考试系统的判题条件 answer＝c 决定了给学生用户输出"right"还是"wrong"的信息,称为决策表达式(Decision Expressions),也称为条件表达式。选择控制语句由决策表达式的值控制程序的走向。所以决策表达式的值应该是一个只有真或假的值。只有真或假(Yes 或 No,true 或 false)的值称为布尔(Bool)值。如何构建有效的决策表达式,成为选择控制语句的关键。前面介绍过表达式,它是由常量、变量及运算符连接的有意义的式子。不同的运算符参与运算产生不同类型的表达式。

运算符(Operator)主要有如下三类。

（1）算术运算符(Arithmetic Operator):如＋、－、＊、/及 mod(模运算)也就是通常所说的能够进行算术运算的符号。用算术运算符对两个数进行运算,其结果是一个数值,由常量、变量和算术运算符连接起来的、其结果是一个数值的式子,称为算术表达式(Arithmetic Expression)。例如,x＋5 是一个算术表达式。

(2) 关系运算符(Relation Operator)：＝、!＝、＞、≥、＜、≤6 个关系运算符。用关系运算符可以连接常量、变量及算术表达式，由关系运算符连接而生成的表达式称为关系表达式(Relation Expression)。关系表达式的值只有 Yes(true) 或 No(false)，例如，(2＋3)＞x 是一个关系表达式，关系运算符"＞"的左端 2＋3 是算术表达式，右端是一个变量。如果变量 x 的值大于 5，则该表达式的值为 No(false)。再如，answer＝c 是由关系运算符"＝"连接的关系表达式，如果 answer＝c，则表达式的值为 Yes，否则为 No。

(3) 逻辑运算符(Logical Operator)：and、or、xor 及 not 4 个逻辑运算符。逻辑运算符是对两个布尔值进行运算的符号。两个布尔值经过逻辑运算后还是布尔值，其运算规则参考 4.3.3 节。总之，两个布尔量进行逻辑运算时，如果两者都为真，逻辑与 and 运算后为真；如果两者有一个为真，逻辑或 or 运算后为真；如果两者不同，逻辑异或 xor 运算结果为真；逻辑非 not 运算是单目运算，即只对一个操作数进行运算，运算后，取原来的布尔量的反值。逻辑表达式(Logical Expression)也称布尔表达式是由逻辑运算符连接一些值为布尔量的式子，其值也为布尔值。例如，(3＜4)and(10＜20) 是一个逻辑表达式，逻辑运算符 and 两端是关系表达式，两个关系表达式的值都是真，所以该逻辑表达式的值也为真。

往往一个表达式由各种运算符组成。决策表达式求值时，表达式的运算不会按输入的顺序进行，是根据运算符的优先级执行运算。决策表达式的运算优先级为：函数、括号中表达式、乘幂、乘除、加减、关系运算、not 运算、and 运算、xor 运算、or 运算，遵循从左到右的顺序。

图 2.19(a) 是加法判题系统。程序执行时，会自动产生要做加法的两个数 a 和 b，用户输入答案 answer 后，对答案进行判定，图 2.19(b) 为三次运行程序的结果。第一次答案正确，第二次答案错误，第三次将答案错误地输入为"abc"，产生一个值不能比较错误。

3. 值不能比较错误

值不能比较错误(Can't compare these values)也是一种变量使用的错误，发生的原因是将两个不同数据类型的数据放在一起比较。如图 2.19(c) 所示是将数值型的 answer 与字符串型的"abc"进行了比较产生的错误。如图 2.20 所示为比较字符型变量 x 和字符串型变量 y 产生的错误。

字符和字符串是两种不同类型的变量，所以不可以进行比较。每一个字符都有一个 ASCII 码，见附录 A。每一个字符都和一个整数对应。当一个数值型变量和一个字符型变量比较，实际是将字符型的 ASCII 码值和数值型变量做比较。图 2.21 是比较字符 5 和数值 53，程序运行的结果是输出"＝"，因为字符 5 的 ASCII 码为 53。

为了避免出现不能比较类型的错误，Raptor 设置了一些测试变量类型的函数，如测试是否为数值变量的函数 Is_Number、是否为字符变量的函数 Is_Character、是否为字符串变量的函数 Is_String、是否为数组函数 Is_Array 以及是否为二维数组的函数 Is_2D_Array。

2.3.3 循环结构

根据前面的分析，可知要用循环结构来对学生的每一道题进行判题，并且给出得分。

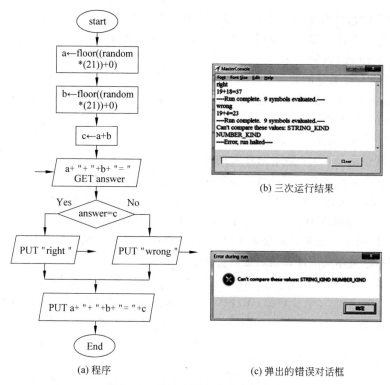

(a) 程序

(b) 三次运行结果

(c) 弹出的错误对话框

图 2.19　加法判题程序及运行状态

图 2.20　比较字符型和字符串型数据的错误

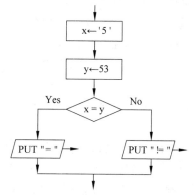

图 2.21　字符型数据和数值型数据的比较

假设学生的考试题目数是 10,每题 10 分。循环判题步骤如下。

(1) 设置一个计数器 count 用于累计学生答对题的数目。

(2) 循环 10 次,做如下事情。

① 用户输入每道题的答案 answer;

② 将 answer 与正确答案 c 比较,如果正确,输出"right"并让 count 加 1,否则输出"wrong",count 值不变。

(3) 输出总分,总分为最后的 count 乘以 10。

上述步骤中的第(2)步是用循环实现的。

循环控制语句允许在一定条件下重复执行一个或多个语句。比如要计算 $1^4+2^4+\cdots+10^4$,或者 n 项的 4 次方之和。不方便用一个完整的表达式表示,并写在程序中。将 n 项的和改为由 $n-1$ 次加法实现。$n-1$ 次加法,也就是每次做同样的运算,只是要加的数发生变化,这样的操作用循环语句表示起来非常方便,计算机可以重复执行无数相同的操作而不厌烦。循环控制语句体现了计算机真正的价值所在。

如图 2.22 所示是一个循环控制结构,其中,loop 和决策表达式 Decision 决定了循环的过程,循环次数由决策表达式 Decision 控制,执行过程如下。

(1) Statement1 在循环开始之前执行;

(2) Statement2 至少被执行一次,因为该语句处在决策语句之前;

(3) 如果决策表达式 Decision 的计算结果为 Yes,则循环终止和控制传递给 Statement4;

(4) 如果决策表达式计算结果为 No,然后控制传递给 Statement3,Statement3 执行后控制返回到 Loop 语句并重新开始循环。

说明:

(1) Statement2 至少保证执行一次,Statement3 可能永远不会执行。

(2) Statement2 是可以去掉的,即循环的第一条语句是决策 Decision 语句,也可以是由多个语句形成的区块,同样,Statement3 也可以删除或由多个语句取代。

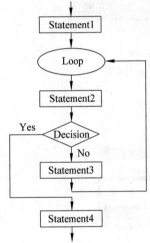

图 2.22　循环控制结构

(3) Decision 的语句有可能无法算出为 Yes,此时会出现永远不停止的"无限循环",也称为"死循环"。一旦发生这种情况,只能单击 Raptor 工具栏上的"停止"图标,手动停止程序。为了避免死循环,循环中的语句必须改变决策表达式中变量的值,即循环变量的值,使得决策表达式的值可以得到 Yes。

循环结构是应用极其广泛的结构。下面看几个常用的循环例子。

计算 $1^4+2^4+\cdots+10^4$。

分析:对于一个若干项的和,首先让人想到用公式或用表达式计算。用公式的问题在于,并不是所有式子都能够给出公式,如计算 5 次方的和或者无规律的一些数的和;用表达式的问题在于,将较多的项写在程序中的表达式并不方便。可以让计算机循环做 9 次加法。设置一个存放和的累计变量 sum,初始值为 0。每循环一次给 sum 加一个数 i^4,i 从 1 开始,每次加 1,到 10。最后输出 sum。其中,i 既构成了加数,也是循环变量,如图 2.23 所示。

说明:

（1）循环前,累计变量 sum 初始化为 0,循环内将变化的 i 加到 sum 中;

（2）i＝i+1 改变循环变量,否则会死循环。

再如,求 10 个正整数中的最大数。

分析:若求 10 个数中的最大者,可以假设有一个放最大数的箱子,称这个箱子为最大箱。循环输入 10 个数,每输入一个数,就与最大箱做比较,如果比最大箱大,则该数入箱,否则最大箱的数不变。然后再输入下一个数,进行比较,如图 2.24 所示。

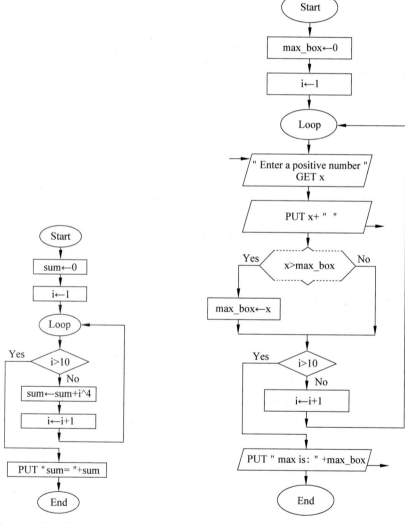

图 2.23 循环控制结构求和　　　　　图 2.24 循环求最大数

说明:

（1）程序开始设置 max_box＝0。因为是在 10 个正整数中求最大,所以 0 不会大于任何输入的数。如果 max_box 初始值太大,超过 10 个正整数,则程序求出的不是最大数。

（2）循环语句中输入 x 后，加了一条输出语句，目的是让用户看到输入的数是什么，为了在一行输出，选择输出一个数以后不换行，并且输出一个数都额外加一个空格，分隔输出的数。

有了上面的两个循环的例子，就不难理解如图 2.25 所示的考试系统的判题计分过程。

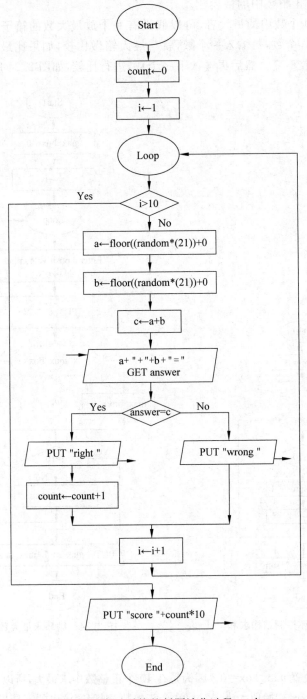

图 2.25　考试系统的判题计分过程 mark

　　　　C 程序设计教程

2.3.4　级联选择控制与嵌套循环

考试系统中的学生得分采用的是百分制。如果要求将学生的成绩由百分制转为等级制,也就是需要在多项之间做决策。一个选择语句给程序提供两条路径,为此需要用多个选择语句逐步选择,称为级联选择控制。如图 2.26 所示用 4 个选择语句的级联方式实现百分制成绩到等级制成绩的转化。

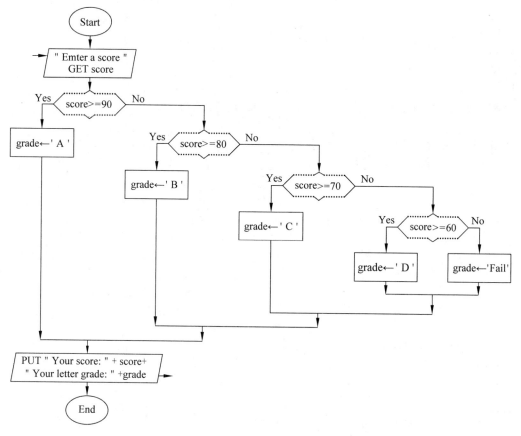

图 2.26　百分制成绩转化等级制成绩

说明:

(1) score 是学生的百分制成绩,是数值型变量;

(2) grade 是等级成绩。当 score 大于等于 60 分时,grade 是字符型变量;当 score 小于 60 时,grade 是字符串变量;

(3) 通常在选择语句中的各个分支中给变量赋值,在分支结束后输出变量的值。

如果一个班的学生用该系统进行考试,并累计班级的总成绩,进而求出班级的平均成绩或最高成绩,如果全班有 n 个同学,就要将以上的过程重复 n 遍。原本在对一个学生的判题过程中就对题目的数目进行过循环,现在还要对学生数目进行循环,称为嵌套循环。

图 2.27 展示了考试系统求班级最高分的功能。

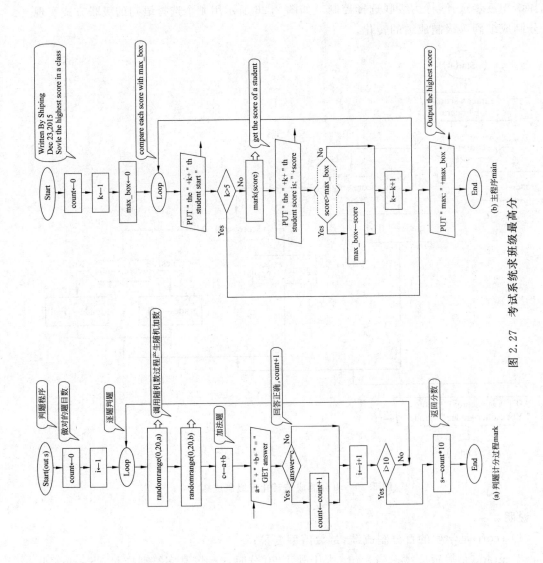

图 2.27　考试系统求班级最高分

(a) 判题计分过程 mark

(b) 主程序 main

C 程序设计教程

说明：

（1）本程序没有使用嵌套循环，而是使用过程调用。除了 main，还有 randomrange 和 mark 两个过程；

（2）randomrange 过程给出指定区间的随机整数，用于随机出题，留作练习；

（3）mark 过程调用 randomrange 给学生出随机加法题并进行判题，返回学生的得分 s；

（4）主程序循环 5 次（假设班级有 5 名学生）调用 mark 过程获得每个学生的得分，注意和最大箱的分数进行比较，获得班级最高分；

（5）程序使用了注释。

2.3.5　Raptor 注释

Raptor 的开发环境，允许对程序进行注释。注释本身不是程序的组成部分，并不会被程序执行。注释的目的是增强程序的可读性，帮助自己和他人理解程序，尤其是对复杂的程序代码。程序注释可以使用英文和中文，如图 2.27 所示。

如果 Raptor 要为某个语句添加注释，右击该语句，选择 Enter Comment 命令。在 Enter Comment 对话框中可以编辑注释，如图 2.28 所示。注释一般有以下 4 种类型。

（1）编程标题：程序的作者、编写的时间、程序的目的、子图和子程序的功能等，此类注释通常添加到 Start 符号中。

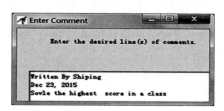

（2）分节描述：标记程序，理解程序的整体结构。

（3）逻辑描述：解释非标准逻辑。

（4）变量说明：说明变量的用途。

通常情况下，没有必要注释每一个程序语句。

图 2.28　注释编辑对话框

2.4　Raptor 的数组

2.4.1　为什么使用数组

考试系统案例用于一个班级时，可以利用循环求出班级总成绩、平均成绩、最高成绩。如果想求前三名成绩怎么办？求中间成绩又怎么办？循环解决不了这个问题或者解决起来很麻烦，这是因为在循环中，用一个变量循环表示所有学生的成绩。求前三名，需要将学生的成绩临时保存，然后再进行求前三名的操作。要存储一组成绩，自然而然会想到 score1、score2、…，用多个变量名字保存学生的成绩。这样做的程序有重大缺陷。首先，班级学生的数目一旦发生变化，就必须重写程序；其次，当班级的人数增大时，流程图的符号数量也随之增多，尽管实施的算法很简单，但程序却显得庞大。所以用一个叫做 score 的数组存储全部学生的成绩，数组的功能使得存储同一类型的多个值而不需要多个变量名。

2.4.2 数组和数组元素

数组(Array)是相同数据类型的元素按一定顺序排列的集合,把类型相同的变量用一个名字命名,该名字称为数组名。组成数组的各个变量称为数组的元素(Element),区别元素的编号称为下标(Index)。例如,用 score 数组存放一个班的所有学生的成绩,其中,score[i]表示第 i 个同学的成绩。

注意:如果将 score 用于数组名,就不能再将 score 用于变量名。

2.4.3 创建和使用数组

与 Raptor 的简单变量一样,数组变量是第一次使用时自动创建的,它是用来存储 Raptor 中的值。括号[ ]内的下标的不同标志着不同的数组元素。Raptor 在方括号内可以执行数学计算。例如,score[2]与 score[1+1]是同一元素。

图 2.29 为案例 2.3 中求班级前三名成绩的过程。

说明:

(1) 该程序由 4 个过程组成:Input、Output、max_position 和 main。

(2) Input 是数组输入过程,输入参数为 n,输出参数为 score,功能是创建一个含有 n 个元素的数组 score,并给 score 赋值。

(3) Output 是数组输出过程,输入参数为 score 和 n,功能是输出数组 score 的前 n 个元素。

(4) max_position 是求数组最大元素的位置过程,输入参数 score 和 n,输出参数

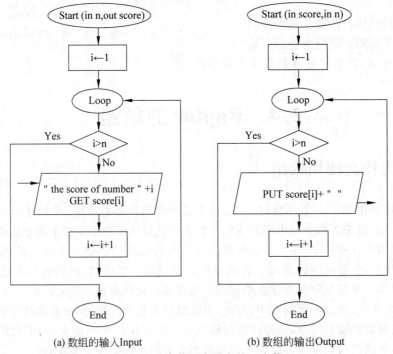

(a) 数组的输入Input   (b) 数组的输出Output

图 2.29 求数组中最大的三个数

—————— C程序设计教程

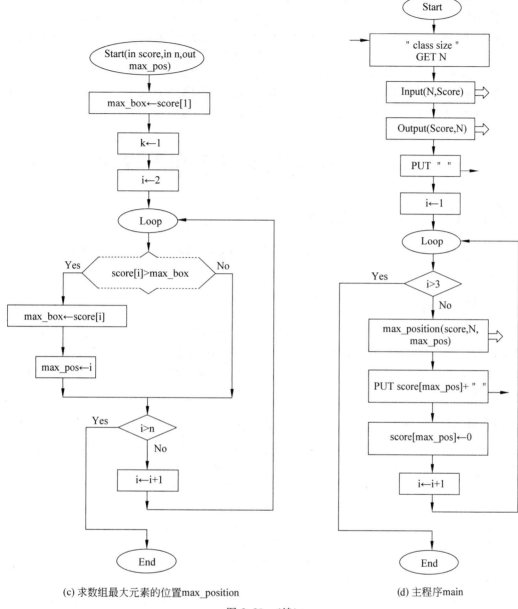

(c) 求数组最大元素的位置max_position   (d) 主程序main

图 2.29 （续）

max_pos,功能是返回数组 score 的前 n 个元素的最大数的位置 max_pos。

（5）主函数 main 是求数组元素的最大的前三个数。具体操作是：调用三次 max_position 过程，每次调用将最大位置的元素输出，并且把该位置的元素置为 0，这样该元素参与下一次操作时，不影响最大位置的求解。

（6）班级的人数 n 不是固定的，可以由用户输入。

（7）在输出元素时，为了保证一行输出，没有勾选 End current line 复选框，并且在每个数组元素后输出一个空格分隔输出的数组元素。

（8）本程序定义了三个过程，在过程定义和调用中形参和实参的名字是相同的，如

score 既是过程定义中的形参名字,也是调用过程时使用的实参名字。

提示:

(1) 可对数组 score 先排序,然后输出数组的前三个元素,排序方法参见第 6 章和第 8 章;

(2) 使用与 score 平行的一个数组 name 存储学生的名字,也就是 name[i] 与 score[i] 是同一个人的名字及成绩,就可以求出班级的前三名及其成绩。

在编程时有许多情况需要大量的相关数据值,仅使用简单的变量,将会使程序变得非常烦琐或不切实际,使用数组,使程序可行且简洁。

*2.5　Raptor 的文件与图形界面

2.5.1　计算结果的文件保存

考虑案例 2.3 的保留学生答卷的功能,也就是要将题目及学生的答案保存到文件(File)中。

1. 计算结果输出到文件

前面所有的例子中,Raptor 的计算结果都输出到主控制台。Raptor 提供输出重定向功能,将计算机结果输出到一个文本文件。将计算结果保存到文件,可以与其他应用软件交换计算结果。例如,将计算结果保存为 .csv 文件,电子表格就可以读入,实现对计算结果的再利用。

2. 输出重定向

Raptor 利用重定向过程(Redirect_Output)将输出内容写入文件,该过程为 Raptor 的内置过程。重定向输出过程有以下三个。

(1) Redirect_Output("filename"):filename 为指定的输出文件名字,文件保存在 Raptor 目录下。如果名字中含有路径,则保存在指定目录下。

(2) Redirect_Output(True):在程序运行时指定输出文件名字。

(3) Redirect_Output(False):关闭重定向功能,使后续的输出继续输出到主控制台。图 2.30 展示了将学生的试卷输出到文件的过程。

注意:

(1) 本例中在循环前使用了 Redircet_Output 过程,重定向输出到文本文件 test。

(2) 如果程序运行时不能写入指定的文件,如文件处于打开状态、文件为只读类型和路径错误等,算法运行时会报错。

(3) 输出到文件的内容与主控台上输出的格式、内容相同。在输出语句中,可以控制输出的内容和换行的时机,例如,每输出一道题,换一行。

(4) 在 Raptor 目录下查找 test 文件,可以看到程序的输出结果。

3. 文件输入

现在考虑案例 2.3 考试系统的最后一个功能:班级成绩分析。假设两个班的成绩分别存储在文本文件 class1 和 class2 中,对这两个班的成绩进行分析。和输出重定向一样,输入

C程序设计教程

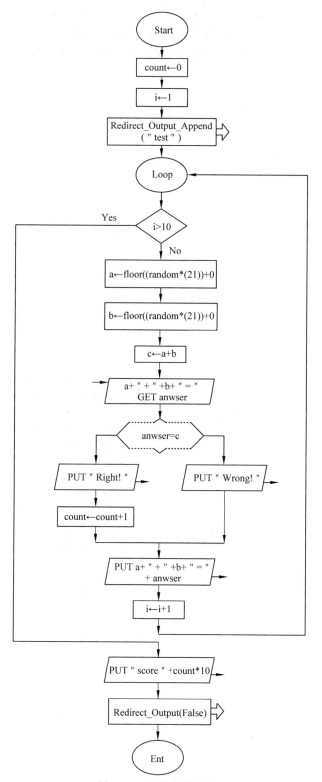

图 2.30　文件保存试卷

也可以重定向,由标准的键盘输入转为由文件输入。图 2.31 为对 class1 和 class2 保存的两个班的成绩求平均值,并画出平均成绩的柱形图。因篇幅原因,在此不详细解释该程序。

  思考:在柱形图上,如何画上 Y 轴的刻度? 如何画上 X 轴? 程序结束前为什么没有关闭图形界面?

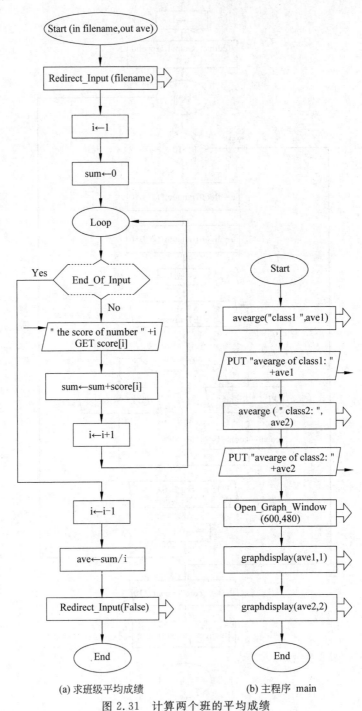

(a) 求班级平均成绩   (b) 主程序 main

图 2.31 计算两个班的平均成绩

C 程序设计教程

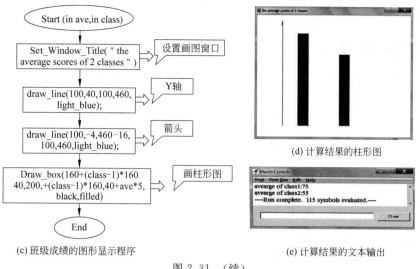

(c) 班级成绩的图形显示程序　　　　　(e) 计算结果的文本输出

图 2.31　（续）

2.5.2　输出结果的图形显示

Raptor 内置了大量图形用户界面的过程，如 Draw_line、Draw_box 等，具体使用参考手册。使用图形用户界面的过程，首先要将界面设置为图形用户窗口，可用 Open_Graph_Window 过程设置为图形用户界面，关闭图形界面用 Close_Graph_Window 过程。

2.6　综合设计案例

【案例 2.4】　韩信点兵。大将军韩信带兵打仗，汉高祖刘邦问兵士多少？韩信答：站 3 人一排，多出 1 人；站 5 人一排，多出 2 人；站 7 人一排，多出 4 人；站 13 人一排，多出 6 人。这类问题及其算法称为孙子定理，也称为中国剩余定理。该定理不仅在数学的发展史上占有地位，也被应用于当今的通信编码、密码学领域。

1. 算法分析

该问题是求一正整数满足整除 3 余 1、整除 5 余 2、整除 7 余 4、整除 13 余 6 的最小自然数。采用枚举法，逐一验证是否满足用 3、5、7 以及 13 除所得的余数。如果满足就找到了，否则验证下一个。

2. 伪代码算法

本例算法用类 C 语言描述。类 C 语言是由伪代码和 C 语言组合而成的一个描述工具，采用了 C 语言的核心部分。
韩信点兵算法如下。

```
i=1;
while(!((%3==1)&& (i%5==2)&& (i%7==4)&& (i%13==6)))
    i++;
```

```
printf(i);
```

3. 用 Raptor 求解

程序如图 2.32 所示。

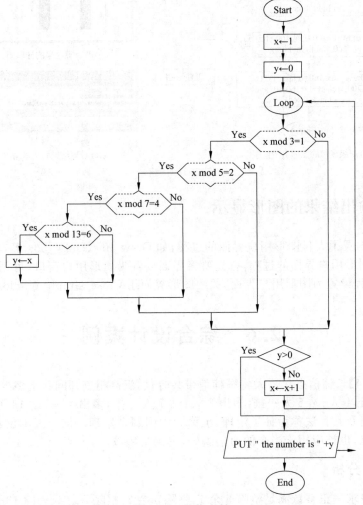

图 2.32　韩信点兵

程序输出：

```
487
```

4. 算法改进

本算法是采用的枚举验证方法(枚举法参见 3.4.1 节)，每一步让 x 增 1，逐数验证被 3、5、7、13 除后是否满足韩信所说的余数。可以将增量 1 改成增量 13，即 4 个除数中的最大者，也就是让 x 每次增加 13，因为如果 x 不满足条件，x+i(i<13)也不会满足。这可使得验证次数迅速减少。

本章知识结构图

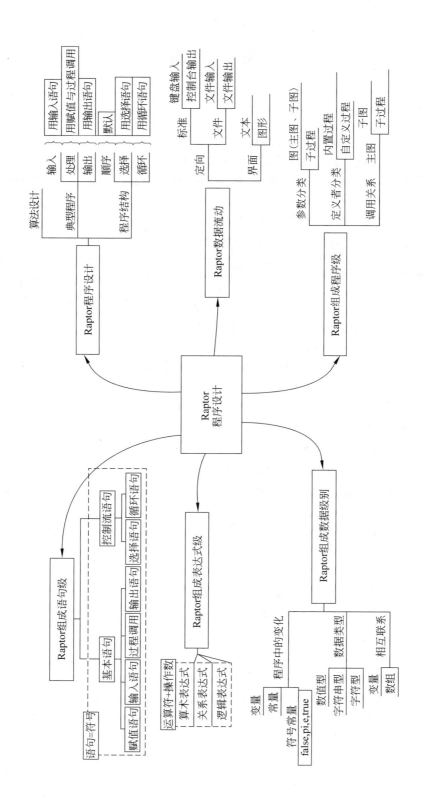

习　题

基础知识

2.1　Raptor 表示算法的优势是什么？

2.2　Raptor 的 6 个基本符号在程序中的作用是什么？

2.3　典型的 Raptor 程序有输入、输出和处理三个部分。处理部分有哪些 Raptor 符号？

2.4　Raptor 程序的结构控制符号有哪些？

2.5　Raptor 有几种数据类型？各是什么？

2.6　Raptor 变量在使用时需要声明是什么类型吗？在程序进行过程中。变量的类型可以改变吗？

2.7　Raptor 程序运行时为什么会发生变量没有找到错误？

2.8　为什么使用 Raptor 的函数、过程？

2.9　数组中的每个元素是变量吗？

2.10　Raptor 利用什么功能将输出到主控制台的程序结果输出到文件？

Raptor 程序设计

2.11　求任意圆的周长。

2.12　求任意矩形的面积。

2.13　用 Raptor 实现案例 1.2 的算法。

2.14　用 Raptor 实现案例 1.3 的算法。并且比较流程图、N-S 图、伪代码、Raptor 表示算法的特点。

2.15　键盘输入 n 个数，编程求其中的最小数。

(1) 不用数组；

(2) 用数组；

(3) 对比上述两种编程占用的时间和空间。

2.16　判断一个整数是否为素数。

2.17　写求 $n!$ 的过程 fac，编写主程序调用 fac 求任意整数 n 的阶乘。

2.18　写求最大公约数的过程 gcd(Greatest Common Divisor)，编写主程序求任意两个整数的最大公约数。

2.19　制作两个图形文件，如笑脸和哭脸，作为学生答题正确与错误时出现的图形，或者录两个音频文件，作为学生答题正确与错误时发出的声音，改进考试系统的判题部分，由文本输出改为图形或声音。

综合实践

2.20　做一个能够做四则运算的考试系统。包括随机出加、减、乘、除题目、自动判题、自动计分、保留学生答卷。

（1）算法分析；

（2）用 Raptor 编写程序；

（3）运行并选择数据进行测试。

2.21 扑克游戏 24 点。把任意 4 张扑克牌面的数字进行加、减、乘、除（可以使用括号），看能够有多少种方法能计算出等于 24。要求，每张牌在运算中只能使用一次。

（1）算法分析；

（2）用 Raptor 编写程序；

（3）选择点为 1、2、3、4 的扑克牌进行测试。

第 3 章 C 程序设计初步

　　C 语言是一种通用的计算机程序设计语言,同时具备高级语言和汇编语言的特点。它可以作为系统软件的设计语言,编写操作系统,以及各类设备的驱动程序;也可以作为应用程序设计语言,编写满足特定应用需求的程序。C 语言应用范围极其广泛,除了用于软件开发、科研之外,也广泛用于教学,成为很多人学习程序设计使用的第一门语言。本章介绍用 C 语言进行程序设计,先使读者对程序设计能有一个整体把握,在后续章节中再涉及具体的内容。

3.1　C 语言程序

3.1.1　C 语言起源

　　C 语言(C Language)是一种通用的计算机程序设计语言。1969 年,美国贝尔实验室的 Ken Thompson 为 DEC PDP-7 计算机设计第一个 UNIX 系统,并根据剑桥大学的 Martin Richards 设计的 BCPL 设计了一种便于编写系统软件的语言,命名为 B。BCPL 和 B 语言都是无类型的语言,直接对机器字操作。1972—1973 年间,同在贝尔实验室的 Denis Ritchie 改造了 B 语言,增加了数据类型的概念,并将原来的解释程序改写为直接生成机器代码的编译程序,并将其命名为 C。B、C 分别代表 BCPL 的第一个和第二个字母。1973 年,Ken Thompson 在 PDP-11 机上用 C 重新改写了 UNIX 的内核,同时,C 语言的编译程序也被移植到 IBM 360/370、Honeywell 11、VAX-11/780 等多种计算机上,迅速成为应用最广泛的系统程序设计语言。C 语言具有高效、灵活、功能丰富、表达力强和移植性好等特点,在程序员中备受青睐。C 语言除了用于 UNIX 操作系统,后来又用于其他的操作系统,如 MS-DOS、Microsoft Windows 及 Linux 等操作系统的开发。C 语言是一种过程式的、支持结构化编程的语言,同时具有高级语言和汇编语言的优点,既支持低级操作,又支持高级操作,介于低级和高级之间。C 语言程序层次清晰,便于使用、维护以及调试。C 语言功能齐全,具有各种各样的数据类型,并引入了指针概念,可使程序效率更高。另外,C 语言也具有强大的图形功能,支持多种显示器和驱动器。而且计算功能、逻辑判断功能也比较强大。现在流行的不少语言,如 C++、Java、JavaScript 及 C♯,都受到了 C 语言的影响。

　　本章采用案例式学习,即先给一个案例,然后分析如何用 C 语言设计程序实现案例,由此学习利用 C 语言进行程序设计的初步方法。

3.1.2 简单 C 程序

C 程序是用 C 语言编写的程序。第一个程序介绍经典 C 程序，源于 Kernigham 和 Ritchie 的名著 *The C programming Language*。

【案例 3.1】 请在屏幕上输出下列内容：

hello, world

程序如下：

```
#include<stdio.h>              /* 标准输入输出函数库 */
int main()                     /* 主函数 */
{                              /* 主函数开始 */
    printf("hello,world\n");   /* 输出指定内容 */
    return 0;                  /* 主函数结束返回 0 */
}
```

Kernigham 和 Ritchie 也在该书中阐述，一个 C 语言程序，无论程序大小如何，都是由函数和变量组成的。函数（Function）中包含一些程序要执行的指定操作，用语句（Statement）表示；变量（Variable）用于存储操作过程中使用的值。本程序只含有一个函数：main 函数，没有变量。下面对程序进行说明。

（1）程序第一行 ♯include 是 C 语言预处理命令（Preprocessing），<>内是一个文件名，称为头文件（Head File），预处理命令 ♯include 将标准输入输出头文件 stdio. h 包含在程序中。关于预处理的命令将在 5.6.3 节中详细介绍。

（2）接下来的部分是程序的主体，由一个函数组成，函数名为 main。main 函数是一个特殊的函数，是 C 的启动函数，每个程序都从 main 函数的起点开始执行。根据 C 的标准 C99，main 函数的写法如下。

```
int main()
{
    ⋮
    return 0;
}
```

（3）用大括号括起来的部分为 main 的函数体，函数体由语句组成，它们完成了一个函数的具体功能。函数体中包含两个语句，其中，语句 printf("hello,world\n")的功能就是产生输出"hello,world"，"\n"是换行符，表示输出后回车换行。语句 return 0 表示 main 函数结束并返回 0 值，表示程序运行结束。

（4）程序中介于/＊和＊/之间的文字部分称为程序的注释，是对代码的说明，不被编译也不被执行。

（5）程序书写采用对齐与缩进，即函数与函数对齐、语句与语句对齐，函数内、循环体内、选择结构内的语句要缩进。

以上是一个简单的 C 程序的构成。为了得到程序运行的结果,还需要对程序进行存储、编译、连接及运行等步骤。

(1) 程序的存储:将上面的代码保存到一个文件,称为 C 的源文件。C 程序的源文件扩展名为.c,例如,可以将该程序存储为 hello.c。

(2) 程序的编译:对文件 hello.c 进行编译,产生目标文件 hello.obj,目标文件的扩展名为.obj(Windows 及 DOS 操作系统下)。

(3) 程序的连接:将该程序与库文件进行连接生成可执行文件 hello.exe,可执行文件的扩展名为.exe(Windows 及 DOS 操作系统下)。

(4) 程序的运行:如果选定一个集成开发环境(IDE),可以在 IDE 中进行程序的编辑、编译、连接以及运行,还可以脱离集成环境直接运行可执行文件 hello.exe。运行后屏幕显示:

```
hello,world
```

提示:C 程序中使用的分号、双引号以及圆括号都是英文的标点符号。

3.1.3 C 程序的构成和风格

通过上面的例子,可以看出 C 程序是由函数构成的[①],C 程序中所有的可执行的代码都是放在函数中。什么是函数呢? 函数是具有名字的一段代码,它能够完成指定的任务,并且完成后将控制权交给调用者。如案例 3.1 中的函数 main 是主函数,被系统调用后输出"hello,world",完成任务后将控制权交给调用者(系统)。main 函数是 C 程序中的一个特殊的函数,一个 C 程序中只有一个 main 函数,更多的函数是用户自己命名的函数,所以说函数是 C 语言程序的基本组成部件。

1. 函数结构

C 程序的函数由函数头和函数体两部分组成,一般形式如下。

```
返回类型函数名(参数列表)
{
    声明部分
    执行部分
}
```

(1) 函数头由返回类型、函数名和参数列表组成。其中,返回类型(Return Type)为函数返回值的类型,函数名代表该函数,参数列表(Parameters)放在函数名后面的一对圆括号里,也称为形参列表。每个形式参数必须有参数类型声明。函数可以没有参数,但是

[①] 事实上,C 程序是由变量和函数构成的,变量为全局变量,因为前面没有涉及全局变量,在此只是简单地说 C 程序是由函数构成的。

不能省略圆括号,可以在圆括号内写 void,也可以什么都不写。如 int main(void) 或 int main()。

（2）函数体是函数头下面的花括号内的部分。函数体分为声明部分和执行部分。声明(Declaration)部分为对本函数中所用到的变量进行声明,声明变量的类型。案例 3.1 中没有用到变量,所以没有声明部分,注意声明部分必须放置在第一个执行语句之前①。执行(Excution)部分由若干个语句组成,完成本函数所指定的操作,如案例 3.1 中主函数中的 printf 语句完成输出功能。

（3）C 程序中的语句完成对计算机的操作,如输入、输出、赋值、计算等操作。C 程序书写格式自由、一行内可以写多个语句,但通常为清晰起见,一行写一个语句。

（4）数据类型声明和语句的分号是必须有的,表示语句的结束。

2. C 程序结构

C 的源程序文件由编译预处理命令和函数组成。一个 C 程序可以写在一个源文件中,也可以写在多个源文件中。每个源文件单独编译后,生成目标文件,通过连接将多个目标文件以及预处理命令中包含的库函数文件合并成一个可执行程序文件。

一个 C 程序,无论有多少个函数,只能有一个 main 函数。C 程序的执行是从 main 函数开始,并在 main 函数结束。main 函数可以放在任何源文件中,并可以放在文件中的任何位置。

为了使得程序清晰,通常在程序中加以必要的注释。注释内容放在"/ ＊ "和" ＊ /"之间。根据 C99 标准,行注释内容可以放在"//"之后。

3. C 程序编程风格

编程规范(Coding Style)与惯例对于程序员来说非常重要。一个好的信息技术产品必然有高质量的代码,高质量的代码首先一点它必须遵守某种编程规范。一个软件整个生命周期成本的 80％用于维护。几乎没有一个软件在整个生命周期内全部由它的原始作者来维护。编程规范改善了软件的可读性,使程序员更加快速、彻底地理解新代码。大量数据表明,软件存在问题或者隐患,很大一部分是由于未遵守基本准则所致。为了简化工作,每一个编写软件的人都必须遵守编程规范。良好的编程风格有助于编写出可靠的、易读的、易维护的程序,提高程序质量。目前,优秀的编程规范有 Linux 编程规范、微软编程规范、Google 编程规范等,本教材遵循 Linux 编程规范。

3.1.4　C 程序的开发

1. 开发 C 程序步骤

使用 C 语言开发一个程序,需要如下几个步骤。

---

① C99 标准已经放松了该要求,支持混合声明。

(1) 分析问题：选择合适的数学模型和数据结构，写出求解该问题的算法。

(2) 编辑源程序：用某种编辑器(或 IDE)编写出程序。

(3) 编译和连接：用编译器进行编译。如果编译正确，进行到下一步；如果发现错误，回到(2)修改错误。编译成功后可以进行连接。

(4) 连接：如果连接正常，产生可执行程序。若连接不正常，返回(2)，修改源程序。

(5) 运行和调试：有了可执行程序，就可以调试运行程序。用一些实际数据和典型数据测试程序运行的效果。如果程序运行发生问题或测试的结果不正确，要逐步往回检查，有可能直到步骤(1)。然后再重新编辑、编译、连接、运行程序，直到程序达到满意的效果。

图 3.1 显示了 C 程序开发的步骤。

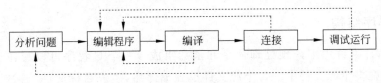

图 3.1　C 程序开发过程

2. 编译器

编译器(Compiler)的功能是将源程序编译成目标程序。C 的编译器很多，目前常用的编译器有以下几种。

(1) Visual C++，简称 VC，影响最大的是 VC++ 6.0。后来的版本成为 Visual Studio 系列中的组件，如 VS2003、VS2008、VS2010 等，最新版本 VS2015，适用于 Windows 操作系统。

(2) GNU Compiler Collection，简称 GCC，适用于 Widows 和 Linux 操作系统。

集成开发环境(Integrated Development Environment，IDE)是用于程序开发环境的应用程序，是将程序的编辑、编译、连接、运行和调试集成一体的图形用户界面工具。本书推荐使用的 IDE 为 VC 系列和 Code∷Blocks(简称 CodeBlocks)，其中，CodeBlocks 采用的编译器为 GCC。

3. C 程序错误

程序错误对于程序员来说是司空见惯的。通常用 bug 表示程序错误，用 debug 表示排除错误[①]。根据错误发生的时间，程序错误可以分为两类：编译错误和运行错误。

编译错误(Compilation Error)是编译阶段发生的错误。主要的错误是由于代码书写不符合语法规范导致的语法错误(Syntax Error)，这时编译器不能完成对源程序的编译。还有不常见的由于编译器内部的 bug 产生的错误，称为编译器内部错误(Internal Compilation Error)。编译器对检查出来的错误通常给出错误信息(Error Message)以及

---

① 在发展早期，美国有一台计算机发生了故障，经检查发现计算机里有一个被烧焦的小虫使得电路短路，造成计算机故障。小虫的英文是 bug，从此检查排除计算机错误被称为 debugging。

出错的位置,帮助程序员排除错误。只有排除错误,才能进一步编译。有时编译器对没有违反语法规则,但用法不常见的现象,给出一个警告(Warning)。警告常表示隐藏的实际错误,所以必须认真对待警告,弄清其警告的原因。只有确认没问题的警告,才可以保留。

运行错误(Run-time Error),也称为逻辑错误(Logic Error),是发生在程序运行过程中的错误,它导致程序执行不正确或不能正常结束,使得程序运行的结果不是预期和期待的。程序逻辑错误发生的原因常常不能立刻判断出。

3.1.5 C 的标准

1978 年,Dennis Ritchie 和 Brian Kernighan 合作出版了经典著作 *C Programming Language*,书中的 C 语言标准称做 K&R C。多年后,K&R C 仍然是许多编译器的最低标准要求。

第一个 C 标准是由美国国家标准协会(ANSI)发布的,称为 ANSI C,该标准于 1989 年完成。1990 年,鼓励使用跨平台的代码,ANSI C 标准被美国国家标准协会(ISO)采纳为 ISO C 的标准(ISO/IEC 9899:1990),简称为 C89,它对传统 C 语言进行了改进。

2000 年,ANSI 采纳了 ISO 新的 C 标准(ISO/IEC 9899:1999),简称为 C99。C99 新增了一些特性。然而并非所有的公司对 C99 都支持,如微软就不支持 C99,但是 GCC 和其他一些商业编译器支持 C99。

2011 年,ANSI 采纳了 ISO/IEC 9899:2011 标准,简称为 C11,是 C 程序语言的最新标准。

VC++ 是一个支持 C、C++ 和 C++/CLI 的 IDE。但是至今只支持 C89 标准,不支持 C99 和 C11。如果想要尝试 C99 和 C11,建议使用 GCC 等其他编译器。

ANSI C 几乎被所有广泛使用的编译器支持。现在多数 C 代码是在 ANSI C 基础上写的。如果一个平台使用遵循 C 标准的编译器,仅使用标准 C 并且没有硬件依赖假设的代码就可以在该平台上编译成功。如果没有这种标准,多数程序只能在一种特定的平台或特定的编译器上编译,例如,使用非标准库、图形用户界面库,以及涉及编译器或平台特定特性等。

3.2 C 程序的数据信息

在案例 3.1 中使用 printf 函数输出"hello, world",实现了数据信息的输出。考虑下面的例子。

【案例 3.2】 电子欢迎器。某大学计算机学院为了迎接本院新生,在学院门口立了一个电子屏,当新生来到时,显示欢迎词,如图 3.2 所示。

分析:电子欢迎器应该具备如下功能。

(1)欢迎器对每个同学都要显示"Welcome";

图 3.2 计算机学院的电子欢迎器

（2）显示每个同学的名字，要注意同学的名字不都是一样的；

（3）显示每个同学的家乡，家乡也是有可能变化的；

（4）显示分为 4 行，首行和最后一行都是为了美观显示若干"＊"号，第二、三行前面有空位置。

欢迎器的主要功能还是显示内容，但是发现显示的内容与案例 3.1 有些不一样。案例 3.1 显示的内容是已知的、不变的，而本例同学的名字及家乡是未知的、变化的。C 程序如何获得每个同学的名字和家乡，又如何保存再显示呢？

C 程序用输入函数 scanf 获得输入信息，用变量保存信息。

1. 变量

在 C 计算机程序中，变量（Variable）是计算机内存中的存储位置（也就是地址），表示在这个位置存储的数据。案例 3.2 中用两个变量分别表示同学的名字及城市，并且为了在程序中能够使用这两个变量，还要给这两个变量分别命名为 student_name 和 student_hometown。这两个名字具有描述性的意义，有意义的、具有描述性的变量名字，有助于程序的理解及程序的调试。另外，每个同学的名字和家乡都是由一串字符组成的，所以将 student_name 和 student_hometown 定义为字符数组，也就是一组字符：

```
char student_name[20], student_hometown[30];
```

其中，char 表示字符，变量名后加[]表示数组，括号[]内的数字是我们预期同学名字和家乡的最长的长度。

2. 输入语句

C 语言的 scanf 函数可以将同学输入的姓名及家乡赋给字符数组，例如：

```
scanf("%s", student_name);
```

程序执行时，该语句将同学输入的名字赋给字符数组 student_name，也就是说字符数组 student_name 的值是同学输入的名字。案例 3.2 电子欢迎器程序如下。

```c
#include<stdio.h>
int main()
{
    char student_name[20],student_hometown[30];   /* 声明存放姓名与家乡的字符数组 */

    printf("Enter your name:");                    /* 屏幕提示信息 */
    scanf("%s",student_name);                      /* 输入 student_name */
    printf("Enter your hometown:");
    scanf("%s",student_hometown);                  /* 输入 student_hometown */
    printf("*********************\n");             /* 输出显示屏第一行 */
    printf("  Welcome\n");                         /* 输出显示屏第二行 */
    printf("  %s(%s)\n",student_name,student_hometown);   /* 输出显示屏第三行 */
    printf("*********************\n");             /* 输出显示屏最后一行 */
```

```
        return 0;
    }
```

说明：

（1）C 语言是有类型的语言，所有的变量都要先声明类型后使用，通常将所有的声明语句放在其他语句的前面。char student_name[20]，student_hometown[30]声明两个字符数组。数组的概念将在第 6 章中详细介绍。

（2）输入函数 scanf("%s", student_name) 括号内的参数分成两个部分，前面引号""内是输入的格式控制部分，后面是要输入值的变量。本程序要给字符数组 student_name 输入值，引号""内的格式控制中的"%s"表示输入的是字符串。程序运行时，在 scanf 处，将会停下来，等待用户输入值赋给变量 student_name。

（3）程序停下来了在等待用户输入时，就是一个黑屏。面对黑屏，没有任何提示信息，使用程序的用户通常不知道该做什么，所以在用 scanf 给 student_name 赋值前使用了输出屏幕提示文本"Enter your name："。提示文本的作用是提醒用户现在该做什么，对 student_hometown 输入也进行了同样的处理。

（4）输出的两行"＊"号是为了电子屏输出的美观考虑，"＊"号的个数自定。输出的第二、三行的前面都留了三个空位，也是基于美观的原因。

（5）Welcome 一行的输出，因为对每个同学都是不变的，所以将其放在括号内，原样输出。

（6）显示屏第三行的输出比较复杂，首先要输出变化的同学的姓名和家乡，还要输出不变的"（"和"）"，将变化的要输出内容放在 printf 函数的第二个部分，并使用名字 student_name 和 student_hometown 表示要输出这两个字符数组的值，将不变化的"（"和"）"放在 printf 的第一个部分，输出控制部分。引号""之内的两个%s 是占位符，是给要输出的 student_name 和 student_hometown 的值占位，"s"代表输出的是字符串。

程序运行时，首先在屏幕上显示提示文本"Enter your name："，如果输入"HongTao"；然后出现第二个提示文本"Enter your hometown"，如果输入"Beijing"，则将在屏幕上显示：

```
*********************
   Welcome
   HongTao(beijing)
*********************
```

注意： 使用 scanf 给变量赋值，是用户通过键盘给变量赋值。给字符数组赋值字符串时，字符串中不能含有空格，如"Hong Tao"。更多的字符数组输入方式详见第 6 章。

3. C 程序中的赋值

【案例 3.3】 加法器。编写一个程序，能计算任意两个整数的和。

分析：程序要求用户输入两个整数，所以用变量 a、b 分别存储用户输入的两个整数，用 scanf 函数实现让用户通过键盘给变量 a、b 输入值。程序要求计算和并输出。用变量

sum 存储计算后的和,也就是将 a+b 的值赋给变量 sum。在程序运行中,将数据值赋给变量,C 语言程序用赋值语句,如 sum=a+b,表示将 a+b 的值赋给变量 sum。此处的"="不是通常意义的等号,代表的是赋值。加法器程序如下。

```
#include<stdio.h>
int main()
{
    int a, b, sum;                          /* 声明输入变量 a、b 及和变量 sum 为整型 */
    printf("Enter two numbers:\n");         /* 提示文本 */
    scanf("%d%d", &a, &b);                  /* 输入两个整数 */
    sum=a+b;                                /* 计算两个整数之和并存储到变量 sum 中 */
    printf("%d+%d=%d\n",a,b,sum);           /* 输出计算结果 */
    return 0;
}
```

程序说明:

(1) int a, b, sum 是 main 函数的声明部分,声明变量 a、b 以及 sum 为 int(整型)变量,告诉编译器按 int 类型标准给这三个变量分配内存。

(2) 在程序的 scanf 输入函数中,其中,&a 和 &b 代表变量 a 和 b 的地址,表示输入两个数值,分别用变量 a 和 b 保存;scanf 函数中"%d"是标准输入输出的格式,表示按十进制输入整型数据。所以输入到变量 a 和 b 的数是十进制整数。有两个"%d"是因为要给两个变量输入值。注意案例 3.2 中给字符数组赋值时,没有在字符数组前面加"&",因为数组名就是数组的地址,所以不需要再加,详见第 6 章。

(3) "sum=a+b;"赋值语句,计算 a+b,并将结果送入到变量 sum 中。

(4) 程序利用 printf 输出三项内容:a、b、sum 的值,%d 表示输出的是十进制整数,在控制格式中放入三个占位符%d,并在中间插入+和=。

运行本程序时,屏幕首先显示提示文本信息:

```
Enter two numbers:
如果从键盘输入:23 56
则在屏幕上输出:23+56=79
```

3.3　C 程序的控制结构

在案例 3.3 的 main 函数中有 6 个语句,执行的顺序是逐条执行。语句执行的顺序对于程序的结果是至关重要的。控制结构语句能够控制程序执行的流程,使程序按照预期的顺序执行。在 1.4.3 节中提到了算法的三种控制结构,C 程序支持这三种控制结构:顺序结构、选择结构和循环结构。

3.3.1　顺序结构

案例 3.2 和案例 3.3 都是使用的顺序结构。顺序结构(Sequence)是最简单的程序构造,就是把每个语句按出现的顺序执行,直到遇见 return 语句。图 1.4(a)中的箭头描绘了顺序结构语句执行的过程,程序的执行顺序为 A→B。在 C 程序中,顺序结构是一种"默认"的控制结构。

【案例 3.4】 求任意三角形的面积。

【算法分析】 任意给定一个三角形,也就是任意给定三个边 a、b、c,也用 a、b、c 表示三个边的边长(当然这三个边必须构成三角形)。求三角形面积的公式为:area $= \sqrt{s(s-a)(s-b)(s-c)}$,其中,$s=(a+b+c)/2$。从逻辑上讲,先计算 s,再计算 area。编写程序时,首先输入三条边 a、b、c,计算 s,再计算 area,最后输出 area,流程如图 3.3 所示。

图 3.3 所示 4 项内容是用箭头表示了它们执行的顺序,在 C 程序中语句的排列顺序就是程序的执行顺序,所以在写程序时,将完成这 4 个功能的语句按照图 3.3 的箭头顺序书写。程序如下。

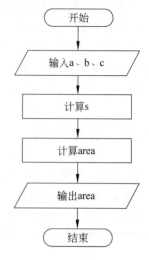

图 3.3 求三角形面积顺序结构流程图

```c
#include <stdio.h>
#include <math.h>                      /* 平方根函数 sqrt()包含在 math.h 中 */
int main()
{
    float a,b,c,s,area;                /* 声明变量 a、b、c、s、area */
    printf("Enter a,b,c:\n" );
    scanf("%f%f%f",&a,&b,&c);          /* 输入三个边的边长 */
    s=(a+b+c)/2;                       /* 计算 s */
    area=sqrt(s * (s-a) * (s-b) * (s-c)); /* 计算面积 */
    printf("area=%.2f\n",area);        /* 输出面积 */
    return 0;
}
```

程序运行时,如果输入:

3 5 6.5

程序输出:

area=7.21

程序说明:

(1) 使用预处理 #include <math.h>是因为程序中要使用 math.h 中包含的数学函数 sqrt,math 是由数学函数构成的函数库。

(2) 边长变量 a、b、c 以及 s、area 均声明为 float 型(单精度实数),变量声明放在执行语句前;

(3) 用 scanf 函数给三个边赋值时,使用了%f,表示是给 float 型变量赋值;

（4）计算 s 时，"＊"表示乘法，"/"表示除法；

（5）sqrt()是开平方函数，将要开平方的数放在圆括号内；

（6）输出面积 area 的 printf 函数的输出控制部分包括 area 字样、"＝"以及"％.2f"，其中"％.2f"表示按实数形式输出 area，并且保留两位小数。

通常一个 C 程序包含三部分：输入、处理和输出。从图 3.3 可以看出，本例的输入是三个边的边长、处理部分由计算 s 和计算 area 两个环节组成，输出是 area 的值。

3.3.2 选择结构

顺序结构是最简单的控制结构。然而，仅使用顺序控制，无法解决带有分支和重复的问题，例如下面案例的情况。

【案例 3.5】 BMI 测试仪。BMI(Body Mass Index，身体质量指数)是用体重千克数除以身高米数平方得出的数字，是目前国际上常用的衡量人体健康的一个标准。我国的 BMI 标准为 18.5～23.9。编写程序测试任意一个人的 BMI 指数是否正常，如果正常输出 1，否则输出 0。

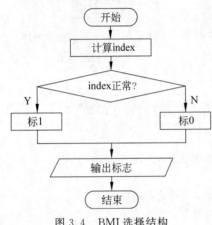

图 3.4 BMI 选择结构

分析：BMI 测试仪中指数正常与不正常时，输出的内容是不同的，也就是本案例出现了图 1.4(b)中的分支结构，A 和 B 只能有一个被执行，由条件 P 是否成立决定哪个分支被执行。本案例的选择结构如图 3.4 所示。

C 程序用 if 语句实现这种分支选择结构。BMI 测试仪程序如下。

```
#include <stdio.h>
int main()
{   /* 判断 BMI 指标是否正常 */
    float height,weight,index;
    int flag;                              /* 正常与否标志 */
    printf("Enter your hight and weight:\n");
    scanf("%f%f",&height,&weight);
    index=weight/(height*height);          /* BMI 计算公式 */
    if(index>=18.5&&index<=23.9)           /* 判断 BMI 是否在正常范围 */
        flag=1;                            /* 正常 flag 为 1 */
    else
        flag=0;                            /* 不正常 flag 为 0 */
    printf("%d\n",flag);                   /* 输出 flag 的值 */
    return 0;
}
```

程序说明：

（1）用 flag 表示计算后的 BMI 指数是否正常。

（2）if 后面的圆括号内是判定程序走向的条件。条件 index>=18.5&&index<=23.9 是判断 BMI 指标 index 是否正常。这个条件由两个条件组成：index>=18.5 与 index<=23.9,&& 是个逻辑运算符,将这两个条件合起来,表示如果这两个条件都满足。

（3）if…else… 是一个语句,表示如果条件成立(指标在正常范围),执行 if 后面的语句 flag=1,否则执行 else 后面的语句 flag=0。

（4）最后输出 flag 的值由程序运行时输入的 height 和 weight 决定。例如,当程序输入为：

1.65 60

则程序输出：

1

若输入：

1.65 80

则程序输出：

0

注意：如果 if 或者 else 后面有多个语句,将这多个语句用一对"{}"括起来,表示这些语句是一个复合语句。

案例 3.5 中的 BMI 测试仪只是判别是否正常。如果要求进一步判别,如分为指标适中(M)、过高(H)、过低(L),就要在程序的分支中再做分支。如图 3.5 所示为案例 3.5 改进情况的流程图,程序如下。

```c
#include <stdio.h>
int main()
{   /* 判断 BMI 指标高中低 */
    float height,weight,index;
    char status;                        /* BMI 指标的状态 */
    printf("Enter your height and weight:\n");
    scanf("%f%f",&height,&weight);
    index=weight/(height*height);        /* BMI 计算公式 */
    if(index>23.9)                       /* 判断 BMI 是否高 */
        status='H';                      /* BMI 过高 */
    else if(index>=18.5)                 /* 判断 BMI 是否适中 */
        status='M';                      /* BMI 适中 */
    else
        status='L';                      /* BMI 过低 */
    printf("Your BMI is:%c\n",status);   /* 输出 BMI 的状态 */
    return 0;
}
```

程序说明：

（1）"char status;"声明 status 是字符型变量,字符型变量用来保存单个的字符,C 语言中的字符数据要用一对单引号括起来,如程序中出现的'H'、'M'、'L'。

(2) if…else if …else…是一个 if 语句,如果 index>23.9,转向第一个分支,status='H';如果这个条件不满足,即 index<=23.9,转向第二个分支,即 else 分支。在 else 分支中继续判断,看 index>=18.5 是否成立,如果成立,status='M',否则 status='L'。事实上,第二个 if…else 语句是嵌入在第一个 if…else 语句中,称为 if 语句的嵌套,当然也可以嵌入在 if 中。对比图 3.5 清楚地看到,在 else 中嵌入一个 if…else 语句。

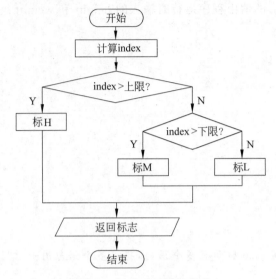

图 3.5　BMI 选择结构嵌套

(3) status 是字符型变量,它的值为单个字符,单个字符用单引号引起来,所以赋值时有 status='M'。用 scanf 和 printf 输入输出字符变量时,使用控制符%c,如 scanf("%c",&status)及 printf("%c",status)。

3.3.3　循环结构

【案例 3.6】　统计一个班级中 BMI 指标正常的人数。

分析:为了统计全班的 BMI 指数正常的人数,需要判断每个人的 BMI 指标是否正常。如果一个班级有 N 个人,也就是说判断 BMI 指数这件事要做 N 遍,即循环 N 遍。如图 1.4(d)和图 1.4(e)所示的两种循环结构,C 语言都支持。本案例的循环结构如图 3.6 所示。

计算机解决问题的魅力之一就是不厌其烦地做简单的事情。C 程序的 for 语句可以循环 N 遍做一件事情。本案例中不仅要判断每个人的 BMI 是否正常,还要统计人数,为此设计一个计数器 count 记载 BMI 指数正常的人数。程序如下。

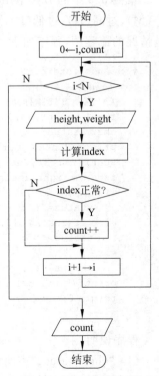

图 3.6　BMI 循环结构

```
#include <stdio.h>
#define N 5
int main()
{   /* 统计 BMI 指标正常的人数 */
    float height, weight, index;
    int i, count=0;
    printf("Enter height and weight:\n");
    for(i=0;i<N;i++)
    {   /* 循环 N 遍 */
        scanf("%f%f", &height, &weight);
        index=weight/(height*height);
        if(index>=18.5&&index<=23.9)                /* 如果指标正常,计数器加 1 */
            count++;
    }
    printf("The number in normal is %d\n",count);  /* 输出 flag 的值 */
    return 0;
}
```

程序说明:

(1) 语句"int i,count=0;"声明变量 i 和 count 是整型变量,其中,计数器变量初始值设为 0;

(2) for 循环中 i 表示循环的次数,i 从 0 开始,每次加 1,当 i 达到 N 时循环终止;

(3) for 下面的一对{}的内容是循环的内容,称为循环体;

(4) 循环体内对每一次输入的身高、体重,计算 index,然后判别 index 是否正常,若正常则计数器加 1;.

(5) 程序的前面包含一个预定义:N,其作用是定义 N 的值。

如果将上面的 BMI 测试仪安放在医院、学校、健身房等公共场合,用于公众的 BMI 测试,因为不知道每天会有多少人测试,可以想象每天有无穷多个人进行测试,于是将程序中的 N 次循环改为无限次循环即可,用 whlie(1)取代 for(i=0;i<N;i++)。while 是 C 中的另一个循环语句,1 表示永真循环。但是测试毕竟要终止,所以常常在 while 循环中加上一个条件终止语句,结束循环。

3.4 C 程序的设计

前面已经学习了 C 程序的基本构成、数据的表示及使用以及控制结构,可以用 C 程序进行问题求解。

3.4.1 枚举法

【案例 3.7】 在公元 5 世纪我国数学家张丘建在其《算经》一书中提出了"百鸡问

题":"鸡翁一值钱 5,鸡母一值钱 3,鸡雏三值钱 1。百钱买百鸡,问鸡翁、母、雏各几何?"

【算法分析】 百钱买百鸡,若用 rooster、hen、chick 分别表示其中鸡翁、鸡母、鸡雏的个数,则这个古老的数学问题的解满足如下方程组。

$$\begin{cases} \text{rooster} + \text{hen} + \text{chick} = 100 \\ 5\text{rooster} + 3\text{hen} + \text{chick} \div 3 = 100 \\ 0 \leqslant \text{rooster} \leqslant 20 \\ 0 \leqslant \text{hen} \leqslant 33 \\ 0 \leqslant \text{chick} \leqslant 300 \end{cases} \qquad (3.1)$$

其中的三个不等式源于 100 元最多能买 20 只鸡翁、33 只鸡母、300 只鸡雏。

显然这是个不定方程,不能给出解的解析表达式。因为计算机运行速度快,可以编写程序对鸡翁、鸡母、小鸡的所有可能情况进行逐一验证是否满足式(3.1)。这种逐一验证的想法是枚举的思想。

【枚举法】 枚举法也称穷举法,是利用计算机运算速度快、精确度高的特点,对要解决问题的所有可能情况,逐一进行检验,从中找出符合要求的解,是通过牺牲时间来换取答案的全面性,因此用枚举法求解问题也称为暴力求解。

使用枚举法求解问题首先根据题目确定解的可能范围,再确定解的判定条件,然后在解的范围内对所有可能的情况逐一验证,是否满足判定条件,直到全部情况验证完毕。若某个情况验证符合判定条件,则为本问题的一个解;若全部情况验证后都不满足判定条件,则无解。枚举法逐一验证,是典型的重复操作,通常用循环来解决。用枚举法求解案例 3.7 如下。

$$\begin{aligned} &\text{范围}:0\leqslant\text{rooster}\leqslant20,0\leqslant\text{hen}\leqslant33,0\leqslant\text{chick}\leqslant300 \\ &\text{判定条件}:\begin{cases} \text{rooster}+\text{hen}+\text{chick}=100 \\ 5\text{rooster}+3\text{hen}+\text{chick}\div3=100 \end{cases} \end{aligned} \qquad (3.2)$$

如果对范围内的所有 rooster、hen、chick 的情况逐一验证,要验证 $21\times34\times301$ 种情况,并且使用三重循环。设置 chick$=100-$rooster$-$hen 将 chick 用 rooster 和 hen 表示,这样对范围内的 chick 不再逐一验证,并且判定条件式(3.2)中第一个式子也可以去掉,于是范围与条件修订为:

范围:$0\leqslant$rooster$\leqslant20,0\leqslant$hen$\leqslant33$

判定条件:5rooster$+3$hen$+$chick$\div3=100$ \qquad (3.3)

这样只对 rooster 和 hen 进行逐一验证,两重循环就可以了,循环次数降为 21×34。另有小鸡 1 元 3 只,但是必须是整只,所以要求 chick 能够被 3 整除,即被 3 除的余数为 0。C 语言用模运算%求余数,是否被 3 整除用 chick%3==0 是否成立表示,此处的"=="是通常意义下的等号。用 C 语言的 $*$、/代替判定条件中隐去的乘号及除号,将两个判定条件用逻辑与 && 连接成一个逻辑表达式。

判定条件:$5*$rooster$+3*$hen$+$chick/3$=100$&&chick%3$==0$ \qquad (3.4)

案例 3.7 程序如下。

```
#include <stdio.h>
int main()
{
    int rooster, hen, chick;
    for(rooster=0; rooster <21; rooster++)      /* rooster 在 0 到 20 之间 */
        for(hen=0; hen <34; hen=hen+1)          /* hen 数在 0 到 33 之间 */
        {
            chick=100-rooster-hen;              /* 百鸡 */
            if((rooster*5+hen*3+chick/3)==100&&chick%3==0)
                                                /* 百钱并且 chick 数能被 3 整除 */
                printf("rooster=%d, hen=%d, chick=%d\n", rooster, hen, chick);
        }
    return 0;
}
```

程序运行结果：

```
rooster=0, hen=25, chick=75
rooster=4, hen=18, chick=78
rooster=8, hen=11, chick=81
rooster=12, hen=4, chick=84
```

说明：

（1）本题用双重 for 循环实现枚举法，称为循环的嵌套。

（2）嵌套循环语句执行顺序是：进入外循环 rooster＝0 后，内循环 hen 依次按 0～33 执行一遍，然后转向外循环首部：rooster＋＋，再次执行 34 次内循环；然后仍然转向外循环首部 rooster＋＋，直到 21 次外循环全部执行完毕，找出所有符合条件的 rooster,hen 和 chick。

（3）内循环的循环体执行次数＝21×34 次。

思考：

（1）为什么设置 chick，chick＝100－rooster－hen 代替判定条件 rooster＋hen＋chick＝100，而不是设置 rooster、hen？

（2）在程序中设置计数器记录内循环的次数，如何修改程序让循环次数进一步减少。

【案例 3.8】 求 100～200 之间的所有素数。

【算法分析】 所谓素数，是指除了 1 和自身以外，不能被其他任何整数整除的数。判断一个数 m 是否为素数，只要将 m 除以 $2\sim m-1$ 之间的每个整数，如果都不能整除，则 m 为素数。在判断 m 是否为素数时，逐一判断是否整除，也是枚举的思想，所以用一重循环解决判断 m 是否为素数，循环次数为 $m-2$ 次。求 100～200 之间的所有素数，需要对 100～200 的每一个数都进行素数判断，为此还需要加一个 100 次的外重循环，因为判断 m 是否为素数，需要 $m-2$ 次整除判断，这样总计进行 98＋99＋…＋198＝14948 次的整除判断。

如果 m 能够被 p 整除,则 m 可以写成 $m=pq$,如果 $p \geqslant \sqrt{m}$,则必有 $q \leqslant \sqrt{m}$,p 能整除 m 和 q 能整除 m 是等价的。所以判断 m 是否为素数,不需要到 $m-1$,只要到 $\sqrt{m}$ 就可以了。这样会大大减少整除判断的次数。

设计一个双重循环,外循环为内循环提供 $100 \sim 200$ 之间的每一个数 m,内循环判断整数 m 是否为素数。在检测过程中,如果出现整除情况,则使用 break 语句提前结束循环。

```c
#include <stdio.h>
#include <math.h>                  /* 平方根函数 sqrt 在 math.h 头文件中 */
int main()
{
    int m, k;                      /* m 为当前要判断的数,k 保存 m 的平方根。 */
    int i;                         /* i 是除数,i 在 2~k 之间变化 */
    int n=0;                       /* n 统计素数个数,初始值为 0 */
    for(m=101;m<200;m=m+2)         /* 外循环为内循环提供整数 m,m 在 101~200 之间 */
    {
        k=sqrt(m)+0.01;            /* k 赋值为 m 的平方根,平方根的值是浮点数,建议加
                                      0.01 */
    /* 内循环判断整数 m 是否为素数,依据是 m 除以 i 是否为 0,i 在 0~k 之间变化 */
        for(i=2;i<=k;i=i+1)
            if(m%i==0)             /* 若 m 能被 i 整除,m 不是素数,提前结束内循环 */
                break;
        if(i==k+1)                 /* 若正常结束循环,则 m 为素数,且 i 一定等于 k+1 */
        {
            n=n+1;                 /* 素数个数加 1 */
            printf("%d ",m);       /* 输出素数 m */

        }
        if(n%10==0)                /* 每输出 10 个素数输出 1 个换行符 "\n" */
            printf("\n");
    }
    printf("\nthe number is:%d\n", n);
    return 0;
}
```

程序运行结果:

```
101   103   107   109   113   127   131   137   139   149
151   157   163   167   173   179   181   191   193   197
199
the number is:21
```

程序说明：

（1）外循环为内循环提供 100～200 之间的每一个数 m，内循环判断整数 m 是否为素数；

（2）当 m 能够被某个 i 整除，也就是已经判断 m 不是素数，不再需要继续判断，所以使用 break 语句提前结束内循环。

思考：

（1）输出素数 printf("％d ",m)时，为什么在格式控制中加空格？

（2）输出素数个数 printf("\nthe number is：％d\n",n)时，为什么前面加"\n"？

3.4.2 迭代法

【案例 3.9】 求两个正整数的最大公约数。

【算法分析】 最大公约数是两个或多个整数公有约数中最大的一个。如求 24 和 60 的最大公约数，先分解质因数，得 24＝2×2×2×3,60＝2×2×3×5,24 与 60 的全部公有的质因数是 2、2、3，它们的积是 2×2×3＝12，所以，24 和 60 的最大公约数是 12。

可以用刚刚学过的枚举法求两个正整数 a、b 的最大公约数。参见习题 3.18。下面介绍辗转相除法。

辗转相除法原理：对两个正整数相除取余数，若余数不为 0，将原来的除数作为新的被除数，原来的余数作为新的除数，再次进行除法取余数运算，一直重复下去直到余数为 0 时停止。最后一个不为 0 的余数就是最大公约数。例如，求 319 和 377 的最大公约数如下。

319％377 是 319；

377％319 是 58；

319％58 是 29；

58％29 是 0；

因此 319 和 377 的最大公约数是 29。

不难发现，在求最大公约数的过程中余数、除数、被除数不断被替换。在替换的过程中，它们的值不断在减小，余数为 0 就停止替换，也就得到了最大公约数。这种不断用新值替代旧值解决问题的方法称为迭代法。

【迭代法】 迭代法是用计算机解决问题的一种基本方法。它利用计算机运算速度快、适合做重复性操作的特点，让计算机对一组指令（或一定步骤）进行重复执行，在每次执行这组指令（或这些步骤）时，都从变量的原值推出它的一个新值。用迭代法求解问题，要考虑如下问题：迭代的初值、迭代的过程、迭代的结束或迭代次数。

辗转相除法求 a、b 的最大公约数可以用迭代法。其中。

（1）迭代的初值：被除数 u＝a，除数 v＝b。

（2）迭代的过程：r＝u％v,u＝v,v＝r；被除数、除数、余数的值辗转更新。

（3）迭代的结束：余数 r＝0。

迭代法是用循环实现每一步的迭代，案例 3.9 程序如下。

```
#include<stdio.h>
int main()
{
    int a, b;                        /* 声明两个正整数 a、b */
    int r, u, v;                     /* r 为余数,u 为被除数,v 为除数 */
    printf("Enter two numbers:\n");
    scanf("%d%d", &a, &b);
    u=a;                             /* 被除数 u 和除数 v 赋初值 */
    v=b;
    while(v!=0)                      /* 迭代条件 */
    {/* 迭代过程 */
        r=u%v;                       /* 计算余数 r */
        u=v;                         /* 更新 u 的值 */
        v=r;                         /* 更新 v 的值 */
    }
    printf("the gcd of %d and %d is %d\n",a, b, u);
    return 0;
}
```

说明：

（1）如果不需要保持 a、b 的值，可不用新增变量 u、v，在 while 循环中直接用 a、b 即可。

（2）循环条件没有 while(r!=0)是因为循环开始前没有给余数 r 赋值，所以用 while (v!=0)。在第一次判断条件时，v＝b(b＞0)，第二次判断条件时，已经执行过迭代过程的 v＝r;语句，所以用 v!=0 等价于 r!=0。其中，"!="是 C 语言中表达"不等于"的运算符。

（3）输出的最大公约数是 u。循环结束时，v＝0，r＝0，u 是最后一次不为 0 的 r(循环时 r 的值在 v,u 中不断迭代)。

【案例 3.10】 求 Fibonacci 数列的前 20 个数。该数列定义如下，第 1,2 项均为 1，从第 3 项开始，每项是前两项之和。即：

$$\begin{cases} 1 & n=1,2 \\ f_{n-1}+f_{n-2} & n \geqslant 3 \end{cases} \tag{3.5}$$

【算法分析】

方法 1：从 Fibonacci 数列的递推关系中可知，每一项（从第三项开始）都是前两项的和，即可以用前两项的值替代而成，这样可以用迭代法求解每一项。用 f 表示当前计算的项，f1、f2 表示 f 的前两项，它们的顺序关系为 f1、f2、f，则迭代的初值：f1＝1，f2＝1。

迭代过程：f＝f1＋f2（f 的值用原来的 f1、f2 替代），f2＝f1（新的 f2 用原来的 f1 替代）、f1＝f（新的 f1 用 f 替代）。

迭代结束：20 次，一次计算一项。

方法 2：方法 1 是一次计算一项，也可以一次计算两项。用 f1 和 f2 表示正在计算的连续两项，其中 f2 在 f1 后面，则有：

迭代的初值：f1＝1，f2＝1。

迭代过程：f1＝f1＋f2（新的 f1 用原来的 f1、f2 替代），f2＝f2＋f1（新的 f2 用原来的 f2、新的 f1 替代）。

迭代结束：10 次，一次计算两项。

程序如下。

```c
#include <stdio.h>
int main()
{
    int f1, f2;                    /* 声明 f1,f2 为整型 */
    int i;                         /* 声明 i 为循环下标 */
    f1=1, f2=1;                    /* 初始化 f1,f2 */
    for(i=0;i<10;i++)              /* 10 次循环 */
    {
        printf("%d %d ", f1, f2);  /* 输出当前 f1,f2 的值 */
        f1=f1+f2;                  /* 更新 f1,f2 的值 */
        f2=f2+f1;
    }
    return 0;
}
```

程序输出：

1 1 2 3 5 8 13 21 34 55 89 144 233 377 610 987 1597 2584 4181 6765

程序说明：

在循环中先输出 f1、f2，然后计算新的 f1、f2，这样保证进入循环前的 f1 和 f2 输出，但是最后计算的 f1 和 f2 没有被输出。

目前可以用 C 程序解决一些简单的问题，但是直到目前为止，还没有对 C 语言的知识做详细的介绍。以后各章内容为：第 4 章 C 语言的词法、基本数据类型及表达式、语法、格式化输入输出；第 5 章 C 程序的模块化程序设计；第 6 章 C 的复杂数据类型；第 8 章用 C 程序进行问题求解。

本章知识结构图

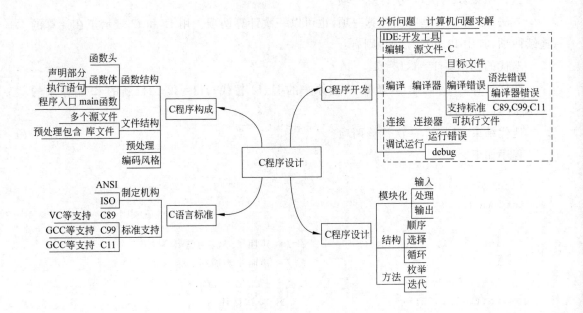

习　　题

基础知识

3.1　说明编辑、编译、连接的作用。在编译后得到的文件为什么不能直接运行？

3.2　一个 C 程序由几部分组成？每个部分的作用是什么？

3.3　叙述 C 程序开发的过程。

3.4　scanf 函数与赋值"＝"给变量赋值的区别是什么？

3.5　scanf 和 printf 输出整型、字符型、实型及字符串的控制符中的字母分别是什么？为什么选用这 4 个字母？

3.6　变量的作用是什么？

3.7　C 语言提供了选择结构语句、循环结构语句,为什么没有提供顺序结构语句？

程序设计

3.8　根据习题 1.9 编写程序。

3.9 (1021)①编写一个 C 程序,输出以下信息:

```
**************************
        Very Good!
**************************
```

其中 Very 前面 9 个空格,"＊"也是输出的一部分。

输入:无须输入
输出:

```
**************************
        Very Good!
**************************
```

3.10 (2493)输入两个整数,进行加、减、乘及除四则运算并输出结果。比如:输入 a、b,进行 a＋b、a－b、a＊b、a/b 的运算,输出它们的计算结果。

输入:输入两个数。
输出:输出两个数加减乘除的结果,每个结果占一行。
样例输入:6 3
样例输出:

```
9
3
18
2
```

3.11 (2681)输入三条边的长度,如果这三条边能构成三角形,则需要计算三角形面积,如果不能构成三角形则输出提示信息 "error input"。输出的面积按两位小数方式输出。

输入:三条边的长度。
输出:如果这三条边能构成三角形,则输出该三角形面积,如果这三条边不能构成三角形,则输出提示信息"error input"。
样例输入:3.3 4.4 5.5
样例输出:area=7.26

3.12 (1036)打印出所有"水仙花数"。所谓"水仙花数"是指一个三位数,其各位数字立方和等于该数本身。例如,153 是一个水仙花数,因为 $153＝1^3＋5^3＋3^3$。

输入:无。
输出:所有的水仙花数,从小的开始,每行一个。

3.13 (1992)有一分数序列:2/1,3/2,5/3,8/5,13/8,21/13,…。求这个序列的前 n 项之和。

---

① 1021 指烟台大学 Online Judge (202.194.119.110)编号为 1021 的题目,后续习题中出现的类似格式的数字具有相同的含义。

输入:输入只有一个正整数 n,1≤n≤10。

输出:输出该序列前 n 项和,结果保留小数后 6 位。

样例输入:3

样例输出:5.166667

3.14 (1041)用迭代法求数 a 的平方根 x,即:x＝$\sqrt{a}$,求平方根的迭代公式为:

$$x_{n+1} = (x_n + a / x_n)/2$$

要求前后两次求出的误差绝对值小于 0.000 01,输出保留三位小数。

输入:a

输出:x

样例输入:4

样例输出:2.000

3.15 (1039)一球从 M 米高度自由下落,每次落地后返回原高度的一半,再落下。它在第 N 次落地时反弹多高? 共经过多少米? 保留两位小数。

输入:M N

输出:它在第 N 次落地时反弹多高? 共经过多少米? 保留两位小数,空格隔开,放在一行。

样例输入:1000 5

样例输出:31.25 2875.00

综合实践

3.16 做一个能做四则运算的计算器。计算器功能如下。

(1) 打开计算器是一个菜单,菜单有 4 个选项：A(加法)、S(减法)、M(乘法)、D(除法)。用户输入这 4 个字符,就能做相应的运算,如果用户输入其他字符,就退出程序。退出程序用系统函数 exit(1)。

(2) 对于每种计算,用户输入参与计算的两个数,计算器给出正确的答案。

3.17 做一个小学生考试系统,功能如下。

(1) 利用随机函数出 10 道加法题;

(2) 小学生用户答题,给出每道题的答案;

(3) 对小学生的答题进行评判;

(4) 计算小学生的答题正确率。

注意:随机出题使用随机函数,请自己查找随机函数的使用。

3.18 编程分别用枚举法和辗转相除法求任意两个正整数的最大公约数,对两种方法进行对比分析。注意,分析时给出各种不同的数据。

第 4 章 C 语言基本组成

C 程序由函数和变量组成。函数由语句组成,语句由词组成,词和语句遵循词法和语法。C 语言是有数据类型的语言,所有的变量都要先声明数据类型才能参与运算。第 3 章介绍了 C 程序设计的初步,但是没有介绍 C 语言的基本组成要素。本章介绍 C 语言的基本组成,包括词法、数据类型、运算符和表达式、各种语句以及标准输入输出等,为后续的学习奠定基础。

4.1　C 语言的词法

用计算机语言编写程序就要了解它的字符集、保留字和基本词类。

4.1.1　C 语言字符集

C 语言源程序允许使用所有字符的组合称为字符集,其范围是 ASCII 字符集,主要分为下列几类。

(1) 大小写英文字母:A,B,C,…,Z,a,b,c,…,z。

(2) 数字:0,1,2,3,4,5,6,7,8,9。

(3) 键盘符号:键盘上除英文大小写字母和数字的其他字符。

(4) 转义字符。

对于一些常见的不能显示的 ASCII 控制字符,C 定义了一些字母前加反斜杠\来表示,如\0、\t、\n 等,其含义是将反斜杠后面的字符转换成另外的意义。转义字符除了表示特殊字符外,也可以表示任何字符。常用转义字符如表 4.1 所示。

表 4.1　转义字符

转义字符	对应字符名	ASCII 值	分　　类	说　　明
\n	LF(Line Feed)换行	10(0x0A)	不可打印字符	控制字符或其他不可打印字符
\t	tab(table)水平制表	9(0x09)		
\b	BS(Back Space)退格	8(0x08)		
\r	CR(Carriage Return)	13(0x0D)		
\a	BELL 响铃	7(0x07)		

转义字符	对应字符名	ASCII 值	分　类	说　明
\"	双引号"	34(0x22)	有特定用途的字符	有特殊含义的字符
\'	单引号'	39(0x27)		
\\	反斜杠\	92(0x5C)		
\ddd　\101	A	65(0x41)	所有字符	"\"后跟着 1～3 位八进制数,表示 ASCII 码表中的任何字符
\0	NULL 空字	0(0x00)		
\1	☺笑脸	1(0x01)		
\xhh　\x1	☺笑脸	1(0x01)	所有字符	"\x"后跟着两位十六进制数,表示 ASCII 码表中的任何字符
\x41	A	65(0x41)		
\x61	A	97(0x61)		

①

4.1.2　保留字

C 语言规定的有特殊含义的英文单词称为保留字(Reserved Words),主要用于构成语法结构、进行存储类型和数据类型定义等,也叫关键字(Key Words)。它们在程序中代表着固定的含义,用户不能用来命名自定义的对象。C 语言保留字共有 32 个,具体分类如下。

(1) 用于数据类型说明的保留字,如表 4.2 所示。

表 4.2　数据类型符

数据类型符	数 据 类 型	数据类型符	数 据 类 型
char	字符型	double	双精度浮点型
int	整型	struct	结构型
short	短整型	union	共用型
long	长整型	typedef	类型定义型
signed int	带符号整型	enum	枚举型
unsigned int	无符号整型	void	空类型
float	单精度浮点型	const	常量

---

①　注意回车和换行的区别:在打字机时代,回车(Carriage Return,CR)指打印针回到行首,换行(Line Feed,LF)指打印针移到下一行。当计算机出现后,不再需要两个字符来表示换行操作,所以 UNIX 用 LF,Mac 用 CR 单个字符表示换行,而 Windows 沿用了打字机的换行方式,用两个字符 CR+LF 表示换行(\x0D'和\x0A'),这就是键盘上的 Enter 键。

（2）用于存储类型说明的保留字，如表 4.3 所示。

表 4.3　数据存储类型符

存储类型符	存储类型	存储类型符	存储类型
auto	自动	static	静态
register	寄存器	extern	外部

（3）其他保留字，如表 4.4 所示。

表 4.4　其他保留字表

保留字	中文含义	保留字	中文含义
break	中止	goto	转向
case	情况	if	如果
continue	继续	return	返回
default	默认	sizeof	计算字节数
do	做	switch	开关
else	否则	volatile	可变的
for	对于	while	当

（4）预定义标识符。

在程序编译预处理阶段完成的操作，使用的保留字称为预定义标识符，如表 4.5 所示。

表 4.5　预定义标识符

保留字	中文含义	保留字	中文含义
define	宏定义	include	包含
undef	撤销定义	ifdef	如果定义
ifndef	如果未定义	endif	编译结束
line	行		

4.1.3　用户标识符

用户标识符（Identifier）是指开发人员在程序源文件中命名的对象名，如变量名、数组名、函数名等，如 sum、Sum、SUM、student_name、_above、user1。用户标识符的命名规则如下。

（1）由字母、数字和下划线三种字符组成，且第一个字符必须为字母或下划线；

（2）不能是系统保留字；

（3）区分大小写字母，即大写字母和小写字母是两个不同的字母；

（4）标识符的字符个数无统一规定，随系统不同而异；

（5）使用标识符之前要先进行声明。

在实际编程中，标识符的名字应尽量能够表达其含义，具有描述性意义，这样利于程序的可读性。通常将英文单词或英文单词的缩写用于标识符的命名，当标识符中的单词个数在两个以上时，常常用下划线分隔。

4.1.4 C 语言的词类

语言的基本词汇是指直接由字符序列组成，有确定意义的最基本单位，C 语言的词类主要分为以下几种。

（1）保留字：也称关键字，在 C 程序或语句中，用来表示特定语法含义的英文单词。

（2）标识符：用于对变量、函数等对象的命名；

（3）常量：在程序运行中其值不发生变化的数据称为常量，包括各种数值类型的常量及串常量，如 3、−3.14、'a'、"abc" 等。

（4）运算符：用来表示简单加工计算的符号，如＋（加）、−（减）、＊（乘）、/（除）、％（求余）等。

表达式、函数调用等是更高级的语言成分，如表达式中还可分操作数和运算符等；函数调用也是一种表达式，它包括函数名标识符、圆括号和实际参数表等。利用基本词汇，按照给定的 C 语言的句法规则，就可命名程序对象，描述表达式计算、构造语句、函数，直至整个程序。

4.2 基本数据类型

C 语言是有类型的语言，程序中用到的每个数据，都有一个与它相联系的数据类型。数据类型决定着数据的取值范围、允许的运算操作，以及在计算机内存中的二进制形式的存储。

4.2.1 数制

十进制数制是人们日常使用最多的计数方法，然而计算机内部使用二进制表示数据。二进制数制的基为 2，表示数据位数太多，书写和阅读不方便，为此引入了八进制（适合位数为 3 的倍数的计算机）和十六进制（适合位数为 4 的倍数的计算机）。

1. 各种进制

不论是哪一种数制，其计数和运算都有共同的规律和特点，即逢 N 进一，N 是指数制中所需要的数字字符的总个数，称为基数。

(1) 十进制(Decimal)：基数为 10,数字在 0～9 之间。

(2) 二进制(Binary)：基数为 2,数字只有 0、1。

(3) 十六进制(Hexadecimal)：基数为 16,采用 0～9,a～f(或 A～F)共 16 个字符,分别对应二进制数的 0000,0001,…,1111。

(4) 八进制(Octal)：基数为 8,采用 0～ 7 共 8 个数字,分别对应二进制数的 000、001、…、111。

2. 二进制转换成十进制

将二进制数以基数 2 展开,合并计算即可得到对应的十进制数,例如：

$(1011.11)_2 = 1 \times 2^3 + 0 \times 2^2 + 1 \times 2^1 + 1 \times 2^0 + 1 \times 2^{-1} + 1 \times 2^{-2} = (11.75)_{10}$

八进制和十六进制转换成十进制只要把基数换成相应的 8 和 16 即可。

3. 十进制正整数转换成二进制

将十进制数除以 2,取余数,得到的商再除以 2 取余,以此类推,直到商为 0,倒序排列所得到的余数,就是相应的二进制数。例如,$(19)_{10} = (10011)_2$,其转换过程如图 4.1 所示。

十进制数转换成八进制和十六进制数,只要将图 4.1 中除数 2 换成 8 或 16 即可。

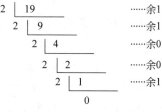

图 4.1　十进制转二进制

4.2.2　数据类型

所谓数据类型(Data Type),就是对数据分配存储单元的安排,包括存储单元的长度(占多少字节)以及数据的存储形式。不同的类型分配不同的长度和存储形式。

C 语言中基本数据类型分为整型、实型(浮点型)和字符型。除了基本数据类型,还有构造类型(数组、结构体、共用体)、枚举类型、指针类型、空类型等。本章只介绍基本数据类型,基本数据类型用关键字描述其类型。

1. 整型

整型数据关键字有 short、int、long、long long、unsigned,具体类型所占字节数及数据表示范围如表 4.6 所示。

表 4.6　整型

数 据 类 型	字 节 数	数 据 范 围
int(基本整型)	4(系统决定)	$-2^{31} \sim 2^{31}-1(-2\ 147\ 483\ 648 \sim$ $2\ 147\ 483\ 647)$
signed char (字节型)	1	$-2^7 \sim 2^7-1(-128 \sim 127)$
short[int](短整型)	2	$-2^{15} \sim 2^{15}-1(-32\ 768 \sim 32\ 767)$

数 据 类 型	字 节 数	数 据 范 围
long[int](长整型)	4	$-2^{31} \sim 2^{31}-1(-2\ 147\ 483\ 648 \sim$ $2\ 147\ 483\ 647)$
long long[int](长长整型)	8	$-2^{63} \sim 2^{63}-1$(需要符合 C99 标准的编译器)
unsigned[int](无符号整型)	同 int	$0 \sim 2^{32}-1(0 \sim 4\ 294\ 967\ 295)$
unsigned short[int](无符号短整型)	同 short int	$0 \sim 2^{16}-1(0 \sim 65\ 535)$
unsigned long[int](无符号长整型)	同 long int	$0 \sim 2^{32}-1(0 \sim 4\ 294\ 967\ 295)$
unsigned long long [int](无符号长长整型)	同 long long int	$0 \sim 2^{64}-1$

说明:

(1) 有些数据类型(例如 int)所占内存字节数随 CPU 的类型和编译器的实现不同而异,实际使用中可用 sizeof()查看各数据类型字节数(参见 4.3.7 节)。相应的数值范围也是由实现者定义的,不一定与表 4.6 中表示的完全相同。

(2) unsigned 是无符号的意思,表示正数。默认情况下,各类型前面不加 unsigned,表示数据是有符号数(signed),即带正负的整数。有符号数和无符号数在内存中表示方式不同,例如,unsigned short 型数据 0~65 535 在内存中对应的二进制表示形式为:

00000000 00000000~11111111 11111111

全部是数据位,其中 65 535 是最大数,它的所有二进制位全为 1。

(3) short 型数据-32 768~32 767 在内存中对应的二进制表示形式为:

00000000 00000000~11111111 11111111

最高位是符号位,0 为正,1 为负,其中最大数为 32 767,它的二进制为: 01111111 11111111,最高位 0 表示正数,其余数据位全是 1。short 型的数-1 在内存中的二进制表示为:11111111 11111111,最高位 1 表示为负数,其余数据位全是 1,-1 是 short 型负数的最大数。-32 768 是 short 型的最小的数,在内存中的二进制表示为:10000000 00000000,最高位 1 表示为负数,其余数据位全是 0。

(4) int 型数据-2 147 483 648~2 147 483 647 在内存中对应的二进制形式为:

00000000 00000000 00000000 00000000~11111111 11111111 11111111 11111111

最高位是符号位。2 147 483 647 是 int 型的最大的数,在内存中的二进制表示为: 01111111 11111111 11111111 11111111,最高位 0 表示正数,其余数据位全是 1。-2 147 483 648 是 int 型的最小的负数,在内存中的二进制表示为:10000000 00000000 00000000 0000000,最高位 1 表示为负数,其余数据位全是 0。

2. 实型

实型表示有符号十进制小数,在计算机内部以浮点方式表示(即小数点是浮动的,以指数和底数方式存储),因此也叫浮点型。实型数据的运算是近似计算。实型数没有八进制和十六进制表示形式,也没有无符号形式。实型数分为 float、double、long double 三种类型,能够表示不同精度范围的数据。详细说明见表 4.7。

表 4.7　实型数据所占内存长度、有效数字及数据范围

类　　　型	字　节　数	有　效　数　字	数　值　范　围
float(单精度)	4	7	$-3.4\times10^{38}\sim3.4\times10^{38}$
double(双精度)	8	$15\sim16$	$-1.7\times10^{308}\sim3.4\times10^{308}$
long double(长双精度)	16(64 位机器)	$18\sim19$	$-1.2\times10^{-4932}\sim1.2\times10^{4932}$

说明:long double 型占内存字节数与 CPU 的类型和编译器的实现有关,可能是 8、16 或其他字节。相应的数值范围也可能有差异。

系统默认实数常量是 double 类型,若数据范围比较小,也可用 float 型,如 3.2;若超出了 double 类型的有效数据位,赋值时会发生数据溢出,建议用 long double 型,如 1111111.11111111111。

3. 字符型

字符数据类型用关键字 char 表示。char 类型既可表示 $-128\sim127$ 之间的整数,也可以表示 ASCII 表中的任何一个字符,表示字符时实际内存存储的是字符的 ASCII 码。ASCII 码是一个字节的整数,参见附录 A。若将 char 视为 1 字节整型,也叫字节型,在文件处理当中常常把打开的文件视为字节流或字符流,参见第 7 章。C 语言中没有字符串数据类型,用字符型数组表示字符串,字符串参见第 6 章。

4.2.3　常量

对于不同类型的数据按其值是否可变又分为常量和变量两种。常量(Constant)是程序运行过程中值不发生变化的量。常量分为数值型常量、字符型常量。其中,数值型常量包括整型常量、实型常量;字符型常量包括字符常量和字符串常量。

1. 整型常量

整型常量用前缀表示数制。

(1) 八进制整数:由数字 0 开头,如 034、065。

(2) 十进制整型:无前缀,如 123、-78。

(3) 十六进制整型:由 0X 或 0x 开头,如 0x23、0XFFFF。

数据类型确定分配字节数及存储方式。整型常量默认数据类型为 int,用后缀表示数据类型。

(1) short、int 型不加后缀,如 short a=034;,int b=30;。

(2) long 型加后缀 l(或 L),如 long c=30L;。

(3) long long 型加后缀 ll(或 LL),如 long long d=30LL;。

(4) unsigned 加后缀 u(或 U),如 unsigned e=123u;。

后缀 u 只针对十进制整型,且可以和其他类型组合。八进制和十六进制本身就是无符号数,类型将从 int、unsigned、long、unsigned long、long long、unsigned long long 中自动选择。

2. 实型常量

实型常量又称实数或浮点数,可以用小数形式和指数形式表示。小数形式是由数字和小数点组成的一种实数表示形式,小数形式表示的实型常量必须要有小数点,小数点的左边和右边可以有一边没有数据,如 0.123、.123、123.、0.0。指数形式由底数、字母 e(或 E)和指数三部分组成,且 e(或 E)之前必须有底数数字、e(或 E)后面的指数必须为整型数值,在字母 e 或 E 的前后以及数字之间不得插入空格。例如,0.3e05、6.89E−5、9.99e+16,其中底数部分不可以省略,如 e3、5e3.6、.e、e 均为非法的指数形式。另外一个浮点数可以表示为不同的指数形式,如 315.49 可以表示为 3.15e2 及 0.315e3 等指数形式。

实型常量默认数据类型是 double,不加后缀,如 double x=−123456.7;。float 型常量加后缀 f(F),如 float a=0.3f;。long double 型加后缀 l(或 L),如 long double y=1.03579L;。实型常量没有前缀。

3. 字符常量

字符常量是用单引号括起来的单个普通字符或转义字符,数据类型为 char。单引号'为定界符,不属于字符常量中旳一部分,如'a'、'5'、'\n'、'\101'、'\x41'。

4. 字符串常量

字符串常量是用一对双引号括起来的零个或多个字符序列,包括转义字符。双引号"为字符串的定界符,不属于字符串的一部分,如"I am a student"、"x"、" "、"\"hello\""、"\tab\rcd\n\'ef\\g"。字符串中的字符依次存储在内存中一块连续的区域内,并且把空字符'\0'自动附加到字符串的尾部作为字符串的结束标志。故字符个数为 n 的字符串在内存中应占 $n+1$ 个字节。

5. 符号常量

符号常量其实不是真正意义上的常量,它属于编译预处理中的宏定义。符号常量用预处理命令"#define"定义,一般用大写字母表示。符号常量要先定义后使用,定义格式为:

```
#define <符号常量> <字符串>
```

一个"#define"命令只能定义一个符号常量。每个预处理命令占用一行。符号常量一旦定义,就可在程序中如同常量一样使用,且其值在整个作用域中不能改变也不能被赋值。

【案例 4.1】 求圆柱体体积。给定圆柱体的半径及高,求其体积。
程序如下。

```
#include <stdio.h>
#define PI 3.14159                    /* 定义 PI 为符号常量,PI 和 3.14159 之间有空格 */
int main()
{
    float r, h, v;
    scanf("%f%f", &r, &h);
    v=PI*r*r*h;                       /* 编译时将 PI 换成 3.14159 */
    printf("Volume=%f", v);
    return 0;
}
程序输入:3 2
程序输出:Volume=56.55
```

说明:当程序中多次使用了某个符号常量,需要修改时,只需修改"♯define"命令,程序中所有位置的同一个符号常量将都得到修改。

4.2.4 变量

变量(Varible)是指在程序运行过程中其值可以发生变化的量。变量在使用前必须声明数据类型。变量是用来存储值的地方,变量有名字和数据类型。变量的数据类型决定了能够存储哪种数据,应该分配多少内存字节。

1. 变量声明

变量声明(Declaration)是指声明变量的数据类型及存储类型,分配内存空间的变量声明也叫变量定义。声明格式如下:

[存储类型]<数据类型符><变量列表>;

其中,存储类型是可选项,本章对其不做说明,应用默认存储类型。例如:

```
int a;
char ch;
float x;
```

其中,变量 a、ch、x 存储示意图如图 4.2 所示。

声明变量后,变量在内存中的位置就是确定的,既可以用变量名来代表这个位置,也可以用变量的地址来代表。变量的地址是变量所占内存块中第一个字节地址,在变量名前加"&"表示地址,如 &a、&ch 和 &x。地址用十六进制的常数表示,如"0x280ce220"。每次运行程序时,给变量分配的内存块可能是不一样的,故地址也可

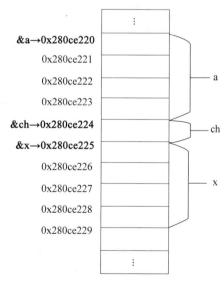

图 4.2　变量存储示意图

能与上一次运行时不一样。变量定义后,如果未赋值,其对应内存空间中的值是不确定的。

2. 变量引用

引用变量就是使用变量。对变量的基本操作有两个:向变量中写入数值,称为给变量"赋值";读取变量当前值,称为"取值"。对变量赋值可以多次重复,赋值的过程是"覆盖",即用新值替换旧值。变量具有保持值的性质,即若某个时刻给某变量赋了一个值,读取这个变量时,得到的总是这个值。例如:

```
int a;                    /* 声明 int 型变量 a */
char ch;                  /* 声明 char 型变量 ch */
float x;                  /* 声明 float 型变量 x */
a=2;                      /* 给变量 a、ch 和 x 赋值 */
ch=='B';
x=67.8574f;
a=a+1;                    /* 再次给变量 a, ch, x 赋值 */
ch='\101';
x=-2.1f;
```

在上面的程序段中,定义了变量 a、ch 和 x,并且对它们进行了两次赋值,图 4.3(a)和图 4.3(b)展示了变量的存储变化情况。

提示:在赋值时,变量名代表以此命名的内存空间,读取变量值时,变量名就等价于变量的值(数组变量除外)。

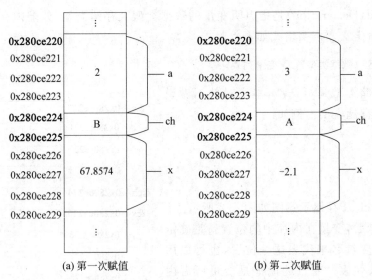

(a) 第一次赋值   (b) 第二次赋值

图 4.3 变量 a、ch、x 存储变化

【案例 4.2】 声明和引用整型数据,注意溢出情况。

```
#include <stdio.h>
```

```
int main()
{
    unsigned short a;          /* unsigned short 可用数据范围为 0~65535 */
    a=65535;                   /* 65535 是 unsigned short 最大数 */
    a=a+1;                     /* a+1后数据溢出 */
    printf("%d\n", a);
    return 0;
}
```
程序输出:0

提示:超出了数据类型表示的范围就是溢出(Overflow),溢出的结果通常是错误的,但是系统可能不会提示出错,所以,声明变量时应考虑数据应用范围,特别是有没有超出最大值最小值情况,从而根据应用需求确定数据类型。

【**案例 4.3**】 声明和引用实型数据,注意类型选择和数值范围。

```
#include <stdio.h>
int main()
{
    double x;                          /* 声明 x 为 double 型 */
    x=1111111111111.111111111;         /* double 型有效数字 15~16 位 */
    printf("%f\n", x);
    return 0;
}
```

程序运行结果:

1111111111111.111100

提示:一个实型常量可以赋给一个 float 型、double 型或 long double 变量。根据变量的类型截取实型常量中相应的有效位数字。

【**案例 4.4**】 声明和引用字符型数据,注意大小写字母转换关系。

```
#include <stdio.h>
int main()
{
    char ch;
    ch='A';
    ch=ch+32;
    printf("%c, %d\n", ch, ch);
    return 0;
}
```

程序运行结果:

a,97

3. 变量初始化

变量的初始化就是在定义变量的时候,直接对变量进行赋值操作,也叫初始化赋值方式。初始化的方式一般有如下两种。

(1) 声明时直接对变量赋予常量数值进行初始化,如"int a1=5;"是用 5 初始化 a1。

(2) 声明时通过同类型变量进行初始化,如:int a2=a1;是用 a1 初始化 a2。

初始化变量并不是必需的,但是在 C 语言中未初始化的变量可能是其数据类型允许范围内的任意值(第 5 章介绍的全局变量和静态变量除外),为了防止运算中出错,一般建议定义变量后,立即初始化。若几个变量其值相同,也必须一一进行初始化,例如:int a=10,b=10,c=10;,不能省略地写成:int a=b=c=10;。注意:下面的方式不是初始化。

```
int a;
a=1;
```

第一行声明变量 a 后,其值是随机的。

4.3 运算符和表达式

C 语言具有丰富的运算符,满足对数据进行加工处理的需求。运算符也叫操作符(Operator),是对数据进行运算的符号。C 语言运算符有以下几类。

(1) 算术运算符:+、-、*、\、%。

(2) 自增、自减运算符:++、--。

(3) 关系运算符:>、<、>=、<=、==、!=。

(4) 逻辑运算符:!、&&、‖。

(5) 赋值运算符:= 及复合赋值运算符。

(6) 逗号运算符:,。

(7) 条件运算符:? :。

(8) 求字节数(长度)运算符:sizeof。

(9) 位运算符:<<、>>、~、|、^、&。

(10) 强制类型转换运算符:(类型)。

(11) 指针运算符:*、&。

(12) 成员运算符:.、->。

(13) 下标运算符:[]。

关于 C 语言的运算,涉及如下概念。

(1) 运算符的目:使用运算符运算必须有运算对象,运算对象也叫操作数(Operand)。运算符所连接的对象的数目称为运算符的目,C 语言有三种运算符的目:单目、双目和三目。

（2）表达式：由运算符和括号将运算对象连接起来，符合 C 语言语法规则的式子，称为表达式（Expression）。

（3）运算符的优先级：表达式中运算符计算的先后次序称为运算符的优先级，先进行优先级高的运算，再进行优先级低的运算。例如，下面两个表达式：

```
3+9/3 和 (3+9)/3
```

第一个表达式的值为 6，第二个表达式的值 4。第一个式子中虽然"＋"号在"/"号之前，但是"/"号的优先级高于"＋"，要先除法再加法。第二个式子中虽然"＋"号的优先级低于"/"，但圆括号改变了运算的优先级，先加法后除法。

（4）运算符的结合：C 语言中同一个式子中优先级相同的运算符的运算次序由运算的结合型（Associativity）决定。自右向左的运算符称为右结合运算符，单目运算、赋值运算、条件运算都是右结合运算符。自左向右的运算符称为左结合运算符，大部分运算符是左结合运算符。

本章只介绍前 10 种运算符和对应的表达式，其他运算符和表达式在以后各章节介绍。

4.3.1　算术运算

C 语言提供 7 个算术运算符：＋（正）、－（负）、＋（加）、－（减）、＊（乘）、/（除）、％（模）。其中，＋（取正）和－（取负）运算符是单目运算符，取运算对象相反的值。其他算术运算符都是双目运算符。加法、减法、乘法、除法是四则运算。模运算，也叫整数求余运算，例如：

```
5%3=2,-5%3=-2,-5%3=2,-5%3=-2
```

算术运算符的运算对象通常是数值型的，可以是整型、实型以及字符型，使用时要考虑两个操作数的数据类型的搭配情况。

（1）模运算的运算数必须是整型的，若被除数和除数其中一个不为整数，则在模运算前将非整型的操作数转化为整型。例如，表达式 5.9％3 的值没有任何意义，但是在进行模运算之前自动将 5.9 转化整型。

（2）对于其他双目运算，如果两个操作数类型相同，则运算结果的类型不变。若两个操作数类型不同，则需要先进行类型转化，再进行运算，其结果为转化后的数据类型。例如，对于乘法运算符"＊"，若两个操作数都是整型，则乘法结果仍为整型；若一个是实型数，另一个是整型数，则做实数的乘法运算，结果为实型数。

（3）对除法运算符"/"，若两边的操作数中有一个是实型数，则做实数的除法运算。若都为整数，则做整除运算。整除运算只取结果的整数部分，舍去小数部分。例如

```
33/2=16,1/2=0
```

也就是说，两个整数做除法运算，其结果还是整数。但是，如果被除数或除数中有一个为实型数，则其值为实型数，例如

33/2.0=16.5,1/2.0=0.5

由算术运算符和括号将操作数连接起来构成的式子称为算术表达式,其运算对象可以为常量、变量、函数等。算术运算符的优先级为:单目(+、-)、乘除(*、/、%)、然后加减(+、-)。单目算术运算符+、-是自右向左结合,其他双目算术运算符都是自左向右结合。

【案例 4.5】 将下列数学表达式写成符合 C 语言规则的表达式。

$$\frac{a+b+c}{\sqrt{x+b}+2(\sin x+\sin y+\sin z)}$$

解:三角函数用括号括起来自变量,开方用 sqrt()函数表示,省略的乘号用"*"表示,除号用"/"表示,将分子分母括起来表示其优先级,则用 C 语言表达式表示如上的数学式子为:

$$(a+b+c)/((\mathrm{sqrt}(x+b)+2*(\sin(x)+\sin(y)+\sin(z)))$$

4.3.2 关系运算

在选择语句、循环语句中常常用到比较判定,如 i 是否大于 N,m 是否能够被 2 整除。可以用关系运算符对两个操作数比较。关系运算符共有 6 种:<(小于)、<=(小于等于)、>(大于)、>=(大于等于)、==(等于)、!=(不等于)。其运算规则是:若比较的关系成立,结果为真,否则为假。例如,当 a=5 时,a==5 的结果为真。再如,3>4 的结果为假。C 语言用数值 1 表示真,数值 0 表示假。

关系运算符的优先级低于算术运算符。<、<=、>、>=4 个关系运算符的优先级相同,==、!=的优先级相同。且前 4 种的优先级高于后两种。关系运算顺序自左向右。

由关系运算符连接构成的表达式称为关系表达式(Relation Expression)。它的一般形式为:

<表达式 1><关系运算符><表达式 2>

其中,表达式可以是算术表达式、关系表达式、逻辑表达式和赋值表达式等。关系表达式的值只有真和假。下面是关系表达式的例子。

```
5==3                /* 表达式的值为假 */
x>3                 /* 关系成立与否,根据 x 的值确定 */
3<5==6<8             /* 先做两个"<"运算,再进行"=="运算,结果为 1 */
a+b>c!=d             /* 相当于 ((a+b)>c)!=d */
a==b<c               /* 相当于 a==(b<c) */
'a'<'b'              /* 比较字符 a 与 b 的 ASCII 码,即比较 97 与 98,结果为 1 */
```

也可以将关系表达式的结果赋给一个整型或字符型变量,例如,当 x=10,y=15 时,

```
z=x!=y;
```

将 x!＝y 的结果赋给 z，z 的值为 1，赋值运算符低优先级于关系运算符。

关系运算符的两个操作数可以是常量、变量、表达式，但对于进行比较的两个操作数的数据类型要注意以下两点。

（1）数值型数据的比较按照数值大小比较，字符型数据的比较按照其 ASCII 码值大小比较。

（2）由于实数在计算机内部进行计算和存储时会产生误差，因此不能直接比较两个实数是否相等，而是应该判断两数之差的绝对值是否小于一个给定的允许误差。例如，若有 float a＝100.0，b＝100.0;，判断 a、b 是否相等时，不能采用 a＝＝b 进行比较，而应该判断 a、b 之差的绝对值是否小于一个非常小的数，例如：

```
fabs(a-b) <=1e-6          /* fabs()是绝对值函数 */
```

注意：判断相等用"＝＝"，"＝"是赋值运算符。

4.3.3　逻辑运算

为了表示复杂的条件，需要将若干个关系表达式连接起来，C 语言提供的逻辑运算符可以实现这一目的。逻辑运算符（Logical Operator）有逻辑与（＆＆）、逻辑或（‖）和逻辑非（!）三种。用逻辑运算符将关系表达式或其他表达式连接起来的有意义的式子就是逻辑表达式（Logical Expression），逻辑表达式的值只有两个，即真和假，其表示方式同关系表达式。在计算逻辑表达式的值时，逻辑运算规则如表 4.8 所示。

表 4.8　逻辑运算符

运算符	名字	目	结合型	逻辑表达式	运 算 规 则
＆＆	逻辑与	双目	自左向右	exp1＆＆exp2	两个操作数都为真，结果为真，否则为假
‖	逻辑或	双目	自左向右	exp1‖exp2	至少有一个操作数为真，结果为真，否则为假
!	逻辑非	单目	自右向左	!exp	结果与操作数的值相反

逻辑非（!）最高，高于算术运算符，逻辑与（＆＆）和逻辑或（‖）低于关系运算符，逻辑与（＆＆）高于逻辑或（‖）。逻辑运算规则按照真值表计算，如表 4.9 所示。

表 4.9　真值表

exp1	exp2	exp1＆＆exp2	exp1‖exp2	!exp1
假(0)	假(0)	假(0)	假(0)	真(1)
假(0)	真(1)	假(0)	真(1)	真(1)
真(1)	假(0)	假(0)	真(1)	假(0)
真(1)	真(1)	真(1)	真(1)	假(0)

例如,下面的逻辑表达式:

```
(x>0)&&(x<10)                 /* 如果 x 介于 0 和 10 之间,结果为 1,否则结果为 0 */
(x<0)||(x>10)                 /* 若 x<0 或者 x>10,结果为 1,若两者都不成立,结果为 0 */
!(x>10)                       /* 若 x>10,结果为 0,否则结果为 1 */
```

逻辑运算符运算的对象可以是常量、变量及表达式,将它们统一处理为逻辑值,各种表达式参与逻辑运算时要注意以下几点。

(1) 运算符的优先级制约着表达式的计算次序,例如,若有 int a＝3, b＝1, x＝2, y＝0;,则逻辑表达式 y‖b&&y‖a 的计算次序为:先计算 b&&y,结果为 0,再计算 y‖0,最后计算 0‖a,结果为 1。

(2) 当表达式由不同种类的操作符和操作数构成时,表达式的类型由优先级最低的运算符决定,例如,算术表达式中优先级最低的是算术运算符,逻辑表达式中优先级最低的是逻辑运算符,赋值表达式中优先级最低的是赋值运算。例如,!x+y 是一个算术表达式,当 x 为真 1 时,!x 值为 0,再计算 0+y,结果为 0。

(3) 在逻辑表达式的求解中,并不是所有的逻辑运算符都被执行,只有在必须执行时才执行。例如,a&&b+c,当 a 为假时,不必计算 b+c,就可以判断其值为假;而 a‖b+c,当 a 为真时,则不必计算 b+c,就能够判断出其值为真。

(4) 同时使用关系运算符和逻辑运算符,能够描述一个复杂的条件,例如:

```
(year%4==0&&year%100!=0)||year%400==0    /* 判断 year 是否为闰年 */
a>=-10&&a<=10                            /* 数学表达式:-10≤a≤10 */
a<-10||a>10                              /* 数学表达式:|a|>10 */
```

【案例 4.6】 输出能被 11 整除且不含有重复数字的所有三位数,并统计其个数。

【算法分析】 可以采用枚举法逐一验证所有不重复的三位数是否能够被 11 整除。设 i 为 100~999 之间的数,提取出 i 的百位、十位及个位,分别用 a、b、c 表示,提取方法可以用整数的除法及模运算,整数 i 是否满足题中的条件用逻辑表达式表示:i%11==0&&(a!=b&&b!=c&&c!=a),用循环实现枚举,具体程序如下。

```
#include<stdio.h>
int main()
{
    int i, a, b, c, n=0;                      /* i 为任意三位数,n 计数 */
    for(i=100;i<=999;i++)
    {
        c=i%10;                               /* 提取出个位、十位和百位 */
        b=i/10%10;
        a=i/100;
        if(i%11==0&&(a!=b&&b!=c&&c!=a))       /* 被 11 整除且不含重复数字 */
        {
            printf("%12d", i);                /* 输出满足条件的数 */
            n+=1;                             /* 计算满足条件数的个数 */
```

```
            if(n%5==0)                              /* 每行输出 12 个数 */
                printf("\n");
        }
    }
    printf("\nthe number is %d.\n", n);             /* 输出 n */
    return 0;
}
```

程序运行结果：

```
132   143   154   165   176   187   198   209   231   253   264   275
286   297   308   319   341   352   374   385   396   407   418   429
451   462   473   495   506   517   528   539   561   572   583   594
605   627   638   649   671   682   693   704   715   726   748   759
781   792   803   814   825   836   847   869   891   902   913   924
935   946   957   968
the number is 64.
```

4.3.4 赋值运算

赋值运算包括基本赋值运算和复合赋值运算。除逗号运算符外,其他所有运算符的优先级均高于赋值运算符。赋值运算方向自右向左。赋值运算也叫赋值表达式。

1. 基本赋值运算

基本赋值运算＝的表示形式为：

<变量>=<表达式>

其作用是先对赋值运算符"＝"右侧的表达式进行求值,然后将该值赋给"＝"左侧的变量。例如,若 int a＝1,b＝2,c＝3;

```
a=2;                   /* 将 2 的值赋给 a,则 a 的值更新为 2 */
a=a+b;                 /* 将计算后的 a+b 的值赋给 a,赋值后 a 的值为 3 */
b=a<c;                 /* 将计算后的 a<c 的值赋给 b,赋值后 b 的值为 1 */
a=b=c=8;               /* 连续赋值,自右向左,a、b、c 的值都为 8 */
a=5+(b=3);             /* 赋值表达式本身也有值,赋值后 b 的值为 3,a 的值为 8 */
```

2. 复合赋值运算

复合赋值运算是由自反赋值运算符构成的表达式。自反赋值运算符有 10 个,包括 5 个算术自反赋值运算符＋＝、－＝、＊＝、/＝、％＝和 5 个位自反赋值运算符＞＞＝、＜＜＝、&＝、∧＝、|＝。算术自反赋值运算符的功能和含义如表 4.10 所示。

表 4.10　算术自反赋值运算符

运　算　符	表　达　式	运　算　规　则	说　　　明
＋＝	a＋＝(expr)	a＝a＋(expr)	先加法运算后赋值运算
－＝	a－＝(expr)	a＝a－(expr)	先减法运算后赋值运算
＊＝	a＊＝(expr)	a＝a＊(expr)	先乘法运算后赋值运算
/＝	a/＝(expr)	a＝a/(expr)	先除法运算后赋值运算
％＝	a％＝(expr)	a＝a％(expr)	先求余运算后赋值运算

例如：

```
a+=3;                 /* a=a+3 */
a-=b-5;               /* a=a-(b-5) */
a%=b*5;               /* a=a%(b*5) */
```

赋值运算涉及运算对象及表达式,使用时应注意以下两点。

(1) 赋值运算符处理完成赋值功能,本身也是一个表达式,称为赋值表达式,该表达式的值为左端变量的值,如 a＝(b＝c);将表达式 b＝c 的值赋给变量 a。

(2) 赋值运算要求右端表达式的类型与左端变量的类型一致,如果不一致,则会将表达式的类型转化为左端变量的类型,例如：

```
int a;a=5.7;
```

将 5.7 转化为整型赋给 a。转换过程中损失了数据的精度,甚至有可能发生错误。

4.3.5　自增自减运算

自增自减运算也叫增 1 和减 1 运算,都是单目运算符,可以位于运算对象的前面,如 ＋＋n、－－m;也可以位于运算对象的后面,如 n＋＋、m－－。＋＋n 和 n＋＋都是使 n 的值自增 1,但结果有区别。前缀形式是在使用该变量值之前先将其值增 1 或减 1,后缀形式是先使用该变量原来的值,使用完后再使其增 1 或减 1。例如,x＝5,则下面的两个语句是不同的。

```
y=++x;          /* 先计算++x,即 x=x+1,x 的值变为 6,然后计算 y=x,y 的值为 6 */
y=x++;          /* 先计算 y=x,y 的值为 5,然后计算 x++,即 x=x+1,x 的值变为 6 */
```

x 的值都由 5 变成 6,但是 y 的值是不同的。前者是"先运算后使用",后者是"先使用后计算"。在单独使用自增或自减运算作为一条语句时,前缀和后缀没有区别。例如,下面两条语句是等价的。

```
x++;            /* 等价于 x=x+1; */
++x;            /* 等价于 x=x+1; */
```

自增自减运算是自右向左的运算,其优先级高于算术运算的优先级,且后缀形式的优先级高于前缀形式的优先级。例如，－x＋＋等价于－(x＋＋)。

自增自减运算只能用于字符型、整型和指针型的变量，不能用于常量和表达式，例如，－－5、(－x)－－都是不合法的。

4.3.6　逗号运算

逗号运算符用于连接表达式构成新的表达式。用逗号运算符连接的表达式称为逗号表达式，其格式为：

<表达式 1>，<表达式 2>[，…，表达式 n]

逗号表达式的运算过程：从左向右逐个计算表达式，逗号表达式作为一个整体，其值为最后一个表达式(即表达式 n)的值。例如，计算下列表达式：

```
a=8+4, a/2                /* 先计算 a=8+4,再计算 a/2 得 6,逗号表达式的值是 6 */
x=(y=5, y*2)              /* 赋值表达式的右端是逗号表达式,x 的值为 10 */
```

逗号运算符的优先级别在所有运算符中最低。在许多情况下，使用逗号表达式的目的仅仅是为了得到多个表达式的值。例如：

```
for(i=1,sum=0;i<100;i++,sum+=i)     /* 表达式 1、表达式 3 都是逗号表达式 */
if(x<y) t=x, x=y, y=t;              /* 交换变量,一个逗号语句等价于{ t=x;x=y;y=
t;} */
```

4.3.7　长度运算

同一种数据类型在不同的编译环境下所占用的字节数可能不同，因此在程序中需要确定数据占用空间的大小。sizeof 运算符获取变量或表达式所占用的字节数，其语法格式为：

sizeof(<类型名>)或 sizeof (<表达式>)

例如：

```
sizeof(int)              /* int 型的字节数 */
sizeof(3+3.0)            /* 表达式 3+3.0 是 double 型实数,结果为 8 */
sizeof(x)               /* 结果为变量 x 所占字节数 */
```

sizeof 是单目运算符，运算优先级与逻辑非运算同级。

4.3.8　条件运算

条件运算符是 C 语言唯一的一个三目运算符，一般表示形式为：

<表达式 1>?<表达式 2>:<表达式 3>

其中,表达式 1 为判断条件,若表达式 1 的值是真(非 0),结果取表达式 2 的值,否则取表达式 3 的值。例如,当 a=3,b=4 时,条件表达式(a>b)? a：b 的值是 4。

条件运算符的优先级高于赋值运算符,低于关系运算符和算术运算符,例如:

```
max=a>b?a:b          /* 关系运算 a>b 先执行,然后计算 a>b?a:b 的值,结果赋给 max */
max=a>b?a:b*2        /* 相当于 max=a>b?a:(b*2),先执行算术运算 b*2 */
```

条件表达式中各表达式数据类型不受限制,例如:

```
a>b?2.4:5            /* 若 a>b,则条件表达式的值为 2.4,否则值为 5 */
x?'a':'b'            /* 若 x 不为 0,则条件表达式的值为'a',否则值为'b' */
```

条件运算符的结合方向自右向左,例如,若 a=3,b=4,c=5,d=6:

```
a>b?a:c>d?c:d    /* 先计算出条件表达式 c>d?c:d 的值 6,再计算 a>b?a:6 的值,得 6 */
```

实际上,条件运算符实现了简单的双分支 if 语句功能。

【案例 4.7】 输入一个英文字母,判断是否为大写字母,若是大写字母直接输出,否则转换成大写字母输出。程序如下。

```
#include <stdio.h>
int main()
{
    char ch;
    scanf("%c",&ch);
    ch=(ch>='A'&& ch<='Z') ?ch:(ch-32);   /* ch 大写:ch=ch; ch 小写:ch=ch-32; */
    printf("%c", ch);
    return 0;
}
```

程序输入:d
程序输出:D

说明:在条件表达式 ch>='A'&& ch<='Z'中,实际上是将 ch 的 ASCII 码值与字母 A 和 Z 的 ASCII 码值进行比较。也可以用 A 的 ASCII 码值 65 代替进行比较,如 ch>65。

*4.3.9 位运算

位运算是指按二进制位进行的运算,常常使用在操作系统、嵌入式、检测以及硬件程序编写中。C 语言提供了 6 个基本位操作运算符,其运算规则如表 4.11 所示。

表 4.11 基本位运算符

运 算 符	名 称	表 达 式	运 算 规 则
&	按位与	expr1 & expr2	按二进制位进行与运算
|	按位或	expr1 | expr2	按二进制位进行或运算

运　算　符	名　称	表　达　式	运　算　规　则
^	按位异或	expr1^expr2	按二进制位进行异或运算
~	按位取反	~expr1	按二进制位进行非运算
<<	按位左移	expr1<<expr2	将 expr1 左移 expr2 位
>>	按位右移	expr1>>expr2	将 expr1 右移 expr2 位

这些运算符只能用于整型操作数,即只能用于带符号或无符号的 char、short、int、long、long long 类型。

1. 按位与运算

按位与(&)运算是指两个操作数按二进制位进行与运算,例如,常量 4 和 7 进行按位与运算:

$4\&7 = (00000000\ 0000\ 0100\&00000000\ 0000\ 0111)_2 = (00000000\ 0000\ 0100)_2$

按位与运算可实现清零操作,例如,将 7 的最高位和最低位清零,只要将要清零的位与 0 做与运算:

$(00000000\ 0000\ 0111\&0111111111111\ 1110)_2 = (0000\ 0000\ 0000\ 0110)_2$。

按位与运算可取一个数中的某些特定位,例如,获得常量 321 的低 8 位数据,只要将要获取的位和 1 做与运算:

$321\&0xFF = (0000\ 0001\ 0100\ 0001\&0000\ 0000\ 1111\ 1111)_2 = (0100\ 0001)_2$。

2. 按位或运算

按位或(|)运算是指两个操作数按二进制位进行或运算,例如,常量 5 和 4 进行按位或运算:

$5|4 = (00000000\ 0000\ 0101\ |\ 00000000\ 0000\ 0100)_2 = (00000000\ 0000\ 0101)_2$

按位或运算常用来对一个数的某些位设置为 1。例如,将 short int 型常量 5 的低 8 位置为 1,只要将要置为 1 的位与 1 做或运算:

$5|0xFF = (0000\ 0000\ 0000\ 0101\ |\ 0000\ 0000\ 1111\ 1111)_2 = (0000\ 0000\ 1111\ 1111)_2$

3. 按位异或运算(^)

按位异或(^)运算是指两个操作数按二进制位进行异或运算,异或是指两个二进制相同为 0,不同为 1。例如,int 型常量 5 和 4 进行按位异或运算:

$5^4 = (0000\ 0000\ 0000\ 0101^0000\ 0000\ 0000\ 0100)_2 = (0000\ 0000\ 0000\ 0001)_2$

按位异或运算具有如下性质。

(1) 与 1 异或,可使指定位翻转。将某一个二进制位翻转就是将 1 换为 0,0 换为 1。例如,翻转常量 5 的低 4 位:

$5^0xFF = (0000\ 0000\ 0000\ 0101^0000\ 0000\ 0000\ 1111)_2 = (0000\ 0000\ 0000\ 1010)_2$

（2）与 0 异或，可保留其值，例如：

5^ 0x00＝(0000 0000 0000 0101^ 0000 0000 0000 0000)$_2$＝(0000 0000 0000 0101)$_2$

（3）注意对于任意变量 a、b、c，异或运算满足下面的性质。

$$a\wedge a＝0, a\wedge 0＝a, a\wedge b＝b\wedge a, a\wedge (b\wedge c)＝(a\wedge b)\wedge c$$

（4）通过异或运算可以实现两个变量值的交换，如 a＝5，b＝7，做如下三次异或赋值运算可使 a、b 的值互换，即 a＝7，b＝5：

a=a^b;
b=b^a;
a=a^b;

其原理为：在执行第二个语句后，b＝b^(a^b)＝a^(b^b)＝a^0＝a，第三个语句计算如下：a＝a^b＝(a^b)^a^(a^b)＝a^(b^b)^(a^a)＝a^(a^a)＝b。

4. 按位非运算

按位非（～）运算是单目运算，是对操作数按二进制位进行取反，例如，对常量 7 取反：

～7＝(0000 000 0000 0111)$_2$＝(1111 1111 1111 1000)$_2$。

对于任意变量 a，按位非运算具有如下性质。

$$a＋\sim a＝-1, \quad a|\sim a＝-1$$

其原因为－1 按补码形式存储的二进制形式全为 1。

5. 左移运算

左移运算（＜＜）是对操作数的二进制进行左移，其格式为：

＜表达式 1＞ ＜＜ ＜表达式 2＞

其作用是将表达式 1 的二进制位左移，左移的位数为表达式 2 的值，其值为正整数。左移后空位补 0，例如，将整型变量 a＝15 按位左移两位为 a＜＜2；

(0000 0000 0000 1111)$_2$≪2＝(0000 0000 0011 1100)$_2$

结果为 60。左移一位相当于该数乘以 2，左移两位相当于该数乘以 4。但此结论只适用于该数左移时被溢出舍弃的高位中不包含 1 的情况。假设以一个字节（8 位）存一个整数，若 a 为无符号整型变量，则 a＝64 时，左移一位时溢出的是 0，而左移两位时，溢出的高位中包含 1，不满足此规则。

6. 右移运算

右移运算（＞＞）是对操作数的二进制进行右移，其格式为：

＜表达式 1＞ ＞＞ ＜表达式 2＞

其作用是将表达式 1 的二进制位右移，右移的位数为表达式 2 的值，其值为正整数。移到右端的低位被舍弃，对于左端空位，无符号数空位补 0；有符号数，若原来符号位为 0（正数），则左边也是移入 0。若符号位原来为 1（负数），则左边移入 0 还是 1，要取决于所用的计算机系统。有的系统移入 0,有的系统移入 1。移入 0 的称为"逻辑移位",即简单移位;移入 1 的称为"算术移位"。例如,unsigned short int a＝5;short int b＝-5;,将 a、b 分别右移两位:

$$a>>2=(0000\ 0000\ 0000\ 0101)_2 \gg 2=(0000\ 0000\ 0000\ 0001)_2=1$$

$$b>>2=(1111\ 1111\ 1111\ 1011)_2 \gg 2=(1111\ 1111\ 1111\ 1110)_2$$

右移一位相当于该数除以 2,右移两位相当于该数除以 4。

计算机处理左移与右移比乘法和除法速度快,所以可以用左移和右移代替乘法、乘幂及除法的运算。

7. 位赋值运算符

位运算符可以与赋值运算结合在一起组成复合赋值运算符,如 &=、|=、>>=、<<=、^=,位赋值运算规则与算术赋值运算规则一致。例如:

```
a &=b          /* 相当于 a=a & b */
a <<=2         /* 相当于 a=a <<2 */
```

如果两个数据长度不同,进行位运算时,如若 a 为 long 型,b 为 int 型,计算 a&b,系统会将两个数右端对齐。若 b 为正数或无符号数,左侧补满 0。若 b 为负数,左侧补满 1。

【案例 4.8】 将无符号整型变量 a 右循环 n 位,即 a 右移 n 位,溢出的数据位移到最左端。

```
#include <stdio.h>
int main()
{
    unsigned int a, b, c;        /* 对变量 a 循环移位,b、c 保存移位后的相关数据 */
    unsigned int n;              /* n 为循环移位位数 */
    scanf("%o, %u", &a, &n);     /* 运行时用户输入八进制数据 a 和循环移动位数 n 的值 */
    b=a>>n;                      /* b 保存 a 右移 n 位的值 */
    c=a<< (sizeof(a) * 8-n);     /* 右移的 n 位数据循环到左边,
                                    相当于左移 sizeof(a) * 8-n 位,值保存在 c 中 */
    c=b|c;                       /* 合并 b 和 c,赋给 c,得到预期结果 */
    printf("%o\n", c);           /* 八进制输出 c */
    return 0;
}
程序输入:157653, 3
程序输出:14000015765
```

4.3.10 类型转换

C 语言的数据类型决定着数据的存储、运算,当不同类型的数据进行混合运算时,需要进行数据类型转换(Type Conversion),将不同类型的数据转换成统一类型的数据进行运算。C 语言的赋值运算中,将表达式的值赋给变量,要求表达式的数据类型与变量的类型一致,也需要类型转换。另外,在后面的函数调用中需要实参的类型与形参的类型一致时,还需要类型转换。类型转换有两种方式:自动类型转换和强制类型转换。

1. 自动类型转换

自动类型转换也称隐式类型转换(Implicit Type Conversion),是编译系统自动完成的。在整型、实型和字符型数据进行混合算术计算、赋值运算符左右的数据类型不一致时,经常发生自动类型转换。

1) 混合运算时的类型转换

系统自动将精度低的类型转换成精度高的类型再计算,即转换成占内存字节最多的数据类型。转换规则如下。

整型:char、short int→int→long int,signed→unsigned

实型:float→double

整型与实型:整型→double

例如,若 float a=5.2;double b=6.2;int c=7;char d='a';,则

```
a+b;        /* 将 a 转换成 double 型,然后计算 a+b,结果为 double 类型 */
a+c;        /* 将 a、c 都转换成 double 型,然后计算 a+c,结果为 double 类型 */
```

而对于表达式 10+'a'−6.0/3 的计算过程为:先计算 10+'a',常数 10 是 int 型,'a'是 char 型,'a'向 int 型转换,结果为 107;再计算 6.0/3,6.0 是 double 型,3 是 int 型,3 转换成 double 型,结果为 2.0;最后计算 107+2.0,int 型 107 向 double 型转换,最终运算结果为 109.0。

2) 赋值运算时的类型转换

赋值表达式中,当赋值运算符左侧的变量类型与右侧表达式类型不同,且数据类型兼容时,将自动进行类型转换。先计算赋值运算符右侧表达式的值,然后转换成左侧变量类型后赋给变量。转换规则为:将精度低的表达式的值赋给精度高的变量时,数值保持不变;将精度高的变量赋值给精度低的变量时,可能出现部分数值丢失。例如:

```
float x=3.1415926;
```

3.1415926 是 double 型,赋给了 float 型变量 x,截取 6 或 7 位有效数字,再如:

```
short b=2;
```

int 型常量 2 赋给了 short 型变量 b,发生类型转换,数值不变。若右端的值超出 short 的数据类型范围,则发生溢出。

2. 强制类型转换

当自动类型转换不能实现目的,或在程序中要指定数据类型时,用强制类型转换。强制类型转换,是由程序员在程序中用类型转换运算符明确指明的转换操作,也称显式类型转换(Explicit Cast),它将一个表达式的值强制转换成所需数据类型,转换格式是:

```
(<类型>)<表达式>
```

例如：

```
(double) a              /* 将 a 转换成 double 类型 */
(int)(x+y)              /* 将表达式 x+y 的值转换成 int 型 */
(float)(1%2)            /* 将 1%2 的值转换成 float 型 */
```

如果强制类型转换的是变量，应将变量看作变量表达式，改变的是变量表达式的类型，而变量本身在分配内存时的数据类型是不变的。例如：

```
double x=3.8;
int y;
y=(int)x;
```

则 y 的值为 3，x 的值还是 3.8，变量 x,y 的类型不变，其中，(int)x 是取整表达式。

强制类型转换是一种单目运算，运算符的优先级高于双目算术运算符。例如，若 float x,y;，则：

```
(int)x+y                /* 先计算(int)x，然后与 y 相加，(int)运算符优先级高于+ */
(int)x%(int)y           /* (int)优先级高于%，先进行 x,y 取整，再模运算 */
```

强制类型转换关闭或挂起了正常的类型安全检查，是一种不安全的转换，建议慎用。

【案例 4.9】 对任意的 x，求 sin(x)的值，保留两位小数。

```
#include<stdio.h>
#include<math.h>
int main()
{
    double x,y,y1;                    /* 自变量 x，正弦值 y，保留两位小数精度 y1 */
    scanf("%lf",&x);
    y=sin(x);                         /* 计算 x 的正弦值 */
    y1=(int)(y*100+0.5)/100.0;        /* 保留两位小数 */
    printf("sin(%f)=%f\n",x,y1);      /* 输出自变量及函数值 */
    return 0;
}
程序输入:7.123456
程序输出:sin(7.123456)=0.740000
```

说明：

(1) (int)(y * 100＋0.5)/100.0 的计算过程是：将 y 的值乘以 100 使得小数点后移两位，加上 0.5，使小数点后一位四舍五入保留，取整是保留整数，最后除以 100.0 恢复原数，但是已经保留两位小数精度了。

(2) 在格式化输出中可以用"%.2f"保留两位小数精度，并显示两位小数。

4.4　C 语言基本语句

语句(Statement)是 C 语言的基本单位，末尾通常用分号";"。C 语言语句可以分为两类：声明语句和可执行语句。C 程序通常将声明语句放在可执行语句的前面。

声明语句(Declaration Statement)声明变量和常量的数据类型、声明函数的类型特征、定义新的数据类型。C 语言是有类型的语言,对于所有的数据在使用之前,必须告诉编译器数据类型。4.3 节中对变量的声明均属于声明语句。在 C 语言中变量的声明,有时也用变量的"定义"。关于"声明"与"定义"的关系,将在第 5 章中详细介绍。

可执行语句(Executable Statement)向计算机系统发出操作指令,要求执行相应操作。可执行语句主要有 6 种:表达式语句、选择语句、循环语句、跳转语句、复合语句、标号语句。

4.4.1　表达式语句

任何一个表达式后加上分号";",就构成了表达式语句(Expression Statement),其一般格式是:

<表达式>;

例如:

```
x=3;                   /* 赋值语句 */
scanf("%d",&c);        /* 函数调用语句,调用格式化输入函数,参见 4.5.2 节 */
x+y;                   /* 合法但无意义的表达式语句 */
;                      /* 空语句,只有分号什么也不做 */
```

【案例 4.10】　表达式语句的说明。说明案例 4.1 中的各个语句。

```
#include <stdio.h>          /* 预编译指令,没有;,非语句 */
#define PI 3.14159          /* 预编译指令,没有;,非语句 */
int main()
{
    float r, h, v;          /* 声明变量语句 */
    scanf("%f%f", &r, &h);  /* 格式化输入函数 scanf 调用语句 */
    v=PI * r * r * h;       /* 赋值语句 */
    printf("Volume=%f\n", v);/* 格式化输出函数 printf 调用语句 */
    return 0;               /* 跳转语句,非表达式语句 */
}
```

4.4.2　复合语句

将多个语句用大括号括起来组成一个语句称为复合语句(Compound Statement),也称语句块。在程序中应把复合语句看成是一条语句,而不是多条语句。下面是由两个语句组成的复合语句:

```
{
    scanf("%d", &x);
```

　　　　　　　　C 程序设计教程

```
        sum=sum+x;
    }
```

该复合语句用于循环中可以实现累加。复合语句内的各条语句都必须以分号";"结尾。此外,在括号"}"外不能加";"。复合语句一般用于要执行某段特殊功能的程序,如 for 语句、if 语句、while 语句甚至某些函数等。

复合语句内部也可以进行变量声明,不过在复合语句内声明的变量仅在语句块内有效,例如,下面实现变量 a、b 交换的复合语句中的变量 temp,仅在块内有效。

```
    {
        int temp;
        temp=a;
        a=b;
        b=temp;
    }
```

复合语句块内可以没有语句,称为空复合语句,等价于空语句。

4.4.3 选择语句

C 程序的选择结构是用选择语句实现的。C 语言的选择语句(Selection Statement)有 if 语句和 switch 语句。

1. if 语句

if 语句根据条件表达式的值,选择执行的语句。if 语句流程图可参见图 1.4(b)和图 1.4(c)及图 1.5(b)。图 1.4(b)展示的为双分支 if 语句,图 1.4(c)为单分支 if 语句。if 语句的语法如下:

```
if (<表达式>)
    语句 1
else
    语句 2
```

说明:

(1) if 和 else 是 C 语言的关键字,if…else 程序块整体是一条选择语句。

(2) 表达式可以是任何类型,常用的是关系表达式或逻辑表达式。当表达式成立时执行 if 下面的语句 1;当表达式不成立时,执行 else 下面的语句 2。当表达式为算术表达式时,其结果为非零等同于真,结果为 0 等同于假。

(3) if、else 下面的语句可以是一条语句,也可以是多条语句。多条语句视为一个复合语句,用大括号{}括起来。

(4) else 关键字不能单独出现,必须与 if 关键字配对。

(5) else 关键字及其后面的部分可以省略,这就是单分支 if 语句。

提示: 语法格式中出现的<>表示必选项,[]表示可选项,以后不再注释。

【案例 4.11】 在案例 3.4 中,计算三角形面积时没有考虑三条边不能构成三角形的情况,本例对其改写。程序流程图如图 4.4 所示。

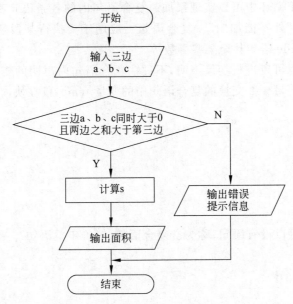

图 4.4　求解三角形面积时考虑三边长取值的程序流程图

程序如下。

```c
#include <stdio.h>
#include <math.h>
int main()
{
    float s, a, b, c, area;
    scanf("%f%f%f", &a, &b, &c );
    if( a+b >c && a+c >b && b+c >a )        /* 条件:a+b>c 且 a+c>b 且 b+c>a */
                                            /* 如果条件成立时,顺序执行这三条语句 */
    {
        s=(a+b+c)/2;
        area=sqrt(s * (s-a) * (s-b) * (s-c));
        printf("\narea=%.2f\n", area);
    }
    else
    {
        printf("不构成三角形\n");           /* 如果条件不成立执行 else 分支中语句 */
    }
    return 0;
}
```

程序输入:2 35
程序输出:不构成三角形

说明: else 分支的语句只有一个,可以不使用{}。

【案例 4.12】 输入三个数 a,b,c,按从小到大的顺序输出这三个数。

【算法分析】 这是一个排序问题。可以把最小数放到 a 中,如果 a＞b,则交换两个数的值,同理比较 a、c 和 b、c。经过比较和交换,三个数依序存储在 a、b、c 中。交换 a 和 b,要借助一个第三方变量 temp:a 的值赋值给 temp,b 的值赋给 a,temp 的值赋给 b。

程序如下。

```
#include <stdio.h>
int main()
{
    int a, b, c, temp;
    scanf("%d%d%d", &a, &b, &c);
    if(a>b)                        /* 如果 a>b,交换 a、b 的值 */
    temp=a, a=b, b=temp;
    if(a>c)                        /* 如果 a>c,交换 a、c 的值 */
        temp=a, a=c, c=temp;
    if(b>c)                        /* 如果 b>c,交换 b、c 的值 */
        temp=b, b=c, c=temp;
    printf("%d, %d, %d\n", a, b, c);
    return 0;
}
```

程序输入:30 -2 44
程序输出:-2,30,44

说明:

(1) 本例是将三个数排序,如果 a<b,没有任何操作,所以本程序选用的是 if 的单分支语句。

(2) 第一个 if 语句执行后,变量 a 的值不超过变量 b 的值;第二个语句执行后,变量 a 的值不超过 c 的值;最后一个 if 语句保证变量 b 的值不超过变量 c 的值。

(3) 交换两个变量使用的是逗号表达式语句,相当于三个赋值语句。

(4) 变量 a、b 交换前后内存存储示意图如图 4.5 所示。

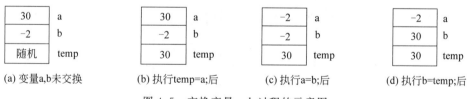

(a) 变量a,b未交换   (b) 执行temp=a;后   (c) 执行a=b;后   (d) 执行b=temp;后

图 4.5 交换变量 a、b 过程的示意图

2. 嵌套 if 语句

if 语句的嵌套是指在 if 分支或 else 分支内部还有 if 语句。内嵌语句可以是单分支 if 语句,也可以是双分支 if 语句,嵌套层数不受限制。双重嵌套的一般形式为:

```
if(<条件表达式 1>)
```

```
    if(<条件表达式 11>)语句 11
        else 语句 12
else if(<条件表达式 2>)语句 21
else 语句 22
```

说明：

(1) 上述嵌套形式中,if 和 else 分支中嵌套一个 if…else 语句,可以在内嵌的 if 或 else 分支中继续嵌入 if…else 语句。

(2) if…else 的默认配对原则是：else 总是与同一层最近的尚未配对的 if 语句配对。

(3) 单个分支层层嵌套可以实现多分支选择,即只在 if 和 else 两个分支中的一个分支嵌入 if…else 语句,如 else 分支。用 n 个条件控制多分支选择结构,提出 n 个条件,逐一判断是否满足各个条件,决定程序的走向分支。例如,用在 else 多层嵌套中实现的多分支流程为：

```
if(<条件表达式 1>) 语句 1
else if(<条件表达式 2>) 语句 2
else if(<条件表达式 3>) 语句 3                    /* 可以有多个 else if 分支 */
else if…
```

【案例 4.13】 求分段函数 y 的值。

$$y=\begin{cases}-1 & x<0\\0 & x=0\\1 & x>0\end{cases}$$

分段函数其值是由自变量 x 的符号决定的,也称符号函数。因为需要考虑多于三种情况,双分支的 if 语句不足以表达,可以用嵌套的 if 语句完成。程序流程图如图 4.6 所示。

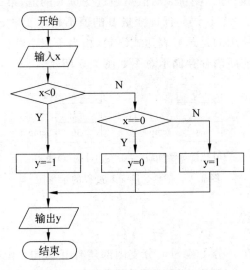

图 4.6　求分段函数值的程序流程图

──────── C 程序设计教程

分段函数程序如下。

```c
#include <stdio.h>
int main()
{
    double x;                      /* 自变量是 double 类型 */
    int y;                         /* 函数值是 int 类型 */
    scanf("%f", &x);
    if(x<0)                        /* 外层 if 语句开始 */
    {
        y=-1;
    }
    else
    {
        if(x>0)                    /* 嵌套 if 语句开始 */
        {
            y=1;
        }
        else
        {
            y=0;
        }                          /* 嵌套 if 语句结束 */
    }                              /* 外层 if 语句结束 */
    printf("%d\n", y);
    return 0;
}
```
程序输入:-5
程序输出:-1

说明:

(1) 各分支都由一个语句组成,可以将花括号去掉,改成如下的多分支形式。

```c
if(x<0)                           /* 多分支 if 语句开始 */
    y=-1;
else if(x>0)
    y=1;
else
    y=0;                          /* 多分支 if 语句结束 */
```

(2) 第一个 else 与第一个 if 匹配,第二个 else 与第二个 if 匹配。

(3) 两个 if 语句中的条件表达式,没有使用"x==0"作为判别条件,避免了浮点型数据无法精确比较的问题。

虽然 C 语言对 if 语句嵌套的层数没有限制,但是太多层数的嵌套降低了程序的可读性。对于嵌套中的条件表达式也可以进行优化,例如:

```
if (a+b > c )
    if( a+c > b)
        if (b+c > a )
```

可以优化成：if (a+b>c&&a+c>b&&b+c>a)。案例 4.12 中对三个数进行由小到大的排序,在判别条件中,使用逐一的两两比较代替下面的全部比较。

```
if(a>b&&b>c) printf("%d,%d,%d",a,b,c)
else if(a>b&&b<c) printf("%d,%d,%d",a,c,b)
...
```

案例 4.12 仅通过最少次数(三次)的比较就实现了三个数的排序。

3. switch 语句

switch 语句是多分支选择语句,也叫开关语句。switch 语句先计算表达式的值,然后根据结果选择多分支中的一个作为入口执行,其格式如下。

```
switch(<表达式>)
{
    case 常量表达式 1: 语句组 1; [break;]
    case 常量表达式 2: 语句组 2; [break;]
        ⋮
    case 常量表达式 n: 语句组 n; [break;]
    [default:语句组 n+1;]
}
```

说明：

(1) switch、case、default、break 是 C 语言的关键字。转向分支由 case 分支和 default 分支组成,语句组是由一组语句组成的。

(2) 关键字 switch 后的表达式控制 switch 语句的执行流程。表达式只能是整型、字符型或枚举型。当表达式的值等于某个 case 关键字后面的常量表达式的值时,就选择该 case 分支作为转向的入口,执行此 case 后面的语句。若遇到 break 语句,跳出 switch 结构,否则继续执行下一个 case 中的语句(包括 default)。

(3) break 是中断跳转语句。break 语句是可选的,不必与 case 关键字一一对应。最后一个分支一般不用 break 语句。当有嵌套 switch 语句时,break 只能跳出它所在的 switch 语句,不能同时跳出多层 switch 语句。

(4) case 和它后面的常量表达式之间至少有一个空格。"case 常量表达式:"可称为标号,意味在此处做了一个标记,标号可以任意排列,且一条语句前可以有多个不同的 case 标号。

(5) "语句组"可以是一条语句或多条合法的语句,还可以没有语句。一条语句可以是简单的语句,也可以是复合语句,还可以是选择或循环语句;多条语句不用{}括起来;没有语句时,执行该 case 分支什么都不做,继续往下执行。

(6) "default:"也是标号的表示形式。代表当条件表达式的值不与任何 case 常量标号匹配时,执行 default 标号后的语句,相当于多分支 if 语句中最后一个 else 的作用,default 可以放在 switch 语句中的任意位置。但从可读性角度出发建议放在最后。

当每个 case 标号所在的语句组后都有 break 语句时,switch 语句流程图如图 4.7 所示。

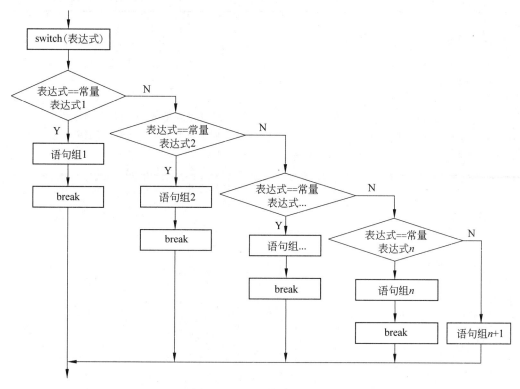

图 4.7 switch 语句流程图

【案例 4.14】 百分制成绩到等级制成绩的转换。编写程序,根据输入的百分制整数成绩,输出相应的等级制成绩 A、B、C、D、E。

【算法分析】 显然这是一个可以用多分支结构解决的问题,可以用多分支 if 语句完成,不过用 switch 语句完成更简洁。设 score 表示百分制成绩,grade 表示等级制成绩,题意是根据 score 的范围输出 grade 的等级。用 switch 语句,要构建条件表达式及 case 语句中的常量表达式。因为等级是按 10 分一个阶段划分的,所以选择 score 除以 10 作为判断条件,这样 grade 与 score 的对应关系如表 4.12 所示。

表 4.12 百分制成绩和五分制成绩关系

成绩分布	等级	判断方法
score≥90	A	score/10=10 或 9
80≤score<90	B	score/10=8
70≤score<80	C	score/10=7

成 绩 分 布	等　　级	判 断 方 法
60≤score<70	D	score/10=6
score<60	E	score/10=others

程序如下。

```c
#include<stdio.h>
int main()
{
    int score;                          /* 声明整型变量 score,百分制成绩 */
    char grade;                         /* 声明字符型变量 grade,等级制成绩 */
    printf("Enter a score(between 0~100):\n");
    scanf("%d", &score);                /* 输入一个百分制成绩 */
    switch(score/10)                    /* 转换成五分制成绩,switch 语句开始 */
    {
    case 10:
    case 9:
        grade='A';
        break;
    case 8:
        grade='B';
        break;
    case 7:
        grade='C';
        break;
    case 6:
        grade='D';
        break;
    default:
        grade='E';
    }                                   /* switch 语句结束 */
    printf("grade is %c.", grade);      /* 输出等级制成绩 */
    return 0;
}
```

说明:

(1) case 10 分支没有语句,所以如果 score=100,则进入该分支后,不做任何事情,进入 case 9 分支,执行 grade='A'; break;跳出 switch 语句。

(2) 如若 score 在 60~99 之间,进入其他 case 语句,将 grade 赋给相应的值后,执行 break;跳出 switch 语句。

(3) 如果 score<60,则进入 default 分支,该分支没有 break 语句,但因是 switch 语句中的最后一个分支,故给 grade 赋值后也跳出 switch 语句。

（4）本程序没有采用在各个分支语句中直接输出等级成绩,如 printf（"grade is A."）;,而是在各个分支中给 grade 变量赋值,然后在 switch 语句外最后做输出处理。这种将数据处理与数据输出分开的处理方法,使程序结构更为清晰。

本题也可以用多分支 if 语句实现。

```
#include<stdio.h>
int main()
{
    int score;                          /* 声明整型变量 score,百分制成绩 */
    char grade;                         /* 声明字符型变量 grade,五分制成绩 */
    printf("Enter a score(between 0~100):\n");
    scanf("%d", &score);                /* 输入一个百分制成绩 */
    if(score>=90)                       /* 转换成等级制成绩,if 语句开始 */
        grade='A';
    else if(score>=80)
        grade='B';
    else if(score>=70)
        grade='C';
    else if(score>=60)
        grade='D';
    else
        grade='E';                      /* if 语句结束 */
    printf("grade is %c", grade);       /* 输出等级制成绩 */
    return 0;
}
```
程序输入:36
程序输出:grade is E.

注意:本例中利用多个 if 语句中条件的互相包含,简化了条件表达式,避免了使用复合条件,如 if(score>=80&&score<90)。

4.4.4 循环语句

C 程序用循环语句实现循环结构。循环语句(Loop Statement)有三种：while 语句、do…while 语句和 for 语句

1. while 语句

while 语句是当型循环结构,流程图参见图 1.4(d)和图 1.5(c)。while 语句格式如下:

while(<表达式>) 语句

说明:

(1) while 是 C 语言的关键字,表达式是循环控制条件,可以是任何类型的数值,但是

其结果值只有两个：逻辑真或逻辑假，任何非 0 值都看做真，0 值看做假。每次循环前，先判断循环控制条件，若表达式为真，条件成立，执行循环体，否则停止循环，执行 while 语句下面的一条语句。

（2）语句又称为循环体，可以是一条或多条语句。如果是多条语句，使用大括号括起来，以复合语句形式出现。

【案例 4.15】　求 $\mathrm{sum} = \sum_{x=1}^{100} x$，即 $\mathrm{sum} = 1 + 2 + 3 + \cdots + 100$。

【算法分析】　本题不采用求和公式计算 sum，而是采用累加方式，让计算机连续做加法求和，所以使用循环实现是自然的选择。

（1）sum 是累加值，每循环一次，新的累加值等于上一次的累加值加上一个加数 x，用数学公式可表示为 $\mathrm{sum}_{i+1} = \mathrm{sum}_i + x$。在计算机中，$\mathrm{sum}_i$ 和 sum_{i+1} 是同一个变量的当前值和再次运算后的值，所以直接表示成 $\mathrm{sum} = \mathrm{sum} + x$。

（2）让 sum 的初值为 0，x 的初值应为 1，加数 x 有规律变化 $x = x + 1$。

（3）$\mathrm{sum} = \mathrm{sum} + x$ 和 $x = x + 1$ 是每次都要进行的操作，故应放在循环体中，而 sum 和 x 的初值应放在 while 循环之前。加数 x 的终值 100 可作为循环终止条件，即 $x \leqslant 100$。

程序流程图如图 4.8 所示。

程序如下。

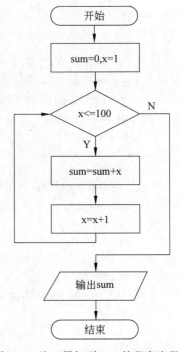

图 4.8　从 1 累加到 100 的程序流程图

```c
#include <stdio.h>
int main()
{
    int x=1, sum=0;          /* 声明变量 x 和 sum 为整型并赋初值 */
    while(x<=100)            /* while 循环 */
    {
        sum=sum+x;
        x=x+1;
    }
    printf("%d\n", sum);
    return 0;
}
```

程序输出：sum=5050

说明：

（1）循环有三要素：循环的初值、循环的条件和循环的控制。

　C 程序设计教程

（2）通常累加和变量 sum 的初值为 0,并且放在 while 循环之外。

（3）加数 x 从 1 开始加,所以 x 的初值置为 1;也可以将 x 的初值置为 0,但是循环次数从 0 开始。

（4）本例中循环条件为 x<=100,决定了循环次数为 100 次;当 x＝101 时,循环条件不满足,循环结束。

（5）x＝x+1 为循环控制,可以用 x++代替。如果没有循环控制,则 x<=100 条件永远满足,循环将不会终止,称为无限循环,也称为"死循环"。x＝x+1 中的 1 也称为循环的步长,如果将 1 改为 2,则表示计算的是 100 之内的偶数和,进一步如果将 1 改为 2,且 x 的初值为 1,则表示计算的是 100 之内的奇数的和。

（6）循环体内的两条语句可以交换次序,如果 x＝x+1 在前面,x、sum 的初值必须为 0。

（7）x、sum 必须赋初值。如果不赋初值,则 x 和 sum 将采用随机数值,累加到和 sum 中,最后和 sum 将是一个不确定的数。

下面是颠倒循环体中两条语句顺序后的代码。

```
int x=0, sum=0;            /* 注意:这里 x 的初值为 0 */
while(x<100)               /* 循环的条件是 x<100,而不是 x<=100 */
{
    x++;
    sum=sum+x;
}
```

也可以倒着累加,代码如下。

```
int x=100, sum=0;
while(x>0)
{
    sum=sum+x;
    x--;
}
```

实际计算的是 100＋99＋98＋…＋2＋1。请注意 x 的初值设为最大数 100,循环条件为 x>0。

上面的例子计算的是有规律的若干个数的和,只要让加数 x 有规律变化,每次累加上 x 即可。如果加数 x 是任意的数,又该如何实现累加呢?

【案例 4.16】 求 10 个任意整数的代数和。

【算法分析】 本题的核心依然是求累加,算法思想同案例 4.15,只是加数 x 的变化是没有规律的。因为要求"任意整数",只能在每次用到前通过键盘输入。案例 4.15 中,因为加数每次变化加 1,所以 x 既充当加数,又担当循环变量计数的功能。本例中 x 是任意的,不能再做循环计数了,所以增加一个循环变量 i 控制循环次数,因循环 10 次,则 i 的值在 0~9 之间变化。程序如下。

```
#include <stdio.h>
```

```
int main()
{
    int x=0, sum=0;         /* x 为加数,sum 是累加和 */
    int i=0;                /* i 是循环控制变量,控制循环次数,0 为 i 的初值 */
    while(i<10)             /* i<10 是循环条件,10 是 i 的终止值 */
    {
        scanf("%d", &x);    /* 输入加数 x 的值 */
        sum=sum+x;          /* 计算本次循环 sum 的值 */
        i++;                /* 准备下次循环 i 的值,i=i+1 是增量变化,1 是步长 */
    }
    printf("sum=%d", sum);
    return 0;
}
```

程序输入:10 20 30 40 50 60 70 80 90 100
程序输出:sum=550

说明:循环变量 i 的值可以从 0 到 9,也可以从 1 到 10,循环条件可以是 i<10 也可以是 i≤9。

【案例 4.17】 求 n!。

【算法分析】 将 n!看成 n 个数的乘法,即 n!=$1×2×\cdots×(n-1)×n$。与案例 4.15 中的累加算法类似,设置累乘结果变量为 y,每循环一次,累乘一个数 x,即 $y=y×x$。x 的值从 1 到 n,即每循环一次,变量 x 增加 1,变量 x 既作为累乘中的乘数,也可以作为循环变量,控制循环,x<=n 可作为循环条件。每次循环步长变化 x++。循环变量的初值设为 x=1,累乘结果变量的初值也是为 1,切记,不能设为 0,否则最终结果为 0。程序如下。

```
#include <stdio.h>
int main()
{
    int x=1, n;             /* 声明乘数 x,n 为乘数的最大值 */
    long y=1;               /* y 是累乘结果,声明 y 为 long 型,double long 型更好 */
    scanf("%d", &n);        /* 输入 n 的值 */
    while(x<=n)             /* 循环计算 n! */
    {
        y=y*x;              /* 累乘公式,计算本次循环 y 值 */
        x++;                /* 准备下一次循环时 x 的值 */
    }
    printf("%d\n", y);      /* 输出 */
    return 0;
}
```

程序输入:6
程序输出:720

说明:

(1) 本例中如果交换循环体中的两条语句,则 x 的初值必须为 0。

(2) 循环可以让循环变量 x 由 n 到 1,每次循环 x 减 1,循环条件为 x>0,主要代码如下。

```
int x, n;                    /* 声明乘数 x,n 为乘数的最大值 */
long y=1;                    /* y 是累乘结果,声明 y 为 long 型,double long 型更好 */
scanf("%d", &n);            /* 输入 n 的值 */
x=n;
while(x<=n)                 /* 循环计算 n! */
{
    y=y * x;               /* 累乘公式,计算本次循环 y 值 */
    x--;                   /* 准备下一次循环时 x 的值 */
}
```

思考: 运行程序,输入不同的 n,计算 n!。能对所有的 n 进行阶乘计算吗? 为什么?

【案例 4.18】 使用公式 $\pi/4 = 1 - 1/3 + 1/5 - 1/7 + \cdots$,求 π 值,要求精度达到其最后一项的绝对值小于 10^{-6}。

【算法分析】 从公式的整体结构来看,依然满足累加公式,用循环完成计算。每循环一次,加上一个加数。加数是一个分数,可把加数分解成分子分母的形式,分子、分母再继续分解下去,直到不能再拆分为止。

(1) 累加结果是 $\pi/4$,所以声明变量为 pi,这样从名字就可以看出含义 π,加数用变量 term 表示,累加公式可写为:pi=pi+term。

(2) 若 pi 的初值为 0,则加数 term 的值分别是 $1/1$、$-1/3$、$1/5$、$-1/7$、$\cdots$;若 pi 的初值为 1,则加数 term 的值分别为 $-1/3$、$1/5$、$-1/7$、$\cdots$,假设初值为 pi=0,term=1.0。

(3) 拆分加数 term,设分子、分母分别为 numerator 与 denominator,则加数可表示为 term=numerator/denominator。

(4) 加数的值随着循环次数的增多会越来越逼近零值,所以它的绝对值可作为循环终止条件:$|term| > 10^{-6}$。绝对值的计算可调用 C 语言标准库函数 fabs,故循环条件为:fabs(term)>0.000001。

(5) 加数的分子 numerator 的变化规律是 1、-1、1、-1、$\cdots$,每循环一次变化一次符号,可设 numerator 的初值为 1,每次循环 numerator=-numerator。

(6) 加数的分母 denominator 的变化规律是 1、3、5、7、$\cdots$。若 denominator 的初值为 1,每次循环 denominator=denominator+2。

程序如下。

```
#include <stdio.h>
#include<math.h>                   /* math.h 中包含绝对值函数 fabs */
int main()
{
    double pi=0.0, term=1.0;       /* 变量 pi 和加数 term 并赋初值 */
    double numerator=1.0, denominator=1.0;   /* 分子 numerator、分母 denominator */
    while(fabs(term)>0.000001)     /* 循环条件:|term|>0.000001 */
    {
        pi+=term;                  /* 累加公式 pi=pi+term,计算本次循环 pi 的值 */
```

```
        numerator=-numerator;    /* 为下一次循环准备加数分子的值 */
        denominator=denominator+2;    /* 为下一次循环准备加数分母的值 */
        term=numerator/denominator;    /* 为下一次循环准备加数的值 */
    }
    pi*=4;                        /* 循环结束得到 π/4,所以这里乘以 4 */
    printf("pi=%.5f", pi);        /* 输出 π,保留 5 位小数 */
    return 0;
}
```
程序输出:pi=3.14159

关于 while 语句使用有如下注意事项。

(1) 虽然 while 语句的循环体内可以包含多个语句,但是 while 语句是一条语句,它有一个入口和一个出口,是顺序结构中的一步。

(2) 在循环中注意应有条件表达式为假的操作语句,否则条件表达式永远成立,成为死循环。

(3) while 和循环体之间没有“;”。如果误加了分号,如:

```
while(i<100);
    i++;
```

为两个语句。第一个语句为循环语句,且因为循环变量 i 的值没有变化,条件 i<100 可能会永远成立,进而程序运行时会停滞在此。

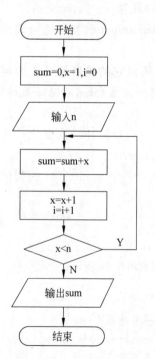

图 4.9 用 do…while 循环实现
累加的程序流程图

(4) 通常循环变量、累加与累乘结果变量要在 while 语句之前设置初值,在循环体内对循环有控制。

2. do…while 语句

do…while 语句是直到型循环结构,程序流程图参见图 1.4(e) 和图 1.5(d)。do…while 语句的一般格式如下。

```
do 语句
while(<表达式>);
```

说明:

(1) do、while 是 C 语言的关键字,语句通常是用{}括起来的复合语句。如果只有一条语句可以省略{}。

(2) 执行原则是:“先执行循环体,后判断循环条件”。若表达式的值为真(非 0),则继续执行循环体,否则停止循环。不管循环条件是否为真,循环体至少执行一次。

(3) do…while 循环整体是一条语句。

(4) do…while 与 while 的语法类似。

【案例 4.19】 用 do…while 循环语句改写案例 4.15,求 sum=1+2+3+4+⋯的前 n 项之和。

程序流程图如图 4.9 所示。

程序如下。

```c
#include <stdio.h>
int main()
{
    int x=1, sum=0;              /* 声明 x 为加数,sum 为累加和 */
    int n;                      /* n 个加数 */
    int i=0;                    /* i 为循环变量,i 在 0,1,2,...,n-1 之间变化 */
    printf("Enter a positive integer:");
    scanf("%d", &n);            /* 输入 n */
    do
    {
        sum=sum+x;              /* 累加公式 */
        x++;                    /* 准备下次循环的加数值 */
        i++;                    /* 循环次数加 1 */
    } while(i<n);
    printf("sum=%d\n", sum);
    return 0;
}
```

程序输入:100
程序输出:sum=5050
程序输入:-5
程序输出:sum=1

思考:程序中使用了循环变量 i 计算循环次数,可否用 x 替代 i 呢?

大部分能用 while 语句实现的循环都能改成 do…while 循环。while 语句和 do…while 语句的区别是:do…while 语句的循环体至少会被执行一次,而 while 语句的循环体有可能一次也不执行,这也是引入 do…while 语句的意义所在,在有些至少要执行一次的循环当中,do…while 语句很有优势。

3. for 语句

for 语句是非常灵活的循环语句,无论什么循环都可以用 for 语句表达,但它通常最适合循环次数确定的情况,所以也叫做次数循环语句。for 语句的一般格式如下。

```c
for([表达式 1]; [表达式 2]; [表达式 3])
    语句
```

说明:

(1) for 语句根据表达式 1、表达式 2、表达式 3 表示的循环控制变量的初值、终值和步长值,重复执行循环体。for 语句把循环的三要素集中在一起表示。三个表达式分别对应着循环控制中的三个基本组成部分。

表达式 1:循环控制变量赋初值,只在循环开始前执行一次。

表达式 2:循环判断条件,是循环的入口。每次执行循环体之前都要计算表达式 2 的值,若表达式 2 的值为真,则执行循环体,否则结束 for 语句。

表达式 3:循环控制变量的增量(步长)。每次执行完循环体后,执行该表达式,之后转去执行表达式 2。

（2）语句可以是一条语句也可以是多条语句，多条语句用{}括起来。

（3）for 语句中任何一个表达式都用[]括起来，表示可选项，省略时，一定要保留其中的分号。

for 语句程序流程图如图 4.10 所示。

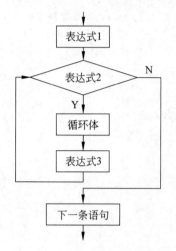

图 4.10 for 语句执行的流程图

【案例 4.20】 将案例 4.15 改用 for 语句书写。

```c
#include <stdio.h>
int main()
{
    int x, sum=0;
    for(x=1; x<=100; x++)
    {
        sum=sum+x;
    }
    printf("sum=%d", sum);
    return 0;
}
```

说明：

（1）循环体内只有一条语句，可以将{}去掉。

（2）可以省略表达式 1，如：

```c
int x=1, sum=0;
for(; x<=100; x++)
{
    sum=sum+x;
}
```

在 for 语句之前给 x 赋初值，但是“;”不能省略。

（3）可以省略表达式 2，如：

```c
for(x=1;; x++)
    sum=sum+x;
```

则循环条件永远为真，为无限循环。

（4）可以省略表达式 3，如

```c
int x, sum=0;
for(x=1; x<=100; )
{
    sum=sum+x;
    x++;
}
```

将表达式 3 语句放在循环体中，同样完成循环变量的控制。

（5）可以同时省略表达式 1 和 3，也可以三个表达式都省略。

（6）可以在表达式 1 中同时给 x、sum 赋初值，如：

```
for(x=1, sum=0; x<=100; x++)
{
    sum=sum+x;
}
```

注意在两个赋值之间用逗号,表明这是一个语句。

for 语句与 while 语句的语法类似,for 语句与如下的 while 语句等价。

```
表达式 1;
while(表达式 2)
{
    循环体内的语句
    表达式 3;
}
```

4. 双重循环语句和多重循环语句

双重循环语句和多重循环语句也叫循环嵌套,是在一个循环语句的循环体内又包含另一个完整的循环结构。这种嵌套的层次可以有很多重。循环内部嵌入一个循环称为双重循环,嵌套两层以上的循环称为多重循环。这种嵌套在理论上可以是无限的。

正常情况下,应先执行内层的循环体操作,然后是外层循环。对于双重循环,内层循环体被执行的次数应为:内层次数×外层次数。

while 语句、do…while 语句和 for 语句可以互相嵌套,自由组合。外层循环体中可以包含一个或多个内层循环结构,每一层循环体都应该用{}括起来,只有确定内循环只有一条语句时才可以省略{}。

下面以双重 for 循环为例说明循环嵌套的特性,多重循环以此类推。双重 for 语句一般表示形式如下。

`for([表达式 1];[表达式 2];[表达式 3]) 语句 1`

其中,语句 1 中内嵌 for 语句:

```
{
    …
    for([表达式 4];[表达式 5];[表达式 6]) 语句 2
    …
}
```

语句 2 内还可以内嵌 for 语句。

双重 for 语句程序流程图如图 4.11 所示。

【**案例 4.21**】 求出用数字 1～9 可以组成多

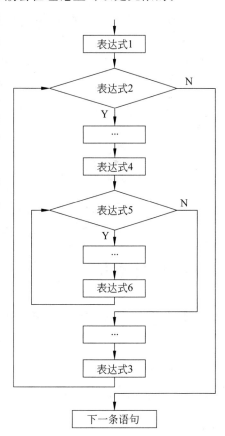

图 4.11 双重 for 循环流程图

少个没有重复数字的两位奇数,用双重 for 循环实现。

```
#include<stdio.h>
int main()
{
    int i,j, n=0;                         /* i:十位数,j:个位数,n:统计个数 */
    for(i=1;i<10;i=i+1)                   /* 外循环开始 */
    {
        for(j=1;j<10;j=j+1)               /* 内循环开始 */
        {
            if(j!=i)                      /* 如果个位数和十位数不相等 */
            {
                n=n+1;                    /* 个数加 1 */
                printf("%-4d", 10*i+j);   /* 输出这个数 */
                if(n%20==0)               /* 每输出 20 个数,换行 */
                    printf("\n");
            }
        }                                 /* 内循环结束 */
    }                                     /* 外循环结束 */
    printf("\nthe number is:%d", n);      /* 输出满足要求的数字个数 */
    return 0;
}
```

程序运行结果:

```
12  13  14  15  16  17  18  19  21  23  24  25  26  27  28  29  31  32  34  35
36  37  38  39  41  42  43  45  46  47  48  49  51  52  53  54  56  57  58  59
61  62  63  64  65  67  68  69  71  72  73  74  75  76  78  79  81  82  83  84
85  86  87  89  91  92  93  94  95  96  97  98
the number is:72
```

说明:内循环的循环体是一条 if 语句,外循环的循环体是一条 for 语句,故包含内外循环体的{}都可以省略,内循环中 if 语句的执行次数是 $9 \times 9 = 81$ 次。

4.4.5 跳转语句

跳转语句有 break 语句、continue 语句和 return 语句等。下面介绍 break 语句和 continue 语句。

1. break 语句

break 语句用于强制中断循环的执行,结束本次循环。break 语句的一般格式是:

break;

break 用于循环语句、switch 语句,在循环中通常与 if 合用,作为循环的出口。如果

break 语句用于多重循环中，只能退出本层循环。

【案例 4.22】 从键盘输入多个字符，统计小写字母的个数，直到遇到换行符结束。

【算法分析】 输入多个字符，需要用循环；不确定输入字符的个数，所以使用 while 循环语句。while 语句的判断条件中无法确定，所以使用无限循环 while(1)，break 语句与 if 语句使用，当满足条件时，终止无限循环。程序如下。

```
#include<stdio.h>
int main()
{
    char ch;                        /* 声明一个字符变量 ch */
    int n=0;                        /* 声明一个计数变量 n,统计小写字母的个数 */
    while(1)                        /* while(1)的循环条件永远为真,表示无限循环 */
    {
        scanf("%c", &ch);           /* 输入一个字符 */
        if(ch=='\n')                /* 如果是换行符,用 break 语句终止循环 */
            break;
        if(ch>='a'&&ch<='z')        /* 如果是小写字母,统计个数 */
            n++;
    }
    printf("the numbers of little letters are %d\n", n);
    return 0;
}
```
程序输入:Hello?DZ;
程序输出:The number of little letters is 4.

使用 break 语句，使得循环可以提前结束。

2. continue 语句

continue 语句仅用于循环结构中，作用是跳过本次循环中剩余的语句，提前进入下一次循环。continue 语句的一般格式是：

continue;

continue 语句通常与 if 条件语句一起使用。

【案例 4.23】 计算 0～20 之间能被 3 整除的数之和。

```
#include<stdio.h>
int main()
{
    int sum=0, i;
    for(i=0;i<20;i=i+1)
    {
        if(i%3!=0)          /* 若 i 不能被 3 整除 */
            continue;       /* 跳过下面 sum=sum+i,转向 for 循环首部,执行 i=i+1 */
        sum=sum+i;
```

```
    }
    printf("sum=%d", sum);
    return 0;
}
```
程序输出:sum=63

说明:for 循环中有两条语句,第一个是 if 语句,第二个是给 sum 赋值语句。if 语句中包含 continue 语句,在一次循环中,如果 i 不能够被 3 整除,则结束本次循环,不再执行给 sum 的赋值,进入下一次循环。

4.4.6　标号语句

在一条语句前面加一个标号,就形成了标号语句(Label Statement)。标号由用户标识符加冒号构成,标记在语句前方,表示对这条语句做了个标记。switch 语句中,"case 常量表达式:"和"default:"都是标号,连同它后面的语句构成了标号语句。

4.5　格式化输入与输出

输入与输出是用户和计算机之间的交互。从计算机内存向输出设备(如显示器、打印机等)输出数据称为输出,输出使用户看见程序运行的结果。从输入设备(如键盘、扫描仪)向计算机内存输入数据称为输入,输入使用户可以向程序输入所需要的数据。

C 语言本身不提供输入输出语句,输入输出操作是由 C 标准库函数实现的。输入输出不是 C 语言的语句,使 C 语言编译系统简单精练,因为将语句翻译成二进制指令是在编译阶段完成的。没有输入输出语句还可以避免在编译阶段处理与硬件有关的问题,使编译系统简化,程序通用性强,可移植性好。

C 标准库 stdio.h 中提供了许多输入输出函数,本章只介绍格式化输入输出函数。所谓格式化输入输出,就是输入输出格式化的数据。在使用输入输出函数之前,应在程序文件开头加上一条预编译指令:♯ include ＜stdio.h＞。

4.5.1　格式化输出函数 printf

格式化输出函数 printf()用于在标准输出设备(屏)上按格式显示数据。一般调用格式为:

```
printf("<格式控制字符串>", [<输出项列表>]);
```

说明:

(1) 输出项列表是变量、表达式、地址等要向屏幕输出的数值列表,多个输出项用逗号分开;格式控制字符串规定了输出数据的格式,要用双引号括起来。

(2) 执行函数 printf 时,输出项列表中的数据先输出到标准输出缓冲区 stdout,然后按照格式控制字符串要求组成完整数据向屏幕输出。标准输出缓冲区在程序执行时自动创建,是专门提供给程序输出的内存区。

下面分别说明格式化输出函数 printf 的两个参数:格式控制字符串和输出项列表。

1. 输出项列表

【案例 4.24】 输出两个整数的和。

```
#include <stdio.h>
int main()
{
    int a=2, b=3;
    int sum;
    sum=a+b;
    printf("%d, %d\n", a, b);
    printf("sum=%d\n", sum);
    return 0;
}
```

程序输出:

```
2,3
sum=5
```

说明:

(1) 第一个 printf 语句有两个输出项:a 和 b,格式控制字符串"%d, %d\n"表示 a 和 b 的值按整数输出,并且用逗号","和空格间隔。

(2) 第二个 printf 语句有一个输出项:sum,格式控制字符串"sum=%d\n"表示在输出 sum 值的前面输出"sum="字符串。

输出项列表中所有表达式默认从右向左计算,依次进入标准输出缓冲区 stdout 暂存。

【案例 4.25】 执行下面的程序。

```
#include <stdio.h>
int main()
{
    int a=3;
    printf("%d, %d", ++a, a+5);/* 依次执行 a+5,++a,向屏幕输出操作 */
    return 0;
}
```
程序输出:4,8

程序执行过程如图 4.12 所示。

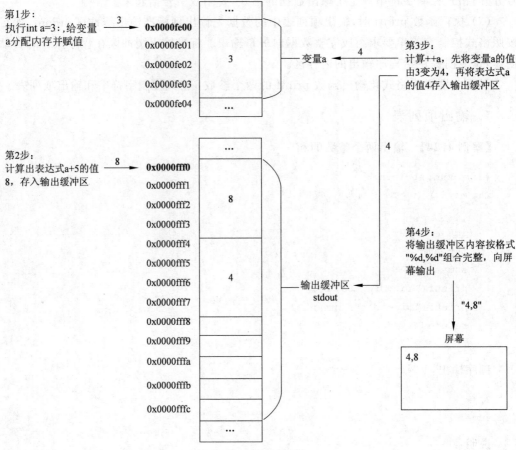

第1步：
执行int a=3;,给变量
a分配内存并赋值

0x0000fe00
0x0000fe01
0x0000fe02   3
0x0000fe03
0x0000fe04

变量a

第3步：
计算++a,先将变量a的值
由3变为4,再将表达式a
的值4存入输出缓冲区

第2步：
计算出表达式a+5的值
8,存入输出缓冲区

0x0000fff0
0x0000fff1
0x0000fff2   8
0x0000fff3
0x0000fff4
0x0000fff5
0x0000fff6   4
0x0000fff7
0x0000fff8
0x0000fff9
0x0000fffa
0x0000fffb
0x0000fffc

输出缓冲区
stdout

第4步：
将输出缓冲区内容按格式
"%d,%d"组合完整,向屏
幕输出

"4,8"

屏幕
4,8

图 4.12　案例 4.25 程序执行过程示意图

2. 格式控制字符串

格式控制字符串从输出缓冲区提取数据按格式要求组合后向屏幕输出。格式控制字符串包括格式说明符,非格式说明符和附加格式说明符。

1）非格式说明符

非格式说明符是原样向屏幕输出的字符或者是控制字符。包括普通字符和转义字符,通常是提示词等。例如：

```
printf("This is a C program.\n");
```

字符串"This is a C program. "原样输出,换行符'\n'控制光标换到下一行行首。

2）格式说明符

格式说明符由前导字符％开头,再加一个数据类型字符(通常是英文单词首字母),表示输出数据格式。详细内容如表 4.13 所示。

表 4.13　格式说明符

格式说明符	数 据 类 型	输 出 要 求
%d	decimal(十进制)	有符号十进制基本整型数据(int)
%u	unsigned(无符号)	无符号十进制基本整型数据(unsigned int)
%o	octal(八进制)	八进制无符号整型数据(unsigned int)
%x,%X	hexadecimal(十六进制)	地址和十六进制无符号整型数据
%c	char(字符)	单个字符
%s	string(字符串)	字符串
%f	double(双精度)	十进制小数,默认6位小数float型自动转换成double型再输出
%E	double(双精度)	科学记数法表示的小数,默认底数6位小数,指数3位
%p	pointer(指针)	输出地址

【案例 4.26】 当 a=3,b=-4.0 时,输出 a 和 b 的值,并且输出 a 和 b 的地址。

```
#include <stdio.h>
int main()
{
    int a=3;                          /* 定义 a */
    double b=-4.0;                    /* 定义 b */
    int * pa=&a;                      /* pa:存放变量a的地址的指针变量 */
    double * pb=&b;                   /* pa:存放变量b的地址的指针变量 */
    printf("a=%d, b=%f\n", a, b);     /* 格式符%d, %f 与输出项a,b从左到右一一对
                                         应 */
    printf("%p,%p\n",&a,&b);          /* 输出 a、b 的地址 */
    printf("%p,%p\n",pa,pb);          /* 输出 pa、pb 的内容 */
    return 0;
}
```

程序输出:

```
a=3, b=-4.000000
0012FF44,0012FF3C
0012FF44,0012FF3C
```

【案例 4.27】 观察同一个数据按不同格式输出的结果。

```
#include <stdio.h>
int main()
{
    int a=65535;
    printf("a=%u\n", a);             /* 以 unsigned int 型输出 a */
    printf("a=%d\n", a);             /* 以 int 型输出 a */
    printf("a=%o\n", a);             /* 以八进制形式输出 a */
    printf("a=%x\n", a);             /* 以十六进制形式输出 a */
    printf("a=%f\n", a);             /* 以 double 型输出 a */
    return 0;
}
```

程序输出：

```
a=65535
a=65535
a=177777
a=ffff
a=0.000000
```

提示：格式说明符和输出项必须一一对应，且个数相等，输出项数据类型和格式说明符要匹配。如果不符，则将输出项转换成格式说明符要求的类型输出，结果可能与预期不符，从而导致错误产生。

3）附加格式说明符

附加格式说明符通常在 ％ 和格式说明符之间加上字符或数字表示 long、long long、short、long double 等数据类型及小数精度、输出宽度、对齐等更加详细的输出要求。附加格式说明符如表 4.14 所示。

表 4.14　格式化输出附加格式说明符

附加格式说明符	功 能 说 明	举　　例
l 或 L ll	输出 long 或 long double 型 输出 long long 型数据（C99 标准）	long 型：％ld,％lo,％lx,％Ld,％Lo,％Lx long double：％lf,％le,％Lf,％Le long int：％lld,％llx
h	输出 short 型	％hd, ％ho, ％hx
整数 m	输出定宽数据 m：输出数据的最小宽度。 超过 m 位：按实际输出。 不足 m 位，右对齐，左补空格。m 前加 0：用 0 补位	％6d,％10s,％8f,％10d ％06d
小数 m.n	输出定宽度实型或字符串数据 m：输出数据的最小宽度。 实数：输出 n 位小数，m 包括整数位、小数点 1 位和小数位 n 位。 字符串：n 表示截取的字符个数	％8.2f,％10.2Lf,％.2f ％.2s,％7.2s
＋	输出数据是正数时前带正号	％＋d,％＋Ld 等
－	"－"与宽度 m 配合：输出数据左对齐,不足 m 位,右补空格	％－10d,％－10.2Lf 等

【**案例 4.28**】　分别以长整型和短整型形式输出数据。

```c
#include <stdio.h>
int main()
{
    int a=65535;
    printf("a=%Ld\n", a);          /* 以十进制 long 型输出 a */
    printf("a=%hd\n", a);          /* 以十进制 short 型输出 a */
    return 0;
}
```

程序输出：

```
a=65535
a=-1
```

【案例 4.29】 按要求宽度和对齐输出数据。

```c
#include <stdio.h>
int main()
{
    int a=3;
    double b=123.45;
    printf("%10d, %-8f, %-3d", a, b, a);
    return 0;
}
```
程序输出：   3,123.450000, 3

其中第 1 个 3 前面有 9 个空格，第 2 个 3 后面有两个空格。

注意：应用宽度时，如果输出宽度小于数据实际宽度，不能截取数据。

【案例 4.30】 按要求小数位数输出实型数据。

```c
#include <stdio.h>
int main()
{
    float a=12.3, b=123.789;
    double c=12.34567;
    printf("a=%8.2f, b=%-8.2f, c=%.2Lf", a, b, c);
    return 0;
}
```
程序输出：a=12.30,b=123.79,c=12.35

其中 12.30 前有三个空格，123.79 后有两个空格。

【案例 4.31】 按要求输出字符串。

```c
#include <stdio.h>
int main()
{
    printf("%3s, %7.2s", "hello", "hello");
    return 0;
}
```
程序输出：hello,   he

其中，he 前有 5 个空格。

4.5.2 格式化输入函数 scanf

格式化输入函数 scanf()用于通过标准输入设备（键盘）将各种数据按格式输入到对应的变量中去，是 C 语言中最常用且功能最强的输入函数。它的一般调用格式为：

```
scanf("<格式控制字符串>",<输入项列表>);
```

运行时用户按格式控制字符串要求从键盘输入数据,输入数据暂存标准输入缓冲区stdin。标准输入缓冲区是在程序执行时自动创建,用于程序输入的内存区,然后再从缓冲区分解出有效数据存储到输入项指定的内存中。具体执行时,要先检查输入缓冲区stdin是否为空。若输入缓冲区非空,则直接从输入缓冲区提取数据到输入项指定内存地址,并跳过用户输入步骤;若输入缓冲区为空,则程序运行暂停,等待用户输入,用户输入的数据先进入输入缓冲区暂存,并通过绑定的输出缓冲区回显到屏幕上,当用户输入完毕,按 Enter 键后,从输入缓冲区提取数据到输入项指定内存地址。数据能否成功输入到变量,取决于用户输入、格式控制字符串和输入项的数据类型三者是否相符,若满足要求,数据被正确提取到指定变量中,程序继续执行下一条语句,否则就会出错。

下面分别说明格式化输入函数 scanf 的两个参数:格式控制字符串和输入项列表。

1. 输入项列表

输入项列表是若干变量地址组成的列表,各变量地址之间用逗号隔开。

【案例 4.32】 从键盘分别给变量 a、b 赋值 3 和 5。

```
#include <stdio.h>
int main()
{
    int a, b;
    scanf("%d%d", &a, &b);              /* 运行时输入 3 5 及回车 */
    printf("a=%d, b=%d", a, b);
    return 0;
}
```

&a 表示变量 a 的地址。变量地址有以下几类表示方式。

(1) 用字符"&"加上变量名表示,"&"为取地址运算符,非数组数据的地址都可以这样表示。

(2) 数组名是数组首地址,不需要加上 &。(参见第 6 章复杂数据类型。)

(3) 指针变量的值作为地址。(参见第 6 章复杂数据类型。)

输入语句 scanf 执行过程示意图如图 4.13 所示。

提示:用户输入的任何字符包括回车都会进入输入缓冲区。

2. 格式控制字符串

格式控制字符串要求用户严格按照此格式输入数据。其中包括格式说明符、非格式说明符和附加格式说明符

1) 格式说明符(%)

指示用户输入数据的类型。用户输入时用相应类型的实际数据代替。格式说明符应与输入项数据类型一致、个数相等、顺序对应。格式字符与 printf 函数基本相同(参见表 4.14)。

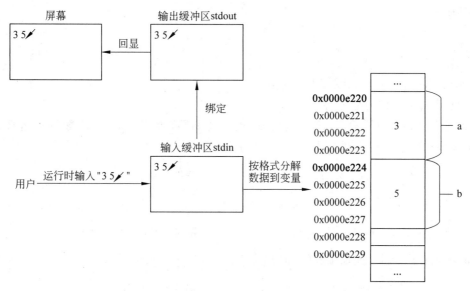

图 4.13　案例 4.32 中 scanf 语句执行过程(空格的表示方式)

例如,若有 int a, b; 则下列语句在运行时的实际情况分别是

```
scanf("%d%d%d", &a, &b);
```

运行时输入:3 4 5,则 3、4 分别赋给变量 a、b,5 没有变量接收。

```
scanf("%d ", &a, &b);
```

运行时输入:3 4,则 3 赋给变量 a,变量 b 未赋值。

```
scanf("%f%f ", &a, &b);
```

运行时输入:1.2 3.4,则 a,b 都是随机数,因为类型不匹配。

2) 非格式说明符

非格式说明符又叫分隔符。用户输入时必须原样输入,通常起到分隔数据的作用,有时也作为简短的提示。非格式说明符包括普通字符和空白分隔符。

(1) 空白分隔符

空白分隔符在格式控制字符串中不必要写出,但是用户输入时按下相应空白按键,用于分隔数值型数据。空白按键包括 Space、Tab 和 Enter。空白按键可以输入一个或多个。空白分隔符在使用时可以互相替换。例如,输入整数 5 和 8 到变量 a、b 中,可写成下列形式

```
scanf("%d%d",&a, &b);
```

运行时输入 5 和 8 之间允许输入一个或多个空格、Tab 键及回车键。如果相邻两个格式字符之间没有分隔符,用户输入时默认用空格或其他空白按键分开。

在输入字符数据时,所有字符包括空白字符都作为有效数据输入。例如,若 char a, b, c;,

```
scanf("%c%c%c", &a, &b, &c);
```

运行时输入：

```
A
B
```

则 A 赋给 a，＜CR 回车＞赋给 b，B 赋给 c。

（2）普通字符作为分隔符

普通字符必须原样输入，既不能更改，也不能漏写，否则 scanf( )函数终止运行。例如，输入整型数据 5 和 8 到变量 a、b 中，可写成下列形式：

```
scanf("%d, %d", &a, &b);                /* 分隔符为"," */
```

运行时输入：5,8 是正确的，但若输入：5 8，则错误。

```
scanf("a=%d, b=%d", &a, &b);            /* 分隔符为" a="、",b=" */
```

运行时输入：a＝5,b＝8 是正确的，但若输入：a＝5 b＝8，则错误。

```
scanf("%d:%d", &a, &b);                 /* 分隔符为":" */
```

运行时输入：5：8 是正确的，但若输入：a＝5,b＝8，则错误。

3）附加输入格式说明符

附加输入格式说明符如表 4.15 所示，与 printf 函数既有相同之处，也有不同之处。

表 4.15　格式化输入附加格式说明符

附加格式字符		功　能　说　明
l 或 L		输入长整型（%ld，%lo，%lx,%le %Ld，%Lo，%Lx，%Le，%LE），long double 型（%lf，%Le）
h		输入短整型数据（%hd,%ho，%hx）
数字	w	指定输入数据宽度（列宽），系统自动截取用户所规定的位数，w 为整数
	*	虚读：本输入项在读入数据后不赋给下一变量

附加格式说明符详细解释如下。

（1）输入数据有长整型、短整型和双精度的区分，类似 printf，在%和类型字母之间加上 L 或 l 或 h。例如：

```
long a; scanf("%ld", &a);
short b; scanf("%hd", &b);
double x; scanf("%f", &x);
```

（2）w（域宽）：w 是一个整数，表示系统自动截取 w 位数据给相应变量（注意与printf 函数中输出宽度 m 区分）。例如：

```
int a, b; scanf("%3d%3d", &a, &b);
```

若运行时输入 123456，则 a 为 123，b 为 456，但若输入 123,456，则 a 为 123，",45"赋值给 b。

```
char ch; scanf("%3c", &ch);
```

若运行时输入 123,ch 是 char 型,只能容纳一个字符'1'。

```
float a; scanf("%5.1f", &a);
```

若运行时输入 1234,虽然无错误提示,但 a 得不到预期数据,因为 scanf 中没有小数位数附加说明(只有 printf 函数有)。

(3) 虚读 ∗：表示输入的数据不赋给变量。例如：

```
int a, b; scanf("%2d, % * 3d, %2d", &a, &b);
```

运行时输入：12，345，67,12 赋给 a,345 跳过,67 赋给 b。

【**案例 4.33**】 给 a、b、c、d 分别赋值 1、2、3、4,可一次或分多次完成输入。

```
#include <stdio.h>
int main()
{
    int a, b, c, d;
    scanf("%d, %d,", &a, &b);
    scanf("%d %d", &c, &d);
    printf("a=%d, b=%d, c=%d, d=%d\n", a, b, c, d);
}
```

样例输入 1：

```
1,
2,
3
4
```

样例输入 2：

```
1, 2,
3 4
```

样例输入 3：

```
1,2,3 4
程序输出:a=1,b=2,c=3,d=4
```

【**案例 4.34**】 数据类型自动分隔数据。

```
#include <stdio.h>
int main()
{
    int a;
    char b;
    float c;
    scanf("%d%c%f", &a, &b, &c);          /* a, b, c是不同的数据类型,自动分隔数据 */
    printf("a=%d, b=%c, c=%.2f\n", a, b, c);
    return 0;
}
程序输入:2P3.5
程序输出:a=2,b=P,c=3.50
```

本章知识结构图

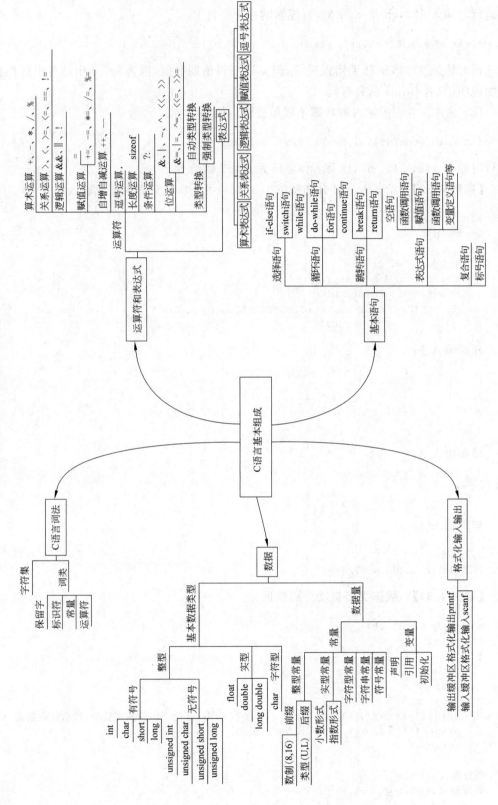

习　题

基础知识

4.1　基本数据类型有哪些？有何区别？

4.2　整型常量书写规则是什么？

4.3　逻辑与和逻辑或运算提前判定规则是什么？

4.4　++和--运算符在变量前和变量后有何区别？

4.5　为什么要用 sizeof 测试数据类型的长度？

4.6　if 语句中,else 的配对原则是什么？

4.7　什么条件下嵌套 if 语句可看做多分支结构？

4.8　在什么条件下使用 switch 语句？

4.9　循环三要素是什么？

4.10　简要说明 while、do…while、for 语句的区别和联系。

4.11　简要说明双重 for 循环中,各表达式的执行顺序和内外循环体的执行次数。

4.12　简述格式化输入过程。

4.13　简述格式化输出过程。

阅读程序

4.14　分析下面代码执行过程。

```
int a=10, b=10;
printf("a=%d, b=%d\n", a--,--b);
```

4.15　写出下面代码运行结果。

```
int a, b, d=241;
a=d/100%9;
b= (-1)&&(-1);
printf("%d, %d\n", a, b);
```

4.16　写出下面代码运行结果。

```
int n=2;
n+=n-=n*n;
printf("n=%d\n", n);
```

4.17　分析下面代码功能。

```
char c1;
int i1;
printf("Enter a digit character:\n");
```

```
scanf("%c", &c1);
i1=c1-'0';
printf("%d", i1);
```

4.18 写出下面代码运行结果。观察代码中有哪类语句。

```
int x=10;
while(x++<20)
    x+=2;
printf("%d", x);
```

4.19 写出下面代码运行结果，观察代码中有几条语句。

```
int i=1, x=0;
do
{
    if(i%2==0)
        x+=i;
    i++;
}while(i<20);
printf("%d", x);
```

4.20 写出下面代码运行结果，观察自动类型转换和输出格式。

```
float a, b;
a=123.6879001;
b=a+10;
printf("%f, %10.3f", b);
```

4.21 分析下面代码功能，写出代码运行结果。

```
int y=1, i=6;
for(;i>0;i--)                    /* i--相当于i=i-1 */
        y*=i;                    /* y*=i相当于y=y*i */
printf("%d", y);
```

4.22 写出下面代码运行结果。

```
int i=2;
switch(i)
{
    case 1:
        printf("good");break;
    case 2:
        printf("excellent");
    case 3:
        printf("perfect");break;
    default:
        printf("not too bad");
```

```
}
```

4.23 分析下面代码,找出错误。代码目标是在每一次外循环和内循环中,都要执行一次 x＝x＋1。

```
int i, j;x=0;
for(i=0;i<2;i++)
{
    x=x+1;
    for(j=0;j<3;i++)
        x=x+1;
}
printf("%d", x);
```

4.24 写出下面代码运行结果。

```
int i=0;
while(i<100)
{
    if(i==5)
        break;
    else
        printf("%5d", i);
    i++;
}
```

程序设计

4.25 华氏温度和摄氏温度可以互相转换,转换公式是：$C=5/9(F-32)$,其中,F 是华氏温度,C 是摄氏温度。输入两个整数 lower 和 upper,作为华氏温度范围[lower, upper],输出华氏温度和摄氏温度对照表,表中温度每次增加 2。

4.26 (1037)一个数如果恰好等于它的因子之和,这个数就称为"完数"。例如,6 的因子为 1、2、3,而 6＝1＋2＋3,因此 6 是"完数"。编程序找出 N 之内的所有完数,并按下面格式输出其因子 f_1、f_2、f_3…。

输入:N
输出:N s factors are f_1 f_2 f_3
桃子总数
样例输入:1000
样例输出:
6 its factors are 1 2 3
28 its factors are 1 2 4 7 14
496 its factors are 1 2 4 8 16 31 62 124 248

4.27 (1040)猴子吃桃问题。猴子第一天摘下若干个桃子,当即吃了一半,还不过瘾,又多吃了一个。第二天早上又将剩下的桃子吃掉一半,又多吃一个。以后每天早上都吃了前一天剩下的一半零一个。到第 N 天早上想再吃时,见只剩下一个桃子了。求第一天共摘多少桃子。

输入:N
输出:桃子总数
样例输入:10
样例输出:1534

4.28 (1035)求以下三数的和,保留 2 位小数。1~a 之和、1~b 的平方和、1~c 的倒数和。

4.29 (1030)求奖金总数。企业发放的奖金根据利润 I 提成。利润 I 低于或等于 100 000 元的,奖金可提 10%;利润高于 100 000 元,低于 200 000 元(100 000<I≤200 000)时,低于 100 000 元的部分按 10%提成,高于 100 000 元的部分,可提 7.5%;200 000<I≤400 000 时,低于 200 000 元部分仍按上述办法提成,(下同),高于 200 000 元的部分按 5%提成;400 000<I≤600 000 元时,高于 400 000 元的部分按 3%提成;600 000<I≤1 000 000 时,高于 600 000 元的部分按 1.5%提成;I>1 000 000 时,超过 1 000 000 元的部分按 1%提成。从键盘输入当月利润 I,求应发奖金总数。

输入:一个整数,当月利润。
输出:一个整数,奖金。
样例输入:900
样例输出:90

4.30 (1992)有一分数序列:2/1,3/2,5/3,8/5,13/8,21/13,…。求这个序列的前 n 项之和。

输入:输入只有一个正整数 n;1≤n≤10。
输出:输出该序列前 n 项和;结果保留小数后 6 位。
样例输入:3
样例输出:5.166667

4.31 (1907)输出杨辉三角形。杨辉三角形如下所示:

```
1
1 1
1 2 1
1 3 3 1
1 4 6 4 1
1 5 10 10 5 1
```

杨辉三角形的规律如下。

(1) 每行数字左右对称,由 1 开始逐渐变大,然后变小,回到 1。

(2) 第 n 行的数字个数为 n 个。

(3) 第 n 行数字和为 2^{n-1}。

(4) 每个数字等于上一行的左右两个数字之和。

输入:输入数据包含多组测试数据。每组测试数据的输入只有一个正整数 n(1≤n≤30),表示将要输出的杨辉三角的层数。输入以 0 结束。

输出:对应于每一个输入,请输出相应层数的杨辉三角,每一层的整数之间用一个空格隔开,每一个杨辉三角后面加一个空行。

样例输入:

2

3

0

样例输出:

1

1 1

1

1 1

1 2 1

4.32 (2013)求一元二次方程 $ax^2+bx+c=0$ 的解。a、b、c 为任意实数。

输入:输入数据有一行,包括 a、b、c 的值。

输出:按以下格式输出方程的根 x1 和 x2。x1 和 x2 之间有一个空格。①如果 x1 和 x2 为实根,则以 x1>=x2 输出。②如果方程是共轭复根,x1=m+ni,x2=m-ni,其中,n>0。其中 x1, x2, m, n 均保留两位小数。

样例输入:1 2 3

样例输出:-1.00+1.41i -1.00-1.41i

4.33 (1915)给定一个日期,输出这个日期是该年的第几天。

输入:输入数据有多组,每组占一行,数据格式为 YYYY-MM-DD。另外,可以确保所有的输入数据是合法的。

输出:对于每组输入数据,输出一行,表示该日期是该年的第几天。

样例输入:2000-01-01

样例输出:1

4.34 (2472)英雄联盟。最近大帆喜欢上了玩英雄联盟,而且最喜欢杀别的英雄。大帆玩英雄联盟有个特点,每杀一个英雄他就会十分兴奋,随之他长长的脑袋就会颤抖一下,根据我对大帆的研究,他长长的脑袋颤抖次数多了就会口吐白沫。根据多次统计,他平均每杀 10 个人脑袋就会颤抖一下,脑袋每颤抖 10 下就会吐一次白沫,他每次玩游戏就会准备一些吃的,他每吃一片面包就会杀一个人。根据大帆准备的面包,求大帆脑袋颤抖及口吐白沫的次数。

输入:输入大帆准备的面包数 n。有多组测试数据。

输出:输出大帆脑袋颤抖的次数和口吐白沫的次数。

样例输入:

100

120

样例输出:

```
10  1
12  1
```

4.35 (2505)啤酒和饮料。啤酒每罐 2.3 元,饮料每罐 1.9 元。小明买了若干啤酒和饮料,一共花了 s 元。还知道他买的啤酒比饮料的数量少,请计算他买了几罐啤酒。

输入:输入数据有多组,每组占一行,包含小明买东西花的总钱数 s。
输出:每行一组数据,输出小明买了多少罐啤酒。
样例输入:82.3
样例输出:11

4.36 (2698)大奖赛计分。在歌手大奖赛中,有 9 位评委为参赛的选手打分,分数为 0～10 分。选手最后得分为:去掉一个最高分和一个最低分后,取其余 7 个分数的平均值。请编写一个程序实现这个过程。

输入:9 位评委给选手打的分,9 个 0~10 之间的小数。
输出:选手的最后得分,结果输出保留三位小数。
样例输入:9.8 6.7 8.9 7.6 4.5 6.5 7.8 4.2 6.4
样例输出:6.914

4.37 (1032)统计。输入一行字符,分别统计出其中英文字母、数字、空格和其他字符的个数。

输入:一行字符
输出:统计值
样例输入:aklsjflj123 sadf918u324 asdf91u32oasdf/.';123
样例输出:23 16 2 4

4.38 (2399)求倒数和。输入一个小于 10 的正整数 n,求 1～n 的倒数和(即 $1+1/2+\cdots+1/n$)并输出。

输入:一个整型数 n。
输出:$1+1/2+\cdots+1/n$ 的值,小数点后保留 6 位小数。
样例输入:4
样例输出:2.083333

4.39 (1609)等比数列。已知 q 与 n,求等比数列之和:$1+q+q^2+q^3+q^4+\cdots+q^n$。

输入:输入数据含有不多于 50 对的数据,每对数据含有一个整数 n(1≤n≤20),一个小数 q(0<q<2)。
输出:对于每组数据 n 和 q,计算其等比数列的和,精确到小数点后三位,每个计算结果应占单独一行。
样例输入:6 0.3 5 1.3
样例输出:
1.428
12.756

4.40 (1062)输入一行电报文字,将字母变成其下一字母(如 a 变成 b……z 变成 a

其他字符不变）。

输入：一行字符
输出：加密处理后的字符
样例输入：a b
样例输出：b c

4.41 （2665）输入一个十进制数，转换为对应的八进制、十六进制、十进制数输出。

输入：输入一个十进制数
输出：输出该十进制数对应的八进制、十六进制、十进制数
样例输入：10
样例输出：
oct:12
hex:a
dec:10

4.42 （1038）有一分数序列：2/1 3/2 8/5 13/8 21/13…求出这个数列的前 N 项之和，保留两位小数。

输入：一个整型数 n。
输出：数列前 n 项和。
样例输入：10
样例输出：16.48

4.43 （1033）求 $Sn=a+aa+aaa+\cdots+aa+\cdots+aaa$（有 n 个 a）之值，其中 a 是一个数字（$1 \leqslant a \leqslant 9$）。例如，2＋22＋222＋2222＋22222（a＝2，n＝5），a 和 n 由键盘输入。

输入：a 和 n
输出：和
样例输入：2 5
样例输出：24690

4.44 （1923）输入三个字符后，按各字符的 ASCII 码从小到大的顺序输出这三个字符。

输入：输入数据有多组，每组占一行，由三个字符组成，之间无空格。
输出：对于每组输入数据，输出一行，字符中间用一个空格分开。
样例输入：
qwe
asd
zxc
样例输出：
e q w
a d s
c x z

4.45 （2678）黑豆传说。传说中有这样一堆黑豆，它的数量是不定的，会不断变化，

没有人可以数清它的数量。智者 Radish 一直想数清黑豆的数量,但是他一直找不到答案……有一天,智者梦见了一只甲鱼驮着一个女神向他飘来,然后女神告诉他,黑豆的变化是有规律的。黑豆之数,三三数之剩二,五五数之剩三,七七数之剩二(用三去除余二,用五去除余三,用七去除余二)。说完飘然而去,Radish 恍然大悟,终于总结出计算黑豆数量的公式,他把此公式命名为"黑豆式"。那么现在问题来了,请根据"黑豆式"计算出 N(≥1000)之内的黑豆的最大数量。

    输入:N
    输出:黑豆的最大数量
    样例输入:1000
    样例输出:968

4.46 (2508)武功秘籍。小明到 X 山洞探险,捡到一本有破损的武功秘籍。他注意到:书的第 10 页和第 11 页在同一张纸上,但第 11 页和第 12 页不在同一张纸上。小明只想练习该书的第 a~b 页的武功,又不想带着整本书。请问他至少要撕下多少张纸带走?

    输入:有多组测试实例,输入小明想要练习的起始页 a 和末尾页 b(a<b)。
    输出:输出小明最少要带走的纸张,每行对应一个输出结果。
    样例输入:81 92
    样例输出:7

4.47 (2001)打印数字图形。从键盘输入一个整数 n(1≤n≤9),打印出指定的数字图形。

    输入:正整数 n(1≤n≤9)。
    输出:指定数字图形。
    样例输入:5
    样例输出:
    1
    121
    12321
    1234321
    123454321
    1234321
    12321
    121
    1

4.48 (1034)求 Sn=1!+2!+3!+4!+5!+…+n!的值,其中 n 是一个数字。

    输入:n
    输出:和
    样例输入:5
    样例输出:153

4.49 (2674)输出字符串 I like "C\C++ " programing。

输入:无
输出:I like "C\C++" programing
样例输出:I like "C\C++" programing

4.50 (2490)输入两个字符,输出这两个字符本身以及它们对应的 ASCII 码。

输入:输入两个字符。
输出:第一行输出这两个字符本身,第二行输出它们对应的 ASCII 码。
样例输入:A B
样例输出:
A B
65 66

4.51 (1039)小球自由下落。一球从 M 米高度自由下落,每次落地后返回原高度的一半,再落下。它在第 N 次落地时反弹多高?共经过多少米?保留两位小数。

输入:M N
输出:它在第 N 次落地时反弹多高?共经过多少米?保留两位小数,空格隔开,放在一行。
样例输入:1000   5
样例输出:31.25   2875.00

4.52 (1041)迭代法求平方根。求平方根的迭代公式为:$X[n+1]=1/2(X[n]+a/X[n])$ 要求前后两次求出的值差的绝对值少于 0.000 01。输出保留三位小数。

输入:X
输出:X 的平方根
样例输入:4
样例输出:2.000

4.53 (1988)输出 100~200 之间的素数的个数,以及所有的素数。

输入:无
输出:100~200 之间的素数的个数,以及所有的素数。
样例输出:
21
101 103 ... 197 199

4.54 (1932)母牛的故事。有一头母牛,它每年年初生一头小母牛。每头小母牛从第 4 个年头开始,每年年初也生一头小母牛。请编程实现在第 n 年的时候,计算共有多少头母牛。

输入:输入数据由多个测试实例组成,每个测试实例占一行,包括一个整数 n(0<n<55),n 的含义如题目中描述。n=0 表示输入数据的结束,不做处理。
输出:对于每个测试实例,输出在第 n 年的时候母牛的数量。每个输出占一行。
样例输入:
2

```
4
5
0
```
样例输出：
```
2
4
6
```

4.55 (1031)输入两个正整数 m 和 n,求其最大公约数和最小公倍数。

输入:两个整数

输出:最大公约数,最小公倍数

样例输入:5 7

样例输出:1 35

4.56 (2506)切面条。一根高筋拉面,中间切一刀,可以得到两根面条。如果先对折一次,中间切一刀,可以得到三根面条。如果连续对折两次,中间切一刀,可以得到 5 根面条。那么,连续对折 10 次,中间切一刀,会得到多少面条呢?

输入:包含多组数据,首先输入 T,表示有 T 组数据。每个数据一行,是对折的次数。

输出:每行一组数据,输出得到的面条数。

样例输入：
```
3
0
1
2
```
样例输出：
```
2
3
5
```

综合实践

4.57 某大学医疗信息系统如表 4.16 所示。

表 4.16 大学医院信息系统

学 号	姓 名	性别	出生日期	身高	体重	过敏体质	高压	低压	BMI
201558501901	Hong Tao	M	1997/01/02	1.80	70	Y	110	70	Medium
201568721902	Zhao Lan	F	1998/10/08	1.60	75	N	110	70	High
...	...	...	...	...	...	...	...	...	...

说明:

(1) 学号由 12 位数字组成:其中 1~4 位为入学年份,5~9 位为院系专业,第 10 位为班级,11、12 位为学生所在班级中的序号。

C 程序设计教程

（2）身高单位为米,体重单位为千克。

（3）BMI 指数计算公式为：体重/身高的平方。

（4）BMI 指数正常范围为：18.5～23.9。

请设计该医疗信息系统：

（1）确定系统中各种数据的数据类型及小数保留位数；

（2）确定医疗信息系统的输入项；

（3）确定医疗信息系统的计算项；

（4）确定医疗信息系统的输出项；

（5）输出医疗系统中的全部学生信息；

（6）输出系统中 BMI 指数不正常的学生；

*（7）输出系统中 BMI 指数不正常的学生及学生所在的院系专业。

*4.58 加密系统（位运算）。

某电子邮箱系统对用户的密码采用加密方式存储,每个用户的密码由 8 位字母或数字组成,采用的加密方式如下。

（1）系统定期设置由三个字母组成的加密关键字序列 key,例如“ZSP”,对应 ASCII 的十进制数序列表示为 90、83、80。

（2）将加密关键字序列 key 的第一个数循环左移三位,第三个数循环右移三位,第二个数保持不变,得到新的加密关键字序列 newkey,例如,90（字母 Z）对应的二进制为 01011010 ,循环左移三位得到 11010010,等于十进制数为 210,80（字母 P）对应的二进制为 01010000,循环右移三位得到 00001010,对应十进制数为 10,由此得到加密关键字序列 newkey 为三个十进制整数 210、83、10。

（3）将用户密码的第 1 位,第 4 位,第 7 位与 newkey 序列的第 1 个数进行异或运算得到加密后的密码的第 1 位,第 4 位,第 7 位；将用户密码的第 2 位,第 5 位,第 8 位与 newkey 序列的第 2 个数进行异或运算得到加密后的密码的第 2 位,第 5 位,第 8 位；将用户密码的第 3 位,第 6 位与 newkey 序列的第 3 个数进行异或运算得到加密后的密码的第 3 位,第 6 位。例如,密码“12345678”经过上述运算得到的加密序列为：227 97 57 230 102 60 229 107。

请设计实现加密与解密过程。

加密过程：

（1）输入加密系统的关键字序列 key；

（2）输入用户原始密码；

（3）输出用户加密后的密码序列。

解密过程：

（1）输入加密系统的关键字序列 key；

（2）输入用户加密后的密码序列；

（3）输出用户原始密码。

第 **5** 章 函 数

在本章以前部分,用户编写的代码都集成在一个 main 函数中,且只有一个文件。本章介绍如何用模块化的思想实现多函数和多文件的程序设计。

5.1   模块化思想概述

5.1.1   模块的概念

实际应用中需要用程序来解决的问题一般都比较复杂,包含的功能众多。如果将所有代码都放在 main 函数中,main 函数会变得非常庞大,实现起来困难且不易维护。因此设想,能不能把程序按照功能分成若干部分,每部分实现一个较完整的功能。这就好像一个工厂生产产品一样,把产品分成许多零件,将每一部分零件加工好后再组装起来。这样做的优点是,如果哪一部分出了问题,只需重新设计和修改出现问题的部分,而无须在其他无关的部件上花费大量时间和精力。另外,零件部分还可以重复使用,可以作为多种产品的组成部分。如果把每一个零件看做一个模块,模块化程序设计就是将一个复杂的问题从大到小按层次分解,最终形成一个个相对独立的模块,各模块之间通过接口联系。一个大模块可以由几个小模块组成,一个小模块也可以在多个大模块中使用。

模块(Module),又称构件,是能够单独命名并独立地完成一定功能的程序语句的集合,即程序代码和数据结构的集合体。它具有两个基本的特征:外部特征和内部特征。外部特征是指模块跟外部环境联系的接口,包括模块被调用的方式,输入输出参数,引用的全局变量和模块的功能;内部特征是指模块的本身功能,包括模块内部环境的特点,即该模块的局部数据和程序代码。

5.1.2   模块的例子

现在要输出一个如图 5.1(a)所示的图形,这个图看起来像一棵树。整棵树由 5 层组成,每层由一个或多个三角形星号图组成,如图 5.1(e)所示。可以按照逐行输出的方法输出这棵树,但是,当树的层数和三角形的形状发生变化时,就需要逐行修改程序。该种方法不利于扩充,树的层数越多,需要重复的工作也越多。

下面对整棵树进行自上而下的划分,如图 5.1(b)所示。首先,把整棵树看成由两个大模块组成,树头和树干。只要先输出树头,再输出树干,整棵树就绘制出来了。其次,树头和树干都可以看做由多层组成。树头由三层组成,第一层有一个三角形星号图,第二层有两个三角形星号图,第三层有三个三角形星号图。树干由两层组成,每层只有一个三角形星号图。再次,图 5.1(c)和 5.1(d)给出了树头的第二层和第三层的划分示意图,每一层的树都可以看做由第一棵子树 1 和剩余的多棵树组成,而剩余的多棵树又可以看成由第一棵子树 2,如图 5.1(f)所示,以及剩余的多棵树组成。这个划分过程可以一直持续下去,直到剩余的多棵树中只剩下一棵子树 2。图 5.1(c)～图 5.1(f)中的字符'♯'表示空格。

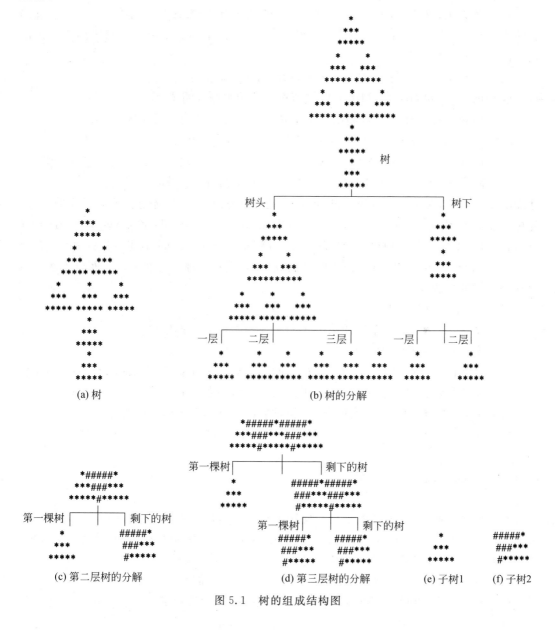

图 5.1 树的组成结构图

由以上划分可得,只要能够输出子树1和子树2,就可以输出一层的树。进一步可以输出树头和树干,最后形成整棵树。因此可以得到树的划分模块有:树头模块、树干模块、一层树模块、子树1模块和子树2模块。树头模块和树干模块是两个独立的模块,互不影响。一层树模块作为树头模块和树干模块的公用模块,该模块称为复用模块。子树1模块和子树2模块是构成树形图的基本模块。

5.1.3 模块-函数

在 C 语言中,函数(Function)是程序构成的基本单位,程序(Program)可以看成是函数的集合。一个模块可以用一个函数实现,也可以用多个函数实现。上面树的模块用函数可以表述如下。

(1) draw_head(n):绘制由 n 层三角形星号图组成的树头。

(2) draw_trunk(n):绘制由 n 层三角形星号图组成的树干。

(3) draw_onelevel(n):绘制由 n 个三角形星号图组成的一层图形。

(4) draw_first_triangle():绘制由图 5.1(e)表示的子树1。

(5) draw_rest_triangle(n):绘制由图 5.1(f)表示的 n 棵子树2组成的剩余子树。

C 语言的标准输出不支持光标全屏幕定位,就是说输出字符时只能先输出上一行后,才能输出当前行,对于每一行的字符,也必须先输出前面的字符,才能再输出后面的字符。光标不能后退到前一列或上一行。因此函数 draw_first_triangle 和 draw_rest_triangle 具有相关性,不能作为互相独立的模块实现。函数 draw_onelevel 不能直接由 draw_first _triangle 和 draw_rest_triangle 简单组合而成,需要重新实现逐行输出。下面给出逐行输出每一层树的算法描述。

(1) 令当前行 row=1;

(2) 输出第一棵树(子树1)的第 row 行的字符“∗”前面的空格;

(3) 输出第一棵树(子树1)的第 row 行的字符“∗”;

(4) 输出剩余子树的第一棵树(子树2)的第 row 行的字符“∗”前面的空格;

(5) 输出剩余子树的第一棵树(子树2)的第 row 行的字符“∗”;

(6) 对第一棵树(子树2)后的剩余子树重复(4)～(5)直到剩余子树为空;

(7) 令 row=row+1,重复(2)～(6),直至所有行输出完毕。

5.1.4 模块设计的原则

模块体现了抽象性,模块的划分与使用编程语言实现无关,但是语言的功能对模块划分的具体实现有一定的限制与影响。模块的设计与实际问题紧密相关,但遵循如下原则。

(1) 大小适中,容易实现。根据不同业务需求具体确定函数大小。

(2) 容易测试和维护。模块实现标准化,可以进行局部替换和修改。

(3) 易于复用。模块实现标准化,供程序其他模块,以及以后实现相同功能时使用。

在 C 语言中,如果把每个模块看做一个函数,C 语言程序设计就是设计若干个具有不同功能的函数，按照程序的功能对函数进行整合，最终形成一个完整的程序。

5.2 函数的定义

C语言是一种强类型语言，这意味着变量必须在使用前先定义，同样函数也必须先定义后才能使用。

函数定义的一般形式为：

```
[<存储类型>][<返回类型>]<函数名>([<形式参数列表>])
{
    声明部分
    语句部分
    return [<表达式>]
}
```

说明：

（1）函数定义的第一行称为函数头，它给出了该函数的存储类型、返回类型、函数的名称、每个参数的次序和类型等函数原型信息。其中，函数名的命名规则与标识符相同，尽量采用有意义的名字，便于程序阅读。如定义求学生成绩的最大值函数名为 max_score。形式参数列表（Parameter）给出用逗号分隔的多个形式参数，每个形式参数需要给出参数类型和参数名，这里的参数名就是变量名。

（2）由大括号括起的部分称为函数体，函数体给出了函数功能的具体实现。函数体的内容中前面是定义和声明部分，后面是语句部分。

（3）函数头与函数体放在一起组成了函数定义。函数定义实质上就是函数的具体实现。

函数定义中"[]"括起来的部分可以省略。当函数返回值的类型省略时，编译系统会默认函数的返回值类型为 int。为统一表述，在定义函数时不省略函数的返回值类型。如果函数没有参数，可以省略不写，或者写成 void。函数的存储类型在 5.5 节介绍。

（4）函数的最后一行或者函数按照执行逻辑在结束时，使用 return 语句，给出函数返回给调用者的表达式，如果返回表达式的类型与函数头定义时的函数返回值的类型不一致，该表达式会自动转换为函数定义时的返回值类型，再返回给调用者。如果函数没有返回值，不需要给出表达式，仅表示将控制权交给调用者，不返回任何信息。

【**案例 5.1**】 定义函数显示加图 5.1(e)所示的星形图。

```
void print_star(void)
{   /* 输出三行星形图 */
    int i,j;
    for(i=0; i<3; i++)                          /* 输出三行星号 */
    {
        for(j=0; j<3-i; j++)                    /* 输出星号前空格 */
```

```
        printf(" ");
    for(j=0; j<2*i+1; j++)                  /* 输出星号 */
        printf("*");
    printf("\n");
    }
    return;
}
```

说明:

(1) 首行的第一个 void 表示该函数没有返回值,因为该函数的功能是在屏幕上进行图形的显示,不需要通知调用者其执行状态或其他信息;

(2) 第二个 void 表示该函数没有参数,因为函数只输出固定的信息,不需要根据参数有所改变;

(3) 程序的最后一行 return 可以省略,主要是为了与函数返回类型 void 进行呼应,作为一种好习惯,在函数没有返回值时建议包含该行。

【案例 5.2】 定义函数显示如图 5.1(a)所示的一层星形图。

```
void draw_onelevel(int number)
{   /* 显示有 number 个三角形星形的一层图 */
    int i,j,k;
    for(i=0; i<3; i++)                          /* 循环输出具有三行的三角形星号图 */
    {
        for(j=0; j<3-i; j++)                    /* 输出第一个三角形的星号前面的空格 */
            printf(" ");
        for(j=0; j<2*i+1; j++)                  /* 输出第一个三角形的星号 */
            printf("*");
        for(k=1; k<number; k++)                 /* 输出后面 number-1 个三角形 */
        {
            for(j=0; j<2*(3-i)-1; j++)          /* 输出第 k+1 个三角形的星号前面空格 */
                printf(" ");
            for(j=0; j<2*i+1; j++)              /* 输出第 k+1 个三角形的星号 */
                printf("*");
        }
        printf("\n");
    }
    return;
}
```

说明:

(1) 首行指出该函数只有一个参数,参数类型为整型,没有返回值;

(2) 因为一层星形图由三行 * 号和空格组成,所以用外循环控制输出的行数,内循环控制输出 * 号和空格。

【案例 5.3】 定义函数,比较两个实数的大小。

```
int compare_decimal(double d1,double d2)
{    /* 比较两个实数的大小 */
    if(d1>d2)
        return 1;                         /* 前者大,返回 1 */
    if(d1<d2)
        return -1;                        /* 前者小,返回-1 */
    return 0;                             /* 相等,返回 0 */
}
```

说明：

（1）首行指出该函数返回值的类型为整型,函数有两个 double 型参数。

（2）由于小数在机器中不能完全精确表示,比较时不可以用"＝＝"直接判断相等,但可以用运算符"＞"或者"＜"进行大小比较。

5.3 函数的调用

5.3.1 函数的调用形式

函数调用的一般格式为：

<函数名>([<实际参数列表>]);

说明：

（1）对于无参函数,省略函数列表,使用 void 表示无参。

（2）对于有参函数,实际参数（Argument）列表（简称实参列表）的数目必须与函数定义时的形式参数列表（简称形参列表）一致,且实参列表每一项的数据类型必须与形参列表对应项的数据类型相匹配,或者可以通过系统的隐式类型进行自动转换。

对于案例 5.1 定义的函数,可以在主函数中按如下方式调用。

```
int main()
{
    print_star ();                        /* 调用无参自定义函数 */
    return 0;
}
```

说明：函数调用只需要给出函数名和其后的一对圆括号,由于该函数没有参数,括号中不需要给出任何信息,注意,案例 5.1 在函数定义时形式参数列表给出 void,而调用时不能给出 void。

对于案例 5.2 定义的函数,可以在主函数中按如下方式调用。

```
int main()
{
    draw_onelevel(3);                     /* 调用一个参数的自定义函数 */
```

```
    return 0;
}
```

说明：调用时给出实参值 3，参数类型为 int 型，与函数定义时的类型 int 型一致。如果调用时给出的实参不是 int 型，系统会自动转换成 int 型，再进行函数调用。

5.3.2 参数传递与返回值

C 语言函数的参数传递有两种方式：值传递方式（Pass-by-Value）和地址传递方式（Pass-by-Reference）。地址传递方式在第 6 章介绍。

值传递方式表示的是数值的单向传递，只能由调用函数传给被调用函数。参数传递时，首先计算实参表达式的结果，将计算结果传递给形参对应的变量，然后形式参数构建局部内存空间存储传递过来的值，在函数中任何对形参的访问都是对临时构建的局部内存空间的访问，对实参没有任何影响，即不会对主调函数的实参产生任何改变。

C 语言的函数返回值通过 return 语句给出，在用户自定义函数中可以出现多个 return 语句，但每次只能执行一个。一旦执行 return 语句，表示函数执行结束，该函数的其他语句不能再执行，因此 return 语句应该是逻辑上的最后一个语句。返回值至多只能是一个值，其类型与函数定义时的类型一致。如果要获得多个返回结果，可以通过返回地址值的方式或者通过参数的地址传递方式。详见第 6 章。

对于案例 5.3 定义的函数，可以在主函数中按如下方式调用。

```
int main()
{
    double number1, number2;
    int result;
    scanf("%lf%lf", &number1, &number2);             /* 输入两个实数 */
    result=compare_decimal(number1, number2);        /* 调用比较函数 */
    switch(result)                                    /* 根据返回值输出比较结果 */
    {
    case 1:
        printf("Greater!\n");
        break;
    case -1:
        printf("Less!\n");
        break;
    case 0:
        printf("Equal!\n");
    }
    return 0;
}
程序输入:1.2345678901234567890 1.2345678901234567
程序输出:Equal!
```

说明：

（1）程序的执行流程如图 5.2 所示，首先从主函数 main 开始执行，在主函数中输入实参 number1 和 number2 的值，调用 compare_decimal 函数时，将实参 number1 和 number2 的值传递给形式参数 d1 和 d2，函数 compare_decimal 获得控制权，对形参进行比较，此时对形参的任何操作均与实参没有任何关系，因为形参和实参具有不同的存储空间。函数 compare_decimal 执行完毕后，将执行结果通过 return 语句返回给调用者即主函数，控制权重新回到主函数，主函数通过使用变量 result 接收来自 compare_decimal 的返回值，因为 result 的类型与函数返回值的类型均为 int 型，不需要类型转换。主函数接着执行，直到执行完毕。

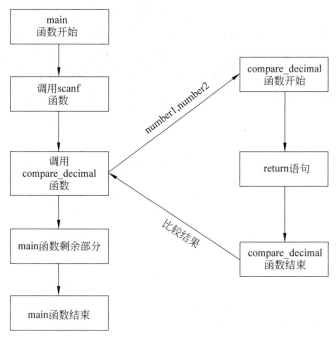

图 5.2　案例 5.3 函数调用执行流程图

（2）小数比较时需要在其有效精度内进行比较，样例输入的数据超出了小数表示的有效范围，因此认为在比较精度内相等。

5.3.3　函数声明

函数声明（Function Declaration），就是在函数还没给出定义的情况下，将函数的使用方法通知编译器，便于编译器对后续出现的函数调用进行正确性检查。

函数声明的一般形式：

<返回类型><函数名>(<形参类型 1>[<形参 1>], <形参类型 2>[<形参 2>]…);

说明：

（1）函数声明时，可以省略具体的形参名称，编译器不做检查，该种声明方式称做函数原型。函数声明位置可以出现在函数调用以前的任何位置。

（2）对于系统函数，不需要显式声明，只要使包含其对应头文件的 include 指令出现在函数调用以前即可，因为在其包含的头文件中存在函数声明。

（3）对于用户自定义函数，如果函数的定义出现在函数被调用之前，不需要进行函数声明。对于具有循环依赖的函数调用关系，必须给出函数声明。此处的循环依赖是指，函数 A 含有对函数 B 的直接调用，同时函数 B 也含有对函数 A 的直接调用。

函数提前声明的意义如下。

（1）便于大程序的多文件组织和团队开发，由函数设计者给出函数的具体定义，使用者无须关心函数的具体实现，只需给出函数声明，就可以进行函数的使用。

（2）对于复杂关系的函数调用，不需要严格给出函数出现的先后顺序。

【案例 5.4】　验证哥德巴赫猜想：任一大于 2 的偶数都可写成两个素数之和。

【算法分析】　采用枚举法将任一大于 2 的偶数分解成所有可能的两个数之和，只要分别验证分解后的两个数是否为素数即可，设计 goldbach 函数用于验证一个大于 2 的偶数是否可以分解成两个素数之和，设计 isprime 函数用于素数的判断。

```c
#include <stdio.h>
#include <math.h>
int main()
{
    voidgoldbach(int);                     /* 函数原型声明 */
    int number;
    scanf("%d", &number);
    goldbach (number);
    return 0;
}
void goldbach (int number)
{   /* 分解大偶数为两素数之和 */
    int i;
    int isprime(int);                      /* 函数原型声明 */
    for(i=2; i<=number/2; i++)             /* 只需要循环检查到 number/2 */
        if(isprime(i)==1&&isprime(number-i)==1)/* 分解的两个数是否为素数 */
            break;
    if(i>number/2)
        printf("no answer!\n");
    else
        printf("%d=%d+%d\n", number, i, number-i);
}
int isprime(int number)
{   /*判断是否为素数 */
    int i, endvalue= (int)sqrt(number);
    for(i=2; i<=endvalue; i++)
        if(number%i==0)                    /* 能整除,不是素数 */
```

```
        return 0;
    return 1;
}
```
样例输入:100

样例输出:100=3+97

说明:

(1) 主函数调用 goldbach 函数之前对 goldbach 函数进行了声明, goldbach 函数调用 isprime 函数之前对 isprime 函数进行了声明。对 goldbach 和 isprime 函数声明均采用了函数原型方式。如图 5.3 所示,主函数调用了 goldbach 函数,而 goldbach 函数中又调用了 isprime 函数,这种函数调用方式称为嵌套调用,相当于主函数间接调用了 isprime 函数。

(2) C 语言的函数都是并列的,函数之间不分主次,可以互相调用。但 C 语言不允许嵌套定义,即在一个函数中不允许再定义另一个函数。

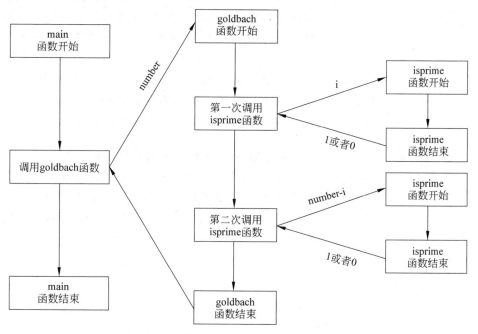

图 5.3　案例 5.4 函数调用执行流程图

5.3.4　系统函数调用

1. C 语言函数的分类

从用户的使用角度看,C 语言的函数可以分为以下两种。

(1) 系统函数,即库函数。库函数一般是指编译器提供的可在 C 源程序中调用的函数。可分为两类,一类是 C 语言标准规定的库函数,一类是编译器特定的库函数。库函数的源代码一般是不提供给使用者的,但是每个库函数会有相应的头文件声明它对外的接口。

(2) 用户自定义函数。当系统提供的库函数不能满足问题的功能需求时,或者为了实现模块化程序设计,需要根据用户意愿编写满足自己特定需求的函数,即用户自定义函数。案例 5.1～案例 5.3 所定义的函数以及案例 5.4 中的 goldbach 和 isprime 函数都是用户自定义函数。

2. 库函数的调用

前面章节中使用的输入输出函数 scanf 和 printf 是库函数,平方根函数 sqrt 也是库函数,并且都是标准库函数。除了标准库函数,不同的编译器还提供与编译平台有关的库函数,比如 TC2.0 提供的光标定位函数 gotoxy,在 VC++ 6.0 里没有该函数,但有类似的 SetConsoleCursorPosition 函数,在 UNIX 下也没有 gotoxy 函数,但是第三方 Ncurses 库中提供具有相似功能的 move 函数。通常仅使用标准库函数编写的程序可以在不同平台下运行,即跨平台性。但是标准库函数的功能一般比较有限,往往需要借助于第三方提供的库函数来获得更多的功能,因此对于库函数的选择在平台无关和函数功能上存在折中。

在使用库函数时,不需要使用者显式给出函数声明,只需要使用#include 指令包含库函数所在的头文件,该头文件中有库函数的函数原型声明,比如平方根函数 sqrt 所在的头文件是 math.h,在 math.h 文件中可以找到 sqrt 函数的原型声明如下:

```
double sqrt(double);
```

上述声明表示该函数有一个 double 型参数,函数的返回值是 double 型。

【案例 5.5】 商品价格竞猜:计算机给出一个 100～1000 之间的商品价格(价格是整数),用户输入该商品的价格,判断是否与计算机给出的价格相同。若相同,输出猜中次数。若没猜中,输出"您猜的价格过小!"或者"您猜的价格过大!"。用户共有 5 次竞猜的机会。

```c
#include <stdio.h>
#include <time.h>
#include <stdlib.h>
#define MAXTIMES 10
int get_number(int start, int end)
{   /* 产生 start~end 之间的一个整数 */
    return (start+rand()%(end-start+1));
}
int main()
{
    int user_number, rand_number;
    int count=0;                         /* 初始化竞猜次数 */
    srand(time(NULL));                   /* 初始化随机数 */
    rand_number=get_number(100, 1000);   /* 获得一个 100~1000 间的整数 */
    do
```

```
    {
        count++;                                /* 竞猜次数增加 */
        printf("输入一个数字(100~1000):");
        scanf("%d", &user_number);
        if(user_number==rand_number)
            break;
        if(user_number>rand_number)
            printf("您猜的价格过大!\n");
        else
            printf("您猜的价格过小!\n");
    } while(count<MAXTIMES);
    if(user_number==rand_number)
        printf("猜中!所用次数是:%d\n", count);
    else
        printf("商品的价格是:%d\n", rand_number);
    return 0;
}
```

样例的交互输入与输出:

输入一个数字(100~1000):350

您猜的价格过大!

输入一个数字(100~1000):200

您猜的价格过大!

输入一个数字(100~1000):150

您猜的价格过大!

输入一个数字(100~1000):120

您猜的价格过小!

输入一个数字(100~1000):130

猜中!所用次数是:5

说明:

(1) 本程序由两个函数组成:get_number()和 main()函数。其中,get_number 函数调用了系统函数 rand(),main 函数调用了系统函数 srand()。

(2) 系统函数 time(NULL),返回自 1970 年 1 月 1 日 00:00:00 到当前时刻的秒数。需要包含头文件<time.h>。

(3) 系统函数 srand(种子值),使用种子值初始化随机数发生器,用来产生不同的伪随机数序列。需要包含头文件< stdlib.h>。

(4) 系统函数 rand(),生成 0~RAND_MAX 之间的一个随机数,其中,RAND_MAX 是与系统有关的整数,如 0x7fff。需要包含头文件<stdlib.h>。在调用该函数前,应保证 srand 已经被调用过一次。

(5) 用户自定义函数 get_number(int start, int end),调用系统函数 rand()产生一个 start~end 之间的整数。

(6) 程序的执行流程如图 5.4 所示,首先从主函数 main 开始执行,主函数调用系统函数 srand 初始化随机数发生器,然后调用用户自定义函数 get_number,此时主函数将实参的值 100 和 1000 分别传递给 get_number 的形式参数 start 和 end,控制权交给函数 get_number。当函数 get_number 执行到 return 语句时,计算 return 表达式的值并回传给主函数,此时控制权再次由主函数获得。主函数将 return 表达式的值替换到主函数调用 get_number(100,1000)的位置,主函数接着向下执行。

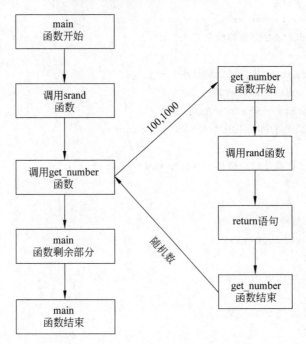

图 5.4　案例 5.5 函数调用执行流程图

5.4　递归调用

C 语言是一种支持递归调用(Recusion)的语言,即允许在一个函数中直接或间接地调用自身,直接调用自身称为直接递归,间接调用自身称为间接递归。含有递归调用的函数称为递归函数(Recusive Function)。递归调用不能无限制地进行自身调用,必须存在使递归结束的终止条件。

5.4.1　简单递归的设计

简单递归问题通常可用数学公式的形式表示。在数学公式中只要给出函数的递推关系和边界条件,可以直接转换为递归函数。

【案例 5.6】　求 n 的阶乘 n!。

【算法分析】　求 n!可以直接循环求解(参看案例 4.17),现在换另外一种思考方式。

n!等于 n 乘以(n−1)!,要求 n!必须先求(n−1)!,同样(n−1)!等于(n−1)乘以(n−2)!,要求(n−1)!必须先求(n−2)!,按此方式重复下去,一直递推到只需要求出 1!。而 1!为问题的边界条件,即是递归结束的终止条件,其递归关系可以用式(5.1)表示。

$$n! = \begin{cases} 1 & n = 0,1 \\ n \times (n-1)! & n > 1 \end{cases} \tag{5.1}$$

```c
#include <stdio.h>
int main()
{
    int factorial(int n);
    int n, result;
    printf("Enter an integer:");
    scanf("%d", &n);
    result=factorial(n);
    printf("%d! is %d\n", n, result);
    return 0;
}
int factorial(int n)
{   /* 递归求 n! */
    int value;
    if(n==1||n==0)
        value=1;                          /* 终结条件 */
    else
        value=factorial(n-1) * n;         /* 递归公式 */
    return value;
}
```

样例输入:Enter an integer:3
样例输出:3! is 6

说明:

(1) 本程序由两个函数组成,主函数 main()和递归函数 factorial()。

(2) 主函数中调用了递归函数 factorial,其中实参为 n。

(3) 带有形参 n 的函数 factorial,调用了自己 factorial,但是实参为 n−1。这就是递归调用。此时可以理解为两个不同名的函数进行调用,如函数名为 factorial_n 的函数调用函数名为 factorial_n−1 的函数。把函数参数的值与函数名结合作为函数名称的识别,可以看做不同函数之间的函数调用。

(4) 如图 5.5 所示,主函数 main 在 n=3 时调用函数 factorial(3),函数 factorial(3)按照执行逻辑调用函数 factorial(2),函数 factorial(2)按照执行逻辑调用函数 factorial(1),函数 factorial(n=1)无须调用其他函数,将结果 1 返回给调用它的函数 factorial(n=2),函数 factorial(2)再将结果 2 返回给调用它的函数 factorial(n=3),最后函数 factorial(3)将结果 6 返回给调用它的主函数 main。函数 factorial 被三次调用,根据 n 的取值不同可以有效地加以区分,可以理解为执行了仅有参数值不同的三个相同函数。

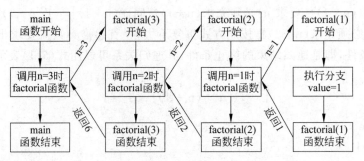

图 5.5　递归函数的调用和返回

式(5.1)表明了 f(n)可以由前面一项 f(n−1)表示,更一般的的形式如式(5.2):

$$f(n) = \begin{cases} \text{常量表达式} & n \leqslant k \\ \text{含有 } f(m) \text{ 的表达式} & n > k, m < n \end{cases} \tag{5.2}$$

对于式(5.2)表示的一般递归形式,可以给出相应的伪代码如下。

```
return_type func_name(int n)
{
    return_type value;
    if (parameter<=k)
        value=常量表达式;
    else
        value=含 f(m)的表达式 (m<n);
    return value;
}
```

例如,案例 3.10 按照式(5.2)可以得到:

$$f(n) = \begin{cases} 1 & n = 1, 2 \\ f(n-1) + f(n-2) & n > 2 \end{cases} \tag{5.3}$$

按照式(5.3)容易给出斐波那契数列的递归求解函数如下。

```
int fibonacci(int n)
{
    int value;
    if(n==1||n==2)
        value=1;                                    /* 递归终结条件 */
    else
        value=fibonacci(n-1)+fibonacci(n-2);   /* 递归公式 */
    return value;
}
```

只要在主函数中调用该递归函数就可以求出斐波那契数。

【案例 5.7】　求两个整数 m 和 n 的最大公约数(m⩾n)。

分析:由案例 3.9 最大公约数的分析可知,两个整数 m 和 n 的最大公约数等于 n 和 r 的最大公约数,其中 r 表示余数 r=m%n。由此可得式(5.4):

$$gcd(m,n) = \begin{cases} n & m\%n = 0 \\ gcd(n,m\%n) & m\%n > 0 \end{cases} \qquad (5.4)$$

按照式(5.4)给出程序代码如下。

```c
#include <stdio.h>
int main()
{
    int greatest_common_divisor(int, int );        /* 函数声明 */
    int first, second, result;
    scanf("%d%d", &first, &second);                 /* 输入两个整数 */
    result=greatest_common_divisor(first, second);  /* 调用函数求最大公约数 */
    printf("%d\n", result);
    return 0;
}
int greatest_common_divisor(int larger, int smaller)
{   /* 求 larger 和 smaller 的最大公约数 */
    int temp;
    if(larger<smaller)
    {   /* 保证被除数不小于除数 */
        temp=larger;                                /* 变量交换 */
        larger=smaller;
        smaller=temp;
    }
    if(larger%smaller==0)                           /* 找到最大公约数 */
        return smaller;
    return greatest_common_divisor(smaller, larger%smaller);  /* 递归求最大
                                                                 公约数 */
}
```

样例输入:72486 194502
样例输出:6

说明:函数 greatest_common_divisor 对形参 larger 和 smaller 进行处理,使得被除数始终大于等于除数,保证后续程序逻辑的正确性。

*5.4.2   其他递归的设计

有些问题虽然无法明确地给出一般化的数学描述形式,但可以用递归的思想去进行问题的分析和求解。许多用循环结构实现的程序可以转换为递归结构进行实现。如案例4.16 的问题,可以用如下方式进行描述。

```c
int sum_num(int n)
{
    /* 此处为求 1 个数的和 value 的代码 */
    if(n>1)
```

```
    {
        /* 此处为求 n-1 个数的和 value2 的代码 */
        value=value +value2;
    }
    return value;
}
```

说明：函数 sum_num 表示求 n 个整数的和，可以看做是先求 1 个数的和，再求 n−1 个数的和，将两部分的和相加作为结果；其中求 n−1 个数的和，可以按照同样的方式进行处理。给出与案例 4.16 等价的代码如下。

```
#include <stdio.h>
int main()
{
    int sum_num(int);                      /* 函数提前声明 */
    int sum;
    sum=sum_num(10);                       /* 求 10 个数的和 */
    printf("%d\n", sum);
    return 0;
}
int sum_num(int n)
{   /* 求 n 个整数的和 */
    int value, value2;
    scanf("%d", &value);                   /* 输入一个数 */
    if(n>1)
    {
        value2=sum_num(n-1);               /* 递归求 n-1 个数的和 */
        value=value +value2;               /* 当前数加上前 n-1 个数的和 */
    }
    return value;                          /* 返回结果 */
}
```

如果一个函数中所有递归形式的调用都出现在函数的末尾，且其返回值不是表达式的一部分时，称该递归函数是尾递归的。大多数现代的编译器会利用这种特点自动生成优化的代码。

【案例 5.8】 求斐波那契数列的第 n 项(n>0)。

分析：前面已经讨论按照式(5.3)可以给出斐波那契数列的递归实现，虽然递归形式的调用仅出现在函数的末尾，但是其返回的表达式参与了加法运算，不属于尾递归形式。

```
#include <stdio.h>
int main()
{
    int fibonacci(int);                    /* 函数提前声明 */
    int n, result;
    scanf("%d", &n);
```

```
    result=fibonacci(n);                       /* 调用函数求第 n 项的值 */
    printf("%d\n", result);
    return 0;
}
int fibonacci_recursively(int n, int f1, int f2)
{   /* 在数列的前两项是 f1 和 f2 的情况下,求第 n 项的值 */
    if(n==1)                                    /* 递归至第 n 项 */
        return f1;                              /* 返回第 n 项的值 */
    return fibonacci_recursively(n-1, f2, f1+f2);  /* 更改当前项和后一项的值 */
}
int fibonacci(int n)
{   /* 求斐波那契数列的第 n 项 */
    int result;
    result=fibonacci_recursively(n, 1, 1);      /* 给定数列的前两项,求第 n 项 */
    return result;
}
```

样例输入:20

样例输出:6765

说明:

(1) 函数 fibonacci_recursively 属于尾递归形式,其功能是在斐波那契数列的当前项是 f1,下一项是 f2 的前提下,从当前项开始求第 n 项的结果。当 n==1 时函数返回当前结果,否则,将 f2 作为当前项,将 f1+f2 作为下一项重复求解过程。

(2) 函数 fibonacci 的目的是为了保持和以前的斐波那契数列函数的调用形式一致,起到一个封装函数 fibonacci_recursively 的作用。

如表 5.1 所示展示了调用函数 fibonacci_recursively 的情况。形参 f1 按照调用序号形成一个斐波那契数列,在最后一次调用时,结果已经获得,只需要按照调用顺序逐级返回结果即可。在每次调用 fibonacci_recursively 函数时,将形参 f1 和 f2 依次后移一项,使得调用函数时已经获得结果,而不需要在函数中进行计算。

表 5.1　案例 5.8 n＝5 时调用函数 **fibonacci_recursively** 的情况

函数调用序号	调用语句	形参 n	形参 f1	形参 f2	f1＋f2
1	fibonacci_recursively(n, 1, 1)	5	1	1	2
2	fibonacci_recursively(n－1, f2, f1＋f2)	4	1	2	3
3	fibonacci_recursively(n－1, f2, f1＋f2)	3	2	3	5
4	fibonacci_recursively(n－1, f2, f1＋f2)	2	3	5	8
5	fibonacci_recursively(n－1, f2, f1＋f2)	1	5	8	13

当某些问题的解决方法可以采用递归思想的时候,递归程序设计通常有着简洁的表示形式,增加程序的可读性。但是递归程序设计是以空间和时间为代价的,所以在具体选择时要根据问题的规模进行权衡。一些递归程序通过结合数组实现记忆存储避免递归的

重复调用,另一些递归程序通过等价变换为尾递归的形式,易于编译器的优化,避免栈空间的溢出。

5.5 变量的作用域与存储类型

5.5.1 变量的作用域

一个变量在其定义后,其有效访问范围称为该变量的作用域(Scope)。变量的作用域是确定的,在作用域外,变量即使存在也无法访问。

根据变量的作用域范围,变量可以分为局部变量和全局变量。局部变量(Local Variable)包括在函数内部定义的变量和在复合语句中定义的变量。函数的形式参数也属于局部变量,等价于函数内部定义的局部变量。全局变量(Globle Variable)是在所有函数外部定义的变量。

局部变量和全局变量的作用域范围,默认都是从变量的定义位置开始,一直到定义变量的域结束为止。函数内部定义的局部变量的作用域从定义行开始到整个函数结束为止;函数形参的作用域为整个函数内部;复合语句内定义的局部变量的作用域从定义行开始到整个复合语句结束为止;全局变量的作用域从定义行到整个程序结束。如果存在变量的提前声明,则变量作用域的开始位置将从变量声明处开始而不是变量定义处。

【案例 5.9】 学生会进行主席换届选举,共 n 个班对候选人甲和候选人乙进行投票,最后依据所有班的投票结果选定主席。

```c
#include<stdio.h>
int count1, count2;                    /* 全局变量定义,从该行到程序结束 */
void add(int t1, int t2)               /* 形参 t1、t2 为变量,作用域为该函数 */
{  /* 将投票累加到总票数 */
    count1+=t1;                        /* 引用全局变量 count1、局部变量 t1 */
    count2+=t2;
}
int main()
{
    int i, n;                          /* 定义局部变量,作用域为该函数 */
    scanf("%d", &n);
    for(i=1; i<=n; i++)                /* 共 n 个班投票 */
    {
        int count1, count2;            /* 复合语句内局部变量,作用域为复合语句 */
        scanf("%d%d", &count1, &count2); /* 第 i 个班投给甲 count1 票,乙 count2
                                             票 */
        add(count1, count2);           /* 实参为复合语句内的局部变量 */
    }
    printf("甲得 %d 票,乙得 %d 票\n", count1, count2);
```

```
        return 0;
}
```
样例输入:

2

1 2

3 4

样例输出:甲得 4 票,乙得 6 票

说明:

(1) 在所有函数外面定义的 count1 和 count2 为全局变量,其目的是让函数 add 和 main 都可以直接访问,减少了函数之间的参数传递;

(2) 函数 add 的形参 t1 和 t2 为局部变量,其作用域范围为函数 add;

(3) 函数 add 中引用的变量 count1 和 count2 是全局变量;

(4) 函数 main 中定义变量 i 和 n,其作用域范围为 main 函数;

(5) for 语句定义局部变量 count1 和 count2,其作用域范围为整个复合语句;

(6) scanf 函数中引用的 count1 和 count2 为局部变量,因为局部作用域优先;

(7) printf 函数中引用的 count1 和 count2 为全局变量。

5.5.2 变量生存期和存储类型

变量的生存期(Lifetime)是指程序运行后变量在内存中或寄存器中存在的时间。变量的生存期由变量定义时选择的存储方式确定。

变量在内存中的存储方式分为静态存储方式和动态存储方式。静态存储方式(Static Storage)是在程序运行时,由系统分配固定的存储空间,在整个程序运行过程中始终保持不变,其生存期与程序的运行期相同;动态存储方式(Automatic Storage)是在程序运行时,由系统临时分配存储空间,在程序运行的不同时刻,在内存中的存储位置会发生变化,其生存期由变量的作用域确定。

C 语言的存储类型包括:auto、static、register 和 extern。全局变量有 static 和 extern,局部变量有 auto、static 和 register。

1. auto 类型的变量

auto 类型是局部变量的默认类型,在函数中未加限制的变量都是 auto 类型。每次函数调用时,函数的形参和函数内定义的 auto 变量,在当前数据空间中被分配相对的存储位置,在函数执行完毕返回后,分配的临时空间还给系统。在复合语句中定义的 auto 变量与函数中的 auto 变量类似,在进入复合语句后分配空间,离开时将占用空间归还系统。函数在进行递归调用时,函数中同一个 auto 变量在每次调用函数时,其分配的绝对存储位置不相同,从而保证存储的数据互不影响。函数内 auto 变量的生存期随着函数的返回而结束,复合语句内 auto 变量的生存期随着复合语句的结束而结束。

2. register 类型的变量

register 变量是寄存器变量,在程序运行过程中,对变量的任何操作,省去了对变量从内存中存取的时间,加快了程序运行速度。在函数内部和函数的形参可以定义为寄存器变量,通常将使用频率很高的局部变量使用 register 声明,但由于寄存器数目有限,且多数编译器具有优化功能,一般情况下无须人为设置寄存器变量。函数内 register 类型变量的生存期随着函数的返回而结束。

3. extern 类型的变量

extern 类型是用来进行全局变量的提前声明,告诉编译器其真正的定义在程序其他位置,其目的是用来扩充全局变量的作用域。extern 声明的全局变量,其真正的定义可以在整个程序的当前文件中,也可以在程序的其他文件中。在多文件程序中,只能在一个文件中定义全局变量,在其他文件中通过 extern 进行声明,这是多文件程序设计时不同文件之间进行变量共享的方法。extern 类型变量的生存期与程序的运行期相同。

4. static 类型的变量

对于全局变量,static 将其作用域限制在当前文件中,而不是整个程序。其目的是将全局变量按文件的方式进行限制,可以解决不同文件中变量重名的问题,便于多用户联合进行程序设计。static 类型变量的生存期与程序的运行期相同。

对于局部变量,static 将变量存储在全局静态数据区,其作用域仍然是当前函数。在函数的每次调用时,不需要动态分配存储空间位置,访问固定的存储位置。局部的 static 变量可以认为是该函数的全局变量,在每次函数调用时可以共享使用,即使函数一次也没被执行,其存储空间也会被分配,并一直到整个程序运行终止。

【案例 5.10】 计算表达式 1!+2!+3!+…+n!的值(n>0)。

```c
#include <stdio.h>
int fac(int num, int reset)
{
    static int result;                    /* 默认初值为 0 */
    if(reset!=0)
        result=reset;                     /* 重置静态变量初值 */
    else
        result=result * num;              /* 乘上次的结果 */
    return result;
}
int main()
{
    register int i;                       /* 寄存器变量 */
    auto int num, sum;                    /* 自动变量 */
    while(scanf("%d", &num)==1&&num>0)    /* 从标准输入流读入一个正整数 */
    {
```

```
        fac(0, 1);                            /* 初始化阶乘的因子 */
        printf("1!");
        for(sum=1, i=2; i<=num; i++)
        {
            printf("+%d!", i);
            sum+=fac(i, 0);                    /* 循环累加 */
        }
        printf("=%d\n", sum);
    }
    return 0;
}
```

样例输入：

2

3

5

0

样例输出：

1!+2!=3

1!+2!+3!=9

1!+2!+3!+4!+5!=153

说明：函数 fac 中定义静态变量 result 来存储函数每次调用后的运算结果,该变量未做显式初始化,默认初值为 0,通过非 0 的形参 reset 对 result 进行重新赋值。形参 num 表示每次调用时传递的乘数,结果累计到静态变量 result 中,并返回运算结果。主函数的 while 循环通过判断输入函数 scanf 的返回值来确保每次从标准输入流中读入一个整数,并在输入非正数时结束循环。

表 5.2 给出了在主函数中依次输入 n＝2 和 n＝3,调用函数 fac 时,函数 fac 中静态变量 result 的取值变化情况。主函数在 n＝3 时需要重新开始新的阶乘累加,在第一次调用 fac(0, 1) 时,刚进入函数 fac,result 保留上次计算的结果 2,但是此时形参 reset 的值为 1,所以将 result 重新赋值为 1,从而开始新一轮的阶乘累加。

表 5.2　案例 5.10 调用函数 fac 时静态变量的变化情况

函数调用序号	主函数输入 n	调用语句	函数 fac 的静态变量 result	
			进入函数时	离开函数前
1	n＝2	fac(0, 1)	0	1
2		fac(2, 0)	1	2
3	n＝3	fac(0, 1)	2	1
4		fac(2, 0)	1	2
5		fac(3, 0)	2	6

5.6 程序文件结构

5.6.1 单文件结构

C程序以文件为单位作为代码的组织形式,可以分为单文件结构和多文件结构。单文件结构是指所有代码都放在一个文件中,包含一个主函数和任意多个用户自定义函数,函数之间通过参数传递或者全局变量进行数据传递。当问题规模较大时,函数的命名和全局变量的命名容易重复,所有函数均可以访问全局变量,所有函数之间均可以互相调用,增加了程序编写和调试的困难。

5.6.2 多文件结构

当一个项目的问题规模较大时,通常可以将其分解为多个小问题,每个小问题再按照功能划分为多个函数。可以将这些函数分组,分门别类地在多个文件中存储。尤其是在多人合作进行开发时,以文件为单位提交分配给各人的任务,各文件中的函数和变量的接口按事先的安排进行设计。这样的安排,方便合作开发,增强程序的可读性,也提高了程序的质量。

全局变量分为外部全局变量和静态全局变量。外部全局变量可以用于多文件之间共享数据,是默认的全局变量访问方式,是程序级别的变量。静态全局变量,限制变量只能在当前文件中访问,是文件级别的全局变量。函数的访问形式与全局变量类似,分为外部函数和内部函数。

1. 外部函数

外部函数是默认的访问方式,可在多文件之间共享使用。外部函数的作用域为整个程序范围。外部函数头部的一般形式为:

```
[extern] <返回类型><函数名>([<形式参数列表>])
```

2. 内部函数

内部函数通过限制该函数的作用域为当前文件,可以使得在不同的文件中允许存在同名的函数,从而解决多文件之间的函数重名问题。内部函数头部的一般形式为:

```
static <返回类型><函数名>([<形式参数列表>])
```

【案例 5.11】 输入两行字符,完成下列任务。

任务 1:计算并输出第一行中字母个数和总字符数。

任务 2:计算并输出第二行中数字个数和总字符数。

分析:用单独的文件分别完成任务 1 和任务 2,为此设计一个多文件构成的工程

mulfile,包含三个文件 fmain. c、mfile1. c 和 mfile2. c。mfile1. c 中保存与计算第一行中字母个数和总字符数相关的函数,mfile2. c 中保存与计算第二行中数字个数和总字符数的函数,fmain. c 中的 main 函数调用文件 mfile1. c 和文件 mfile2. c 中的函数并显示统计结果。

文件 fmain. c 内容如下。

```
#include <stdio.h>
int count=0;                              /* 保存每行读入的字符数 */
int main()
{
    extern int count_letter();            /* 声明统计字母函数 */
    extern int count_digit();             /* 声明统计数字函数 */
    int num_letter, num_digit;
    num_letter=count_letter();
    printf("ALL:%d, letter:%d\n", count, num_letter);
    num_digit=count_digit();
    printf("ALL:%d, digit:%d\n", count, num_digit);
    return 0;
}
```

文件 mfile1. c 内容如下。

```
#include <stdio.h>
static int isLegal(int ch)
{   /* 检测是否为字母 */
    if(ch>='a'&&ch<='z'||ch>='A'&&ch<='Z')
        return 1;
    return 0;
}
int count_letter()
{   /* 输入一行字符,统计其中字母的个数 */
    int ch, num;
    extern int count;                     /* 声明外部变量 */
    count=num=0;
    while((ch=getchar())!='\n')
    {
        count++;
        num +=isLegal(ch);
    }
    return num;
}
```

文件 mfile2. c 内容如下。

```
#include <stdio.h>
static int isLegal(int ch)
```

```
{     /* 检测是否为数字 */
    if(ch>='0'&&ch<='9')
        return 1;
    return 0;
}
int count_digit()
{   /*输入一行字符,统计其中数字的个数 */
    int ch, num;
    extern int count;                              /*声明外部变量 */
    count=num=0;
    while((ch=getchar())!='\n')
    {
        count++;
        num +=isLegal(ch);
    }
    return num;
}
```
样例输入:
```
int max(int, int);
double PI=3.14, E=2.72;
```
样例输出:
```
ALL:17, letter:12
ALL:22, digit:6
```

说明:

(1) 文件中 fmain.c 定义全局变量 count 用来存储每行读入的字符数,在文件 mfile1.c 和 mfile2.c 中分别对其进行清零并计数;

(2) 文件 mfile1.c 和 mfile2.c 各自定义了函数 isLegal 用来检测字符的合法性,通过对其增加 static 限制在本文件中使用。

3. 声明与定义

前面未加区分地使用声明(Declaration)和定义(Definition)。定义一个对象指创建一个对象,并为该对象分配内存空间。在程序中一个对象只能定义一次。声明一个对象是指表明一个对象的类型和名字。表明对象已经定义了或者表明该对象的名字已经被使用了。前面有外部变量的声明和变量的定义,函数的声明与定义。下面明确声明和定义用于函数和变量时的明确含义。

1) 函数声明与定义

函数定义包含函数头和函数体,包括函数功能的全部代码,所以在一个程序中,函数定义只能出现一次。函数的作用域从函数定义时开始,所以若在函数定义之前调用函数,就要对函数进行声明,即给出函数原型。对于多个文件的情况下,函数声明可能发生多次。

2）变量的声明与定义

变量定义指创建一个变量,并且为该变量分配存储空间。例如:

```
int a;
```

创建一个整型变量,并且为其分配 4 个字节的存储空间。如果在创建的时候赋值就是初始化。在一个程序中一个变量只能创建一次。注意在不同的函数中、程序块中的变量视为不同的变量。

在变量定义之前使用变量,尤其是不同文件中的变量,就要对变量进行声明,例如:

```
extern int a;
```

声明变量 a 是一个外部变量,在此并没有给变量 a 分配存储空间,只是对定义在别处的变量 a 在使用前进行一个声明。

5.6.3 预处理指令

所谓预处理(Preprocess)就是在编译之前进行的处理,C 程序的源代码中可包括各预处理命令。虽然预处理命令实际上不是 C 语言的一部分,但却扩展了 C 程序设计的环境。应用预处理简化程序开发过程,提高程序的可读性。ANSI 标准定义的 C 语言预处理命令包括下列命令:C 语言的预处理主要有三个方面的内容:宏定义、文件包含及条件编译。预处理命令以符号"♯"开头。

1. 宏定义

宏定义有以下两种格式。

格式 1:

```
#define <标识符>[<字符序列>]
```

功能:将该行后程序中出现的标识符全部替换成字符序列,一直遇到 ♯undef 为止。♯undef 表示移除相应标识符的宏定义。如果省略<字符序列>,表示只定义了宏名称,不做任何替换操作,该方式常用来声明特殊符号,用做条件编译的判断条件。例如:♯define PI 3.1416926,定义了表示圆周率的宏符号 PI。♯undef PI,解除宏符号 PI 的定义,如果以前未定义宏符号 PI,则该指令没有作用。

格式 2:

```
#define <标识符>(<参数 1>,<参数 2>,…) <含有参数的字符序列>
```

功能:将程序中后面出现的标识符(参数 1,参数 2,…)全部替换成含有参数的字符序列,一直遇到 ♯undef 为止,替换时不执行任何计算。

【案例 5.12】 参数宏的定义和调用。

```
#include <stdio.h>
#include <math.h>
```

```
#define sqr1(x) x * x                        /* 定义参数宏 sqr1 */
#define sqr2(x) ((x) * (x))                   /* 定义参数宏 sqr2 */
int main()
{
    double num=1;
    printf("%.2f\t", sqr1(num+1));            /* 调用参数宏 sqr1 */
    printf("%.2f\n", sqr2(num+1));            /* 调用参数宏 sqr2 */
    return 0;
}
程序输出:3.00   4.00
```

说明:

(1) 参数宏中的参数在替换时,并不进行计算,而只是进行简单的替换。因此第一个输出语句被替换为 printf("%.2f\t", num＋1 * num＋1);,输出结果为 3.00;第二个输出语句被替换为 printf("%.2f\t",((num＋1) * (num＋1)));,输出结果为 4.00。

(2) 当使用♯define 定义参数宏时,要尽量避免与已有的系统函数重名。如果与系统函数重名,则调用时会执行参数宏版本而不是原来的系统函数版本。例如,在案例 5.12 中将参数宏名 sqr1 改成 sqrt,则程序中将调用参数宏而不是系统提供的数学平方根函数 sqrt。如果此时要调用系统的数学平方根函数 sqrt,可以按如下方式调用:

```
printf("%.2f\n", (sqrt)(num+1));        /* 将 sqrt 加小括号表示调用函数而不是宏 */
```

有些系统函数(如 atoi)同时具有函数实现的版本和参数宏实现的版本,如果需要调用真正的函数版本,可以使用♯undef 移除宏定义。

2. 文件包含

文件包含也有以下两种格式。
格式 1:

```
#include <包含文件名>
```

格式 2:

```
#include "包含文件名"
```

功能:将包含文件名的内容完全插入到当前文件的♯include 指令所在行的位置。其中,格式 1 只搜索系统默认的文件路径,格式 2 附加搜索当前文件所在路径。经过♯include 处理后,include 所包含的文件与程序文件一起参与编译。

3. 条件编译

格式 1:

```
#ifdef | ifndef <宏名>
程序段 1
#else
```

程序段 2

#endif

功能：根据宏名是否定义，选择程序段 1 或者程序段 2 参与最终程序的编译。其中，ifdef 表示如果宏名定义，则程序段 1 参加编译，否则程序段 2 参加编译。ifndef 表示与 ifdef 相反的逻辑含义。

格式 2：

```
#if (<条件表达式>)
程序段 1
#else
程序段 2
#endif
```

功能：根据条件表达式的结果，选择程序段 1 或者程序段 2 参与最终程序的编译。

【案例 5.13】　对案例 5.11 使用预处理指令实现函数声明和定义的分离。

文件 mfile1.h 内容如下。

```
#ifndef MFILE1_H_INCLUDED          /* 一般使用大写文件名后跟符号_H_INCLUDED */
#define MFILE1_H_INCLUDED          /* 只需要给出符号名，不用给出替换文本 */
static int isLegal(int ch);
int count_letter();
#endif
```

文件 mfile1.c 内容如下。

```
#include <stdio.h>
#include "mfile1.h"
static int isLegal(int ch)
{
    /* 略 */
}
int count_letter()
{
    /* 略 */
}
```

文件 mfile2.h 内容如下。

```
#ifndef MFILE2_H_INCLUDED
#define MFILE2_H_INCLUDED
static int isLegal(int ch);
int count_digit();
#endif                              /* 结束条件编译 */
```

文件 mfile2.c 内容如下。

```
#include <stdio.h>
```

```
#include "mfile2.h"
static int isLegal(int ch)
{
    /* 略 */
}
int count_digit()
{
    /* 略 */
}
```

文件 fmain.c 内容如下。

```
#include <stdio.h>
#include "mfile1.h"
#include "mfile2.h"
int count=0;/*保存每行读入的字符数*/
int main()
{
    /* 略 */
}
```

说明：

（1）增加的头文件 mfile1.h 和 mfile2.h 只保存函数的声明部分，将函数的具体定义保存在对应的.c 文件中。

（2）在.h 文件中通过使用预处理♯ifndef 指令可以保证文件在被多次包含时不会出现重复问题。调用程序 fmain.c 只需要包含对应的头文件即可。

使用声明和定义分离的方法，可以进行源代码的有效保护。在发布程序时，将 mfile1.c 和 mfile2.c 编译成目标代码文件 mfile1.obj 和 mfile2.obj，只需要交付使用者头文件(.h)和目标代码文件(.obj)，无须提供实现文件。

5.6.4　文本文件输入输出

运行 C 程序所需的数据可以通过标准输入，也可以通过文件输入；程序运行的结果可以显示在标准输出设备上，也可以保存在文件中。本节介绍使用标准输入输出重定向函数和标准文件操作函数实现文本文件的输入与输出。

1. 使用标准输入输出重定向函数

输入重定向函数原型为：

```
freopen("文件名", "r", stdin);
```

输出重定向函数原型为：

```
freopen("文件名", "w", stdout);
```

说明：输入重定向用来将标准输入流 stdin（键盘）与指定文件关联，以后从指定文件输入数据而不是键盘。输出重定向用来将标准输出流 stdout（屏幕）与指定文件关联，以后向指定文件输出数据而不是屏幕。

【案例 5.14】 文件 in.txt 里面保存了若干个整数，将其中含有数字 7 的数保存到文件 out.txt 中。

```
#include <stdio.h>
int check(int num)
{   /* 判断 num 是否含有数字 7 */
    while(num>0)
    {
        if(num%10==7)
            return 1;
        num=num/10;
    }
    return 0;
}
int main()
{
    int num;
    freopen("in.txt", "r", stdin);        /* 以读方式将标准输入定向到 in.txt 文件 */
    freopen("out.txt", "w", stdout);      /* 以写方式将标准输出定向到 out.txt 文件 */
    while(scanf("%d", &num)!=EOF)          /* 从标准输入(in.txt 文件)读数据 */
    {
        if(check(num)==1)                  /* 对读入的数据进行检查判断 */
            printf("%d ", num);            /* 将结果输出到标准输出(out.txt 文件) */
    }
    return 0;
}
```
样例输入文件 in.txt 内容为：21994 30416 5657 526 75556 7100 5725 5639 97 8 0
样例输出生成文件 out.txt 的内容为：5657 75556 7100 5725 97

说明：程序从文件 in.txt 中读入数据，通过 check 函数判断数字是否包含 7 并保存到文件 out.txt 中。

使用标准输入输出重定向函数的方法比较简单，不需要修改程序原有的输入和输出函数，但是不能进行多文件的同时处理，且在文件输入输出和标准输入输出切换时较为烦琐。

2. 使用标准文件操纵函数

严格地讲，程序运行过程中用到的数据文件，也是程序中的一部分。C 语言中提供了丰富的对文件操作的方法，将在第 7 章全面介绍。本节涉及简单的文件操作，目的是让读者树立输入输出可以通过文件进行的概念，这是在实际工程中更常见的形态，相对而言，通过键盘、显示器的输入输出，从应用角度反而并不突出。

对文件的操作涉及以下函数。

1) 文件打开函数

```
FILE * fopen(文件名,文件打开方式);
```

说明：打开指定文件，以便于后面对文件进行读写操作。常用文件打开方式包括 r（只读）、w（只写）、a（追加）等。

2）文件关闭函数

```
FILE * fclose(文件指针);
```

说明：关闭打开的文件，文件指针表示前面使用 fopen 正确打开文件后的返回值。

3）按格式从文件读入数据函数

```
int fscanf(文件指针,格式控制串,变量地址列表);
```

说明：从文件指针指向的文件当前位置按照格式控制串读入数据，函数的读入数据方法与 scanf 函数相同。该函数成功时返回值是读入的参数的个数，失败返回 EOF(-1)。

4）按格式向文件写入数据函数

```
int fprintf(文件指针,格式控制串,变量地址列表);
```

说明：向文件指针指向的文件当前位置按照格式控制串写入数据，函数的写入数据方法与 printf 函数相同。该函数成功时返回值是输出的字符数，失败返回一个负值。

【案例 5.15】 将文件 in.txt 中的数字提取并存入文件 number.txt，将其中的英文字母提取并存入文件 letter.txt 中。

```c
#include <stdio.h>
#include <stdlib.h>
int main()
{
    FILE * fin, * fout1, * fout2;              /* 定义文件指针 */
    char ch;
    fin=fopen("in.txt", "r");                  /* 按只读方式打开文件 */
    fout1=fopen("letter.txt", "w");            /* 按只写方式打开文件 */
    fout2=fopen("number.txt", "w");            /* 按只写方式打开文件 */
    if(fin==NULL||fout1==NULL||fout2==NULL)
    {
        printf("文件打开失败\n");
        exit(-1);                              /* 关闭文件,终止程序 */
    }
    /* 从文件 in.txt 每次读入一个字符 */
    while(fscanf(fin, "%c", &ch)!=EOF)
    {
        if(ch>='a'&&ch<='z'||ch>='A'&&ch<='Z')
            fprintf(fout1, "%c", ch);          /* 写入文件 letter.txt */
        else if(ch>='0'&&ch<='9')
            fprintf(fout2, "%c", ch);          /* 写入文件 number.txt */
    }
    fclose(fin);                               /* 关闭文件 */
    fclose(fout1);
    fclose(fout2);
    return 0;
}
```

样例输入文件 in.txt 内容为:PI=3.14; perimeter=2 * PI * radius;
样例输出:
生成文件 letter.txt 的内容如下:PIperimeterPIradius
生成文件 number.txt 的内容如下:3142

说明:

(1) fopen 函数打开文件 in.txt 读取数据,如果文件不存在,则会失败,此时该函数返回值为 NULL。

(2) fopen 函数打开文件 letter.txt 和 number.txt 写入数据,如果文件存在,则会将文件内原有内容全部删除,如果文件不存在,则会自动建立文件,如果创建文件失败该函数返回值为 NULL。

(3) fscanf 每次从文件 in.txt 中读入一个字符,直到遇到文件结束,此时返回文件尾 EOF。

(4) fprintf 将从文件读入的字符按要求写入 letter.txt 或 number.txt 的当前位置。

*5.7 模块化程序设计

模块化程序设计,是用主程序、子程序等勾画程序的主要结构和流程,建立主程序与子程序间、子程序与子程序间的输入、输出关系。遵循自顶向下、逐步求精的原则。模块化程序设计降低了程序复杂度,利于程序的调试与维护。本节基于实例展示如何进行模块化程序设计。

首先回到画树的例子。对案例 5.2 的函数进一步抽象,将其中可以重复使用的部分进行提取,形成新的函数如下。

(1) draw_oneline(int space_number, int star_number),输出具有 space_number 个空格和 star_number 个字符"*"的函数。

(2) printchs(int number, char ch),输出具有 number 个字符 ch 的函数。

案例 5.2 可以重新描述如下。

```
void draw_onelevel1(int number)
{   /* 显示有 number 个星形三角形的一层图 */
    int i, k;
    for(i=0; i<3; i++)                          /* 输出三行星号 */
    {
        draw_oneline(3-i, 2*i+1);               /* 第 1 个三角形的第 i+1 行 */
        for(k=1; k<number; k++)                 /* 输出后面 number-1 个三角形 */
            draw_oneline(2*(3-i)-1, 2*i+1);     /* 第 k+1 个三角形的第 i+1 行 */
        printf("\n");
    }
    return;
}
```

【**案例 5.16**】 按照图 5.1 的模块划分,将所有模块实现,给出绘制树形图的完整代码。

```c
#include <stdio.h>
#define MAXROW 3                                      /* 每个三角形的行数 */
void printchs(int number, char ch)
{   /* 输出 number 个符号 ch */
    int i;                                            /* 循环控制变量 */
    for (i=0; i<number; ++i)
        printf("%c", ch);
}
void draw_oneline(int space_number, int star_number)
{   /* 输出 * space_number 个空格和 star_number 个'*' */
    printchs(space_number, ' ');                      /* 三角形前部分的空格 */
    printchs(star_number, '*');                       /* 三角形 * 部分 */
}
void draw_onelevel(int number, int start)
{   /* 以 start 为中心位置开始绘制一层 number 个三角形 */
    int row;                                          /* 三角形的每一行 */
    int i;                                            /* 循环控制变量 */
    for(row=0; row<MAXROW; row++)
    {
        draw_oneline(start-row, 2*row+1);             /* 第 1 个三角形 */
        for(i=1; i<number; i++)                       /* 绘制后面 number-1 个三角形 */
            draw_oneline(2*(MAXROW-row)-1, 2*row+1);/* 第 i+1 个三角形 */
        printf("\n");
    }
}
void draw_head(int level, int position)
{   /* 绘制树的上半部分——树头 */
    int i;                                            /* 循环控制变量 */
    for(i=0; i<level; i++)                            /* 绘制 level 层三角形 */
        draw_onelevel(i+1, position-i*MAXROW);        /* 绘制 i+1 个三角形 */
}
void draw_trunk(int level, int position)
{   /* 绘制树的下半部分——树干 */
    int i;                                            /* 循环控制变量 */
    for(i=0; i<level; i++)                            /* 绘制 level 层三角形 */
        draw_onelevel(1, position);                   /* 绘制 1 个三角形 */
}
int main()
{
    int head_level=3;                                 /* 树头层数 */
    int trunk_level=2;                                /* 树干层数 */
    int position=head_level*MAXROW;                   /* 图形中心位置 */
    draw_head(head_level, position);
    draw_trunk(trunk_level, position);
    return 0;
}
```

说明：

（1）MAXROW 用于控制每个星形三角形的行数；

（2）head_level 和 trunk_level 控制树头和树干的层数，position 控制树形图的中心位置；

（3）函数 printchs 可以作为与程序无关的公用模块,在以后的其他程序中继续使用。

在进行模块化设计时,要擅于从已有的应用中进行公用模块的提取,为以后的程序设计和分析奠定良好的基础。

【案例 5.17】 设计一个剪刀、石头、布的小游戏,它包含人机对战和人人对战两种模式,每种模式又分为三局两胜和五局三胜两种方式。

首先,根据游戏的主要功能进行划分,如图 5.6 所示,给出游戏的顶层程序流程图。由此可以给出对应的程序伪代码如下。

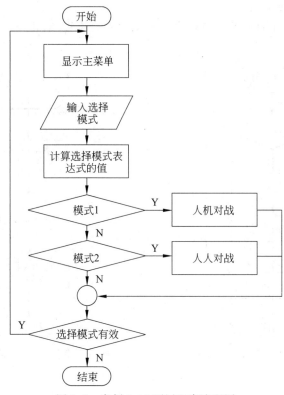

图 5.6 案例 5.17 顶层程序流程图

```
int main()
{
    int mode;
    do
    {
        main_menu();                          /* 显示主菜单 */
        scanf("%d", &mode);                   /* 输入对战模式 */
        switch(mode)
        {
            case 1:人机对战操作;break;
            case 2:人人对战操作;break;
        }
    }while(mode);
```

```
        return 0;
    }
```

接下来,对程序的功能进一步细化分析。由于人机对战和人人对战均包含三局两胜和五局三胜两种选择,因此可以考虑将这两个模块合二为一,用一个函数 void AtoB(char roleA,char roleB,int n)来表示,通过参数 roleA 和 roleB 来表示人还是机器,其中,n 表示对战局数。另外,三局两胜和五局三胜均可以分解为由单独的一局对战重复组成。设计一局对战函数 int one_round(char roleA,char roleB),这样设计的优点是可以后期扩充,方便增加新的对局模式。

图 5.7 和图 5.8 分别给出多局对战和一局对战的流程图,由此可以给出其对应的伪代码如下。

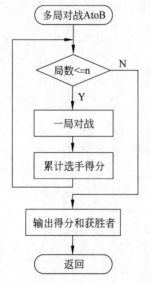

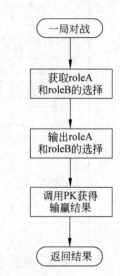

图 5.7　案例 5.17 多局对战流程图　　　　图 5.8　案例 5.17 一局对战流程图

```
void AtoB(char roleA, char roleB, int n)
{   /* roleA 和 roleB 对战 n 局 */
    int i;
    int winner, scoreA, scoreB, mode;
    scoreA=scoreB=0;                        /* 初始化得分 */
    for(i=1; i<=n; i++)
    {
        winner=one_round(roleA, roleB); /* 一局对战 */
        /* 根据 winner 对 scoreA 和 scoreB 进行分数累计 */
    }
    show_score(mode, scoreA, scoreB);    /* 输出得分 */
    show_winner(mode, scoreA, scoreB);   /* 输出获胜者 */
}
int one_round(char roleA, char roleB)
{   /* roleA 和 roleB 对战 1 局 */
    int winner;
    char choiceA, choiceB;
```

```
        choiceA=make_choice(roleA);          /* 获取 roleA 的选择 */
        choiceB=make_choice(roleB);          /* 获取 roleB 的选择 */
        show_choice(roleA, choiceA);         /* 输出 roleA 的选择 */
        show_choice(roleB, choiceB);         /* 输出 roleB 的选择 */
        winner=pk(choiceA, choiceB);         /* 根据 roleA 和 roleB 的选择判断输赢 */
        return winner;
    }
```

按照以上分析,进一步细化,给出如图 5.9 所示的函数调用关系图。各函数的功能描述如下。

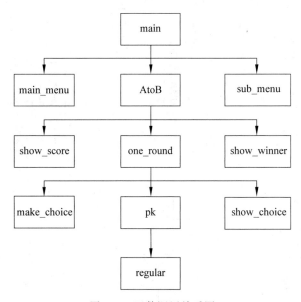

图 5.9　函数调用关系图

(1) void main_menu();显示主菜单,选择对战模式(人人或人机)。

(2) void sub_menu();显示子菜单,用来选择对战局数(三局或五局)。

(3) void AtoB(char roleA,char roleB,int n);roleA 和 roleB 对战 n 局。

(4) void show_score(int mode,int score1,int score2);输出角色(mode 表示人机或人人对战)的得分。

(5) void show_winner(int mode,int score1,int score2);输出角色(mode 表示人机或人人对战)的输赢结果。

(6) int one_round(char roleA,char roleB);计算 roleA 和 roleB 对战一局的结果。

(7) char make_choice(char role);返回 role 选择的结果(剪刀、石头、布)。

(8) void show_choice(char ch,char choice);输出角色(ch 表示人或机)的选择(剪刀、石头、布)。

(9) int pk(char ch1,char ch2);返回谁获胜或平局,ch1 和 ch2 表示剪刀、石头、布。

(10) char regular(char ch1,char ch2);返回获胜者的字符表示,ch1 和 ch2 表示剪刀、石头、布。

本章知识结构图

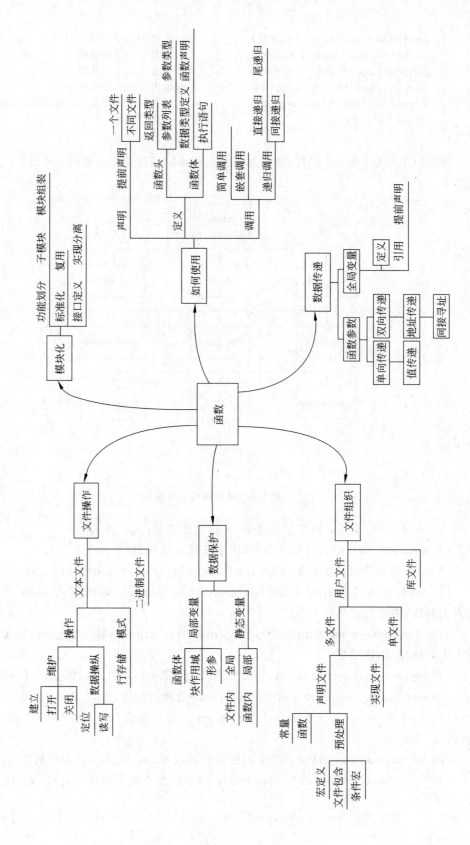

习　　题

基础知识

5.1　简述函数声明和函数定义的区别。

5.2　如何解决用户自定义函数与系统函数重名的问题？

5.3　分析带参数的宏和普通函数的适用条件。

5.4　在多用户多文件程序设计中，不同用户之间如何共享全局变量？如何避免不同用户的自定义函数或变量重名的问题？

阅读程序

5.5　下面的程序定义了三种计算数的立方的宏，给出运行结果并比较各种定义方法。

```c
#include <stdio.h>
#define cubic1(x) x * x * x
#define cubic2(x) (x) * (x) * (x)
#define cubic3(x) ((x) * (x) * (x))
int main()
{
    int a=1, b=2, c;
    c=cubic1(a+b)/cubic1(a+b);
    printf("%4d", c);
    c=cubic2(a+b)/cubic2(a+b);
    printf("%4d", c);
    c=cubic3(a+b)/cubic3(a+b);
    printf("%4d", c);
    return 0;
}
```

5.6　分析函数的功能，写出程序的运行结果。

```c
#include <stdio.h>
int sum(int n)
{
    while(n>9)
        n=n%10+n/10;
    return n;
}
int main()
{
    printf("%d\n", sum(12345678));
```

```
        return 0;
}
```

*5.7 分析函数的功能,并根据样例输入写出程序的运行结果。

样例输入:
{9 * [8+ (7- (6+5)- {4+3})+2]-1}

```
#include <stdio.h>
int match(int cnt, char parentheses)
{
    char ch;
    while (1==scanf ("%c", &ch)&&ch!='\n')                    /* 读一个字符存入 ch 中 */
    {
        switch(ch)
        {
        case '(':
        case '[':
        case '{':
            if (parentheses=='('||parentheses=='['||parentheses=='{')
            {
                if (match(cnt+1, ch))
                    return -1;
            }
            else
                parentheses=ch;
        default:
            continue;
        case ')':
        case ']':
        case '}':
            if(ch==')'&&parentheses!='(')
                return -1;
            if(ch==']'&&parentheses!='[')
                return -1;
            if(ch=='}'&&parentheses!='{')
                return -1;
        }
        if(cnt>0)
            return 0;
        parentheses='\0';
    }
    if (parentheses=='\0')
        return 0;
    return -1;
}
```

C程序设计教程

```
int main()
{
    int cnt=0;
    printf("%d\n", match(cnt, '\0'));
    return 0;
}
```

*5.8 根据程序的运行结果,画出程序中所有变量的存储位置图,说明变量的存储类型与其存储位置的关系。

```
#include<stdio.h>
int g_a1, g_a2=2;
static int s_a1, s_a2=2;
void func2(int arg_a2)
{
    static int s_a21, s_a22=22;
    auto int a_a2;
    printf("in func2: &s_a21=%p, &s_a22=%p, &a_a2=%p, &arg_a2=%p\n",\
                        &s_a21, &s_a22, &a_a2, &arg_a2);
}
void func1(int arg_a1)
{
    static int s_a11, s_a12=12;
    auto int a_a1;
    printf("in func1: &s_a11=%p, &s_a12=%p, &a_a1=%p, &arg_a1=%p\n", \
                        &s_a11, &s_a12, &a_a1, &arg_a1);
    printf("func1 call func2\n");
    func2(a_a1);
}
int g_a3, g_a4=4;
static int s_a3, s_a4=4;
int main()
{
    static int s_a5, s_a6=0;
    auto int a_a0;
    printf("global: &g_a1=%p, &g_a2=%p, &g_a3=%p, &g_a4=%p\n", &g_a1, &g_a2,
&g_a3, &g_a4);
    printf("global: &s_a1=%p, &s_a2=%p, &s_a3=%p, &s_a4=%p\n", &s_a1, &s_a2,
&s_a3, &s_a4);
    printf("in main: &s_a5=%p, &s_a6=%p, &a_a0=%p\n", &s_a5, &s_a6, &a_a0);
    printf("main call func1\n");
    func1(a_a0);
    printf("main call func2\n");
    func2(a_a0);
    return 0;
```

```
    }
```

程序设计

5.9　（1047）编写两个函数,分别求两个整数的最大公约数和最小公倍数。

输入:两个数。
输出:最大公约数和最小公倍数。
样例输入:6 15
样例输出:3 30

5.10　（2961）编写函数 int primes(int n, int m),求整数 n 和 m 之间的素数个数。

输入:两个数。
输出:两个数之间的素数个数。
样例输入:6 15
样例输出:3

5.11　（2962）编写函数 void constellation(int year, int month, int day),输出该日期对应的星座名称。

输入:日期。
输出:星座名称。
样例输入:2000 12 31
样例输出:摩羯座

5.12　（2963）编写三个函数,根据三角形的三条边,判断该三角形是锐角三角形,直角三角形还是钝角三角形。

输入:三角形的三条边。
输出:锐角三角形、直角三角形还是钝角三角形。
样例输入:3 4 5
样例输出:直角三角形

5.13　（2964）编写一个函数,判断某年是否是闰年,若是闰年,函数返回值为 1,否则为 0。然后找出 m 年至 n 年之间的所有闰年。闰年的条件是:能被 4 整除但不能被 100 整除,或能被 400 整除。

输入:第 m 年和第 n 年。
输出:m 年至 n 年之间的所有闰年,输出结果每行 8 个,数据之间用空格分隔。
样例输入:1949 2045
样例输出:
1952 1956 1960 1964 1968 1972 1976 1980
1984 1988 1992 1996 2000 2004 2008 2012
2016 2020 2024 2028 2032 2036 2040 2044

5.14　（2965）编写一个函数,取一个小数的第 n 位,当 n 大于 0 时,从小数点位置开始向右取小数部分第 n 位,当 n 小于 0 时,从小数点位置开始向左取整数部分的第 n 位。

输入:一个小数,取小数的第 n 位。

输出:小数的第 n 位。

样例输入:0.5772156649015328 10

样例输出:9

5.15　(2966)编写函数 void holl_triangle(int n),当函数参数 n＝5 时,输出如下图形。

```
    *
   * *
  *   *
 *     *
*********
```

5.16　编写函数 void draw_star(int x0，int y0，int radius),绘制圆心为(x0，y0)、半径为 radius 的由字符""表示点的圆图。

5.17　(2971)编写函数 void div(int m，int n，int digits),求两个整数 m 和 n 的商,结果保留 digits 位小数。

输入:整数 m 和 n,小数位数 digits。

输出:商。

样例输入:1 21 30

样例输出:0.047619047619047619047619047619

5.18　(2967)假设地球是一个标准的球体,其半径是 R,忽略地形对距离的影响。球面上的点使用经纬度表示,规定东经为正、西经为负、北纬为正、南纬为负。设 A 点的经度是 α1、纬度是 β1;B 点的经度是 α2、纬度是 β2,则 A 和 B 之间的距离可按下式近似计算:

$$D＝R \cdot arccos(sin(β1) \cdot sin(β2)＋cos(β1) \cdot cos(β2) \cdot cos(α1－α2))$$

假设 R＝6371km,编写函数计算地球表面任意两点之间的距离。

输入:两个点的经纬度。

输出:两点之间的距离。

样例输入:

121.457413 37.476

116.30729 39.98772

样例输出:526.709160

5.19　(1942)编写递归函数 DectoR(int n，int radix),将一个十进制整数 n 转换为 radix 进制数输出。其中(2≤radix≤16,radix<>10),输出时 10 用"A"表示,11 用"B"表示,…。

输入:整数 N(32 位整数)和 R(2≤R≤16,R<>10)。

输出:转换后的数。

样例输入:23 12

样例输出:1B

5.20 (2968)编写递归函数,将一个 n 位的整数按照逆序输出。

输入:一个整数。

输出:转换后的整数。

样例输入:1234567

样例输出:7654321

*5.21 (2021)汉诺塔(又称河内塔)问题是印度的一个古老的传说。开天辟地的神勃拉玛在一个庙里留下了三根金刚石棒 A、B 和 C,A 上面套着 n 个圆的金片,最大的一个在底下,其余一个比一个小,依次叠上去,庙里的众僧不倦地把它们一个个地从 A 棒搬到 C 棒上,规定可利用中间的一根 B 棒作为帮助,但每次只能搬一个,而且大的不能放在小的上面。要求编写程序输出搬动的步骤。

输入:金片的个数 n(n≤10)。

输出:搬动金片的全过程。

样例输入:2

样例输出:

Move disk 1 from A to B

Move disk 2 from A to C

Move disk 1 from B to C

5.22 (2969)编写一个函数 void calcscore(int n),在函数中输入 n 个人的成绩,计算最高分,最低分,总分和平均分,要求在主函数中调用函数 calcscore 计算各种成绩,并在主函数中输出各种计算结果。(使用全局变量在函数之间传递多个数据。)

输入:学生人数 n 和 n 个学生的成绩。

输出:n 个人的最高分,最低分,总分和平均分。

样例输入:

5

80 90 100 70 50

样例输出:100 50 390 78

5.23 (1056)定义参数宏 swap(Type x,y) 交换类型为 Type 的两个参数 x 和 y。编写程序分别交换两个短整型数、两个小数和两个长整型数的值。

输入:两个短整型数,两个小数,两个长整型数。

输出:交换后的两个短整型数,两个小数,两个长整型数。

样例输入:

1 2

1.5 2.5

65535 2147483647

样例输出:

2 1

2.5 1.5

2147483647 65535

5.24 (2970)定义参数宏 AngleToRadian(degree,minute,second),将度(degree)、分(minute)、秒(second)转换为弧度。(♯define PI 3.14159)

输入:度,分,秒。

输出:转换后的弧度。

样例输入:180 0 0

样例输出:3.141590

5.25 (2972)文本文件 score.dat 中存储了 n 名学生的信息(班级编号、姓名、成绩),每个学生信息占一行,每行的数据之间使用制表符分隔,如下所示。

```
145811      fuxin        100
145811      chengxian    90
145812      zhangxue     92
145812      lijun        88
...
```

文件中存储的学生信息按照班级编号升序排列,每个班级的人数可以不同,要求读取文件中所有学生的成绩,计算每个班级的平均成绩,将班级编号和平均成绩写入到文本文件 average.dat 中。

输入:n 名学生的信息(班级编号、姓名、成绩)。

输出:每个班级的班级编号和平均成绩。

样例输入:

```
145811      fuxin        100
145811      chengxian    90
145812      zhangxue     92
145812      lijun        88
```

样例输出:

```
145811      95
145812      90
```

5.26 (2973)将习题 5.25 的文本文件 score.dat 中姓名的首字母改成大写,其他字符保持不变,将结果写入文本文件 score2.dat。

输入:n 名学生的信息(班级编号、姓名、成绩)。

输出:每个班级的班级编号、姓名和成绩。

样例输入:

```
145811      fuxin        100
145811      chengxian    90
145812      zhangxue     92
145812      lijun        88
```

样例输出:

```
145811      Fuxin        100
145811      Chengxian    90
145812      Zhangxue     92
```

```
145812        Lijun           88
```

5.27 (2974)将习题 5.25 中文本文件 score.dat 中的制表符替换成等价个数的空格,使空格充满到下一个制表符终止位的地方,将结果写入文本文件 score3.dat。假设制表符终止位的位置固定,每隔 8 列出现一个制表符终止位。

输入:n 名学生的信息(班级编号、姓名、成绩)。
输出:每个班级的班级编号、姓名和成绩。
样例输入:
```
145811        fuxin          100
145811        chengxian      90
145812        zhangxue       92
145812        lijun          88
```
样例输出:
```
145811        fuxin          100
145811        chengxian      90
145812        zhangxue       92
145812        lijun          88
```

* 综合实践

*5.28 按照案例 5.17 给出的分析和设计结果,使用多文件工程的思想实现其所有功能。

*5.29 设计一个多文件构成的工程 mulfile,完成一篇只含有英文字母、数字和标点符号的字处理工作。标点符号包括逗号(,),句号(.),问号(?),感叹号(!),单引号('),双引号(")。英文文章保存为 Windows 操作系统下的一个文本本件 article.txt 中,需要完成的功能如下。

(1) 将文件中 Windows 下两字节的换行符(\r\n)替换为 UNIX 系统下一字节的换行符(\n);

(2) 将文件中每个英文句子的首字母大写,同时去掉多余空格(将连续多个空格替换成一个);

(3) 统计文件中单词的个数和句子的个数。

使用模块化设计思想实现描述的功能,根据需要自己设计所需的函数,函数设计时使用函数声明(.h)和实现分离(.c)的方法,将(1)、(2)、(3)中涉及的功能分别在不同的文件中实现。编写主文件 fmain.c,在主文件中调用设计好的函数完成所需功能。

*5.30 编写一个能够计算只含有加(+)、减(-)、乘(*)、除(/)四则运算表达式的程序,运算符的优先性和结合性规定如下。

(1) 乘和除的优先级相同,服从左结合;

(2) 加和减的优先级相同,服从左结合;

(3) 乘和除的优先级高于加和减的优先级。

(1) 采用函数声明和函数定义分离的模式,在文件 calc.h 中声明所有用户自定义函数,在文件 calc. c 中实现所有函数的定义。

需要设计的函数如下：

int getOperand ( )，从标准输入读取下一个运算数；

char getOperator( )，从标准输入读取下一个运算符；

int cmpPriority (char oper1，char oper2)，比较两个运算符优先级的大小；

double calculate（double num1，char oper，double num2），求表达式 num1 oper num2。

（2）使用文本文件 input. dat 保存要计算的多个表达式,每个表达式占一行,将表达式的计算结果保存在文本文件 output. dat 中。

输入:含有加(+)、减(-)、乘(＊)、除(/)四则运算表达式。

输出:表达式的计算结果。

样例输入：

2+6＊5/2-3

2＊10-12/4＊2+8

样例输出：

14

22

（3）给表达式增加括号'('、')'运算符,规定括号的优先级最高。

第 **6** 章 复杂数据类型

在前面的章节中所使用和处理的数据都属于基本数据类型,即整型、实型和字符型数据,其值不可以再分解为其他类型。实际问题中经常需要处理一些复杂数据,如向量、矩阵、字符串等,这些复杂数据不能用简单的基本数据类型表示。C 语言允许用已知的数据类型构造新的数据类型,其值由参与构造的数据类型的值组成。构造类型包括数组、结构体、共用体和枚举类型。C 语言还提供一种特殊的数据类型——指针,其值不是指针的值,而是指针所指向变量的地址。这种其值不是自身的值,而是其他值或其他值的复合数据类型,可以视为复合数据类型。本章介绍构造类型、复合类型等各类复杂数据类型及应用。

6.1 一 维 数 组

【案例 6.1】 程序设计基础课的期中考试结束了,编写程序求成绩高于班平均成绩的人数。

分析:假设班级有 5 个学生,用变量存储这 5 个人的成绩,在输入 5 个人成绩后,求总和,再求平均成绩,最后将每个人的成绩与平均成绩比较,得出高于平均成绩的人数。程序 6.1(a)如下。

```
#include <stdio.h>
int main()
{
    float score1, score2, score3, score4, score5;
    int count=0;
    float sum, average;
    printf("Enter the scores of 5 students:\n");
    scanf("%f", &score1);              /* 输入第一个人的成绩 */
    scanf("%f", &score2);
    scanf("%f", &score3);
    scanf("%f", &score4);
    scanf("%f", &score5);
    sum=score1+score2+score3+score4+score5;
    average=sum /5;                    /* 求平均成绩 */
    if(score1>average)                 /* 第一个人的成绩大于平均成绩 */
        count++;
```

```
        if(score2>average)
            count++;
        if(score3>average)
            count++;
        if(score4>average)
            count++;
        if(score5>average)
            count++;
        printf("The count is %d\n", count);
        return 0;
    }
```

说明：

（1）定义了 5 个整型变量；

（2）连续使用 5 个 scanf 函数给 5 个变量赋值；

（3）计算 sum 时连续用 4 个加号；

（4）连续使用 5 个 if 语句将每个学生成绩与平均成绩做比较。

程序仅仅是针对 5 个学生的规模，如果将其规模扩大到一个班，甚至 1000 个人，则 scanf 和 if 语句的简单重复让人窒息，sum 表达式中的一个又一个的加号，也让我们思考为什么不使用一个变量循环求和？定义这么多的变量有必要吗？

前面的案例 4.16，用一个变量加循环就可以计算若干个数的和，本例却不能照搬。究其原因是，在用一个变量解决问题的时候，没有保留住每个学生的成绩，这样在计算出平均成绩后，无法将每个同学的成绩与平均成绩做比较。所以，解决本例问题的关键是，既给每个学生的成绩分配存储空间，又能让这些存储空间在程序中表达简练。

本例中的每个学生成绩都是由整型的数据构成的，将这些成绩用一个新的数据类型来表示，化简程序。这个新类型是 C 的一个构造数据类型——数组。将所有学生的成绩用一个数组表示，程序 6.1(a)改写为程序 6.1(b)如下。

```
#include <stdio.h>
#define N 5
int main()
{
    float score[N];                    /* 定义具有 N 个元素的整型数组  */
    int count=0;                       /* 初始计数为 0 */
    int i;
    float sum=0, average;
    printf("Enter the scores of ten students:\n");
    for (i=0; i<N; i++)
    {
        scanf("%f", &score[i]);        /* 输入第 i 个人的成绩到 score[i]中  */
    }
    for (i=0; i<N; i++)
    {
```

```
        sum=sum+score[i];                    /* 输入第 i 个人的成绩到 score[i]中 */
    }
    average=sum /N;
    for (i=0; i<N; i++)
    {
        if(score[i]>average)
            count++;
    }
    printf("The count is %d\n", count);
    return 0;
}
```

程序对比说明：

(1) 定义了一个数组；

(2) 通过循环给 N 个数组元素赋值；

(3) 通过循环计算 sum；

(4) 使用循环将每个学生成绩与平均成绩做比较；

(5) 只改变 N 就可以扩充学生的人数。

程序 6.1(b)将大量的重复语句用循环实现，并且易于扩充问题规模，这就是使用数组的好处。

思考：程序 6.1(b)的前两个 for 语句合成一个 for 语句会对程序有什么影响？

6.1.1　数组的定义

数组(Array)是数据类型相同的数据的有序集合。集合中的数据被称为数组元素(Element)，每个数组元素的下标(Index)代表了该元素在数组中的排列位置。数组元素有一个下标，其构成的数组就是一维数组，数组元素有两个下标时，其构成的数组就是二维数组，以此类推。

1. 一维数组定义的一般形式

一维数组定义的一般形式为：

<数据类型><一维数组名>[<常量表达式>]

其中，数据类型标识符表示数组的数据类型，即数组元素的数据类型，可以是基本数据类型、构造数据类型以及指针类型。常量表达式是值大于 0 的整型常量表达式，其值是数组元素的个数，即数组长度(Size)。数组名遵循标识符的命名规则。

例如，程序 6.1(b)的 float score[N]定义了名为 score、长度为 N、float 类型的数组，数组元素为每个学生的成绩。再如：

```
int a[10];
```

定义了一个一维数组，数组名为 a，数组中有 10 个元素，每个元素都为 int 型。这 10 个数组元素分别为：a[0]、a[1]、a[2]、a[3]、a[4]、a[5]、a[6]、a[7]、a[8]、a[9]。

对一维数组的定义说明如下。

(1) 数组元素的下标从 0 开始。如数组 a 中的元素是 a[0]～a[9]。

(2) 是否允许对数组的大小做动态定义，依赖于 C 标准。下面的定义在 C89 标准中认为是错误的：

```
int n=10;
int a[n];
```

(3) 相同类型的数组、变量可以在一个类型说明符下一起声明，例如：

```
float a, b, c[10], d[20];
```

2. 一维数组的存储

C 语言根据数组定义的类型和长度为其分配一块连续的内存空间，数组元素按下标递增的顺序连续存储。图 6.1 展示了用 int a[10]定义的数组 a 占用的存储空间，共需要 10 个 int 型数据的空间，即：sizeof(int)×10 个字节。存储单元地址由低到高，其中首元素的地址，称为数组的首地址，也用它表示数组名。

	…	
0x0023FF40	0	a[0]
0x0023FF44	1	a[1]
0x0023FF48	2	a[2]
0x0023FF4C	3	a[3]
0x0023FF50	4	a[4]
0x0023FF54	5	a[5]
0x0023FF58	6	a[6]
0x0023FF5C	7	a[7]
0x0023FF60	8	a[8]
0x0023FF64	9	a[9]
	…	

图 6.1 一维数组在内存中存储形式

图 6.1 中 0x0023FF40 既代表了 a[0]的地址，也代表了数组 a 的首地址，还代表了数组名 a。

3. 一维数组元素的引用

与变量类似，任何一个数组都应先定义，然后再引用。在 C 语言中，虽然整体定义了一个数组，但只能逐个引用数组元素，而不能一次引用整个数组。

数组元素的引用形式为：

```
<数组名>[<下标>]
```

例如，程序 6.1(b)的程序段：

```
for (i=0; i<N; i++)
{
    sum=sum+score[i];                    /* 输入第 i 个人的成绩到 score[i]中 */
}
```

引用了数组 score 的元素，将各个元素的值逐一加到 sum 中；程序段

```
for (i=0; i<N; i++)
{
    if(score[i]>average)
        count++;
```

```
    }
```

对 score 的每个元素与 average 比较。

应该注意：定义数组时用到的"数组名[<元素个数>]"和引用数组元素时用到的"数组名[下标]"的区别,例如:

```
int a[8];                /* 定义长度为 8 的数组 */
n=a[5];                  /* 引用 a 数组中序号为 5 的元素。此时 5 不代表数组长度 */
```

4. 下标越界的情况

C 语言对数组元素的下标不做越界检查。例如,上面的数组 a 中不存在元素 a[10],但编译系统并不会对此做错误处理,所以在使用数组元素时要注意因下标越界带来的程序异常。

【案例 6.2】 数组访问越界。

```c
#include <stdio.h>        /* 下标越界的示例 */
#define N 3
int main()
{
    int i, v0=-1, v1=-2, arr[N]={0}, v2=-3, v3=-4;
    printf("Initial...\n");
    for(i=0; i <N+2; i++)
    {
        /* 输出每个数组元素的地址和数组元素的值 */
        printf("arr[%d]=%d\n", i, arr[i]);
    }
    arr[N]=1000;          /* 数组元素越界访问 */
    arr[N+1]=1001;        /* 数组元素越界访问 */
    printf("After arr[%d]=1000 and arr[%d]=1001\n", N, N+1);
    /* 显示变量的值 */
    printf("v0=%d\n", v0);
    printf("v1=%d\n", v1);
    printf("v2=%d\n", v2);
    printf("v3=%d\n", v3);
    /* 显示变量、数组元素的地址 */
    printf("address of arr[%d]=%p\n", N, &arr[N]);
    printf("address of arr[%d]=%p\n", N+1, &arr[N+1]);
    printf("address of v0=%p\n", &v0);
    printf("address of v1=%p\n", &v1);
    printf("address of v2=%p\n", &v2);
    printf("address of v3=%p\n", &v3);
    return 0;
}
```

在 Windows 操作系统下 Codeblock 环境中运行,程序的运行结果如图 6.2 所示。

从运行结果可以看出,变量 v0 的地址与 arr[4] 相同,变量 v1 的地址与 arr[3]相同。按照数组 arr 的定义,可以访问的数组元素是 arr[0]、arr[1]和 arr[2],而 arr[3]和 arr[4]属于数组越界访问,不能正常引用。在不同的系统中,数组越界表现为不同的行为,arr[3]不一定与 v1 重合,arr3[4]也不一定与 v2 重合,甚至在访问时会发生程序异常终止的行为。

地址	值	变量	数组
0x0028FF00	−4	v3	
0x0028FF04	−3	v2	
0x0028FF08	0		a[0]
0x0028FF0C	0		a[1]
0x0028FF10	0		a[2]
0x0028FF14	1000	v1	a[3]
0x0028FF18	1001	v0	a[4]
0x0028FF1C	5	i	

图 6.2　数组越界访问

6.1.2　一维数组的初始化

在定义数组的同时,对数组元素赋初值,称为数组的初始化(Initialization)。

1. 全部元素初始化

数组的全部元素值放在一对花括号里,元素值之间用逗号分开。例如:

```
int a[10]={0, 1, 2, 3, 4, 5, 6, 7, 8, 9};
```

经过初始化后,a[0]=0,a[1]=1,a[2]=2,a[3]=3,a[4]=4,a[5]=5,a[6]=6,a[7]=7,a[8]=8,a[9]=9。在对全部数组元素初始化时,可以不指定数组长度,由大括号中提供的元素个数决定其长度,如:

```
int a[ ]={0, 1, 2, 3, 4, 5, 6, 7, 8, 9};
```

对元素值都一样的数组可以采用如下方式初始化:

```
int a[10]={0};
```

2. 部分元素初始化

部分元素初始化时,数组的长度不能省略。数值按下标次序赋值给前面的元素[①],没有被赋值的数组元素,数值型数组取默认值为 0,字符型数组取默认值为"\0"。例如:

```
int a[10]={5,8};
```

只给前两个元素赋值,即 a[0]=5,a[1]=8,其他元素的值全为 0。

3. 静态变量和全局变量的初始化

若数组为 static 或全局的,且没有初始化,编译系统自动对数组初始化,即将数组中的全部元素都初始化为 0,将字符型数组中的全部元素都初始化为空(\0')。

---

① C99 标准可以指定初始化项目,给任意位置的元素赋值。

6.1.3　一维数组的应用举例

【案例 6.3】　将数组 array 中的 10 个元素逆序存放并输出。

程序如下。

```c
#include <stdio.h>
int main()
{
    int i , j, temp, array[10];              /* i、j 为循环变量,temp 用于交换 */
    for (i=0; i<10; i++)                     /* 输入数组元素的值 */
        scanf ("%d", &array[i]);
    for (i=0, j=9; i<j; i++, j--)            /* 将数组逆序 */
    {
    temp=array[i];
    array[i]=array[j];
    array[j]=temp;
    }
    for (i=0; i<10; i++)                     /* 输出逆序后数组 */
        printf("%5d", array[i]);
    return 0;
}
```
程序输入:0 1 2 3 4 5 6 7 8 9
程序输出:9 8 7 6 5 4 3 2 1 0

说明：程序中首先定义了一维数组 array,并通过输入函数 scanf 给所有的元素赋值。将数组元素逆序存放的方法是,用变量 i 指向数组的开头,变量 j 指向数组的末尾,通过循环语句将 i 的值不断加 1,由数组的开头向结尾移动,j 的值不断减 1,由数组尾向数组开头的方向移动,同时借助中间变量 temp,交换 i、j 所指向的元素的值,直到 i≥j 为止。

注意：不能用数组名输入或输出数组中的全部元素,只能单个元素输入或单个元素输出。所以数组的输入和输出都要使用循环语句。例如程序段:

```c
for(i=0; i<10;i++)
    scanf("%d", &array [i]);
```

不能写成:

```c
scanf("%d", array);
```

程序段:

```c
for(i=0; i<10; i++)
    printf("%5d", array[i]);
```

不能写成:

```c
printf("%5d", array);
```

【案例 6.4】 改写案例 3.10,用数组输出 Fibonacci 数列的前 20 项。

分析:用一个整型数组 f 存储 Fibonacci 数列的每一项,则 f 中的元素有如下递推关系。

$$f[n] = \begin{cases} 1 & n = 1,2 \\ f[n-1] + f[n-2] & n > 2 \end{cases} \qquad (6.1)$$

利用循环依次求出数组中的各个元素,程序如下。

```c
#include<stdio.h>
int main()
{
    int i, f[20]={1, 1};            /* 给数列的第一个和第二个元素赋值 */
    for (i=2; i<20; i++)
        f[i]=f[i-2]+f[i-1];          /* 数组当前元素的值是其前两项的和 */
    for (i=0; i<20; i++)
    {
        if (i%10==0) printf ( "\n" );   /* 每行输出 10 个元素 */
        printf ("%6d", f[i] );
    }
    return 0;
}
```

程序的输出:

```
1    1    2    3    5    8   13   21   34   55
89  144  233  377  610  987 1597 2584 4181 6765
```

思考:

(1) printf ("%6d", f[i])语句中的 6 是否可以换成其他的数字?

(2) 本例与案例 3.10 有什么不同?

*【案例 6.5】 A、B、C、D、E 5 人合伙夜间捕鱼,凌晨时都疲惫不堪,各自在湖边的树丛中找地方睡着了。A 第一个醒来,他将鱼平分作 5 份,把多余的一条扔回湖中,拿自己的一份回家去了。B 第二个醒来,也将鱼平分为 5 份,扔掉多余的一条,只拿走自己的一份。接着 C、D、E 依次醒来,也都按同样的办法分鱼。问:5 人至少合伙捕到多少条鱼?每个人醒来后看到的鱼数是多少条?

【算法分析】 首先将 A、B、C、D、E 5 人编号为 1、2、3、4、5,用整数数组 fish[k]表示第 k 个人所看到的鱼数。将题意用数组元素表示:

```
fish[1]                      :A 所看到的鱼数,合伙捕到鱼的总数
fish[2]=(fish[1]-1)*4/5      :B 所看到的鱼数
fish[3]=(fish[2]-1)*4/5      :C 所看到的鱼数
fish[4]=(fish[3]-1)*4/5      :D 所看到的鱼数
fish[5]=(fish[4]-1)*4/5      :E 所看到的鱼数
```

不难得出递推公式:

$$fish[i] = (fish[i-1] - 1) * 4 / 5 \quad i=2,3,\cdots,5$$

这是由 A 看到的鱼数推出 B 看到的鱼数,以此类推到 E 看到的鱼数,也可以由 E 看到的鱼数反推到 A 看到的鱼数。反推公式为:

$$fish[i-1]=fish[i] * 5 / 4+1 \quad i=5,4,\cdots,2$$

fish[i]既要满足反推公式,又要满足:fish[i] % 5==1。

fish 数组中,f[1]最大、f[5]最小。要求 5 人合伙捕到的最少鱼数,可以从小往大枚举。先让 E 所看到的鱼数最少为 6 条,即将 fish[5]初始化为 6 来测试,之后每次增加 5 再测试,直至递推到 fish[1]是整数且除以 5 之后的余数为 1。程序如下。

```c
#include <stdio.h>
int main()
{
    int fish[6]={1, 1, 1, 1, 1, 1};          /* 设置初始值 */
    int i=0;
    do
    {
        fish[5]=fish[5] +5;                    /* 让 E 看到的鱼数增 5 */
        for (i=4; i >0; i--)
        {
            fish[i]=fish[i+1] * 5 / 4 +1;     /* 计算第 i 人看到的鱼数 */
            if (fish[i]%5 !=1) break;
        }
    }
    while(i >0);                               /* 当 i>=1 继续做 do 循环 */
    for (i=1; i <6; i++)                       /* 输出 5 个人所看到的鱼数 */
        printf(" %d %d\n", i, fish[i]);
    return 0;
}
```

程序的输出为:

```
1   3121
2   2496
3   1996
4   1596
5   1276
```

思考:

(1) 为什么 5 个人定义一个 6 个元素的数组?

(2) 数组 fish 为什么初始化为全是 1?

(3) 枚举求解为什么使用反推公式,不使用递推公式?

*【案例 6.6】 用数组实现约瑟夫(Josephus)问题的求解。约瑟夫(Josephus)问题是:有 N 个小孩儿围坐成一圈,从某个小孩开始顺时针报数,报到 M 的小孩儿从圈子离开,然后从下一个小孩儿开始重新报数,每报到 M,相应的小孩儿从圈子离开,最后离开圈子的小孩儿为胜利者,问胜者是哪个小孩儿?

【算法分析】 用 N 个元素的一维数组 in_circle 表示小孩儿围成一圈,每个数组元素对应一个小孩儿,数组元素的下标表示小孩儿的编号(0,1,2,3,…)。数组元素的初始值都为1,表示每个小孩儿都在圈中。当某个小孩儿离开圈子,将他所对应的数组元素的值置0。为了表示小孩儿围成一圈,可以把数组的头尾连起来看成一个环,即数组的最后一个元素(in_circle[N−1])的下一元素是数组的第一个元素(in_circle[0])。

报数采用下面的方法实现:从编号为0的小孩儿开始报数,用变量 index 表示要报数的小孩儿的下标,其初始值为 N−1(即将要报数的前一个小孩儿的下标)。下一个要报数的小孩儿的下标由(index+1)%N 来计算。用变量 count 对成功的报数进行计数,每一轮报数前,count 为0,每成功报数一次,count 值加1,直到 M 为止。要使得报数成功,in_circle[index]的值应为1。用变量 num_remained 表示圈中剩下的小孩儿的数目,程序如下。

```c
#include <stdio.h>
#define N 20
#define M 5
int main ()
{
    int in_circle[N];                          /* 定义数组存放初始的人数 */
    int num_remained, count, index;
    for (index=0; index <N; index++)
        in_circle[index]=1;                    /* 初始化数组 index */
    index=N-1;                                 /* 开始报数 */
    num_remained=N;                            /* 报数前圈子里的小孩儿数 */
    while (num_remained >1)
    {
        count=0;
        while( count <M)                       /* 对成功的报数进行计数 */
        {
            index=( index +1) %N;              /* 计算要报数的小孩儿的编号 */
            if ( in_circle[index] ) count++;   /* 如果小孩儿在圈中则为成功的报数 */
        }
        in_circle[index]=0;                    /* 小孩儿离开圈子 */
        num_remained--;                        /* 圈中的小孩儿数减 1 */
    }
    for (index=0; index <N; index++)           /* 找最后一个小孩儿 */
        if ( in_circle[index] ) break;
    printf (" The winner is No.%d\n" , index );
    return 0;
}
```

程序的输出为:The winner is No. 6

思考:为什么计算下一个报数小孩儿的下标用(index+1) % N 计算,模运算的作用是什么?

排序算法是计算机解决问题的一个常用算法。排序(Sort)是将一组随机存放的数从小到大(升序)或从大到小(降序)重新排列。下面介绍两种典型的排序算法:冒泡法和选择法。

【案例6.7】 使用冒泡法对数组进行从小到大排序。

【算法分析】 假设数组中有n个元素,冒泡法是通过n−1趟找最大值的方式实现排序的。例如,要对35,17,99,45,87,12这6个数进行排序。

第1趟:首先比较35和17,前大后小,交换次序,序列变为17 35 99 45 87 12;让35和99再比较,前小后大,不交换,序列不变;接下来比较99和45,需要交换,序列变为17 35 45 99 87 12;到新位置上的99和87比较,交换后序列变为17 35 45 87 99 12;99再和12比较,交换后的序列变为17 35 45 87 12 99。经过这一趟扫描,最大的数99,沉到了序列的最后面,如图6.3(a)所示。

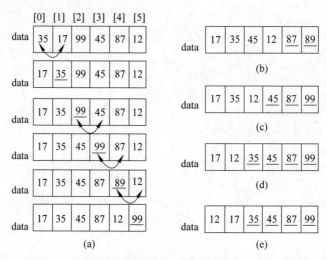

图6.3　6个数据元素排序过程中,进行了5趟扫描

第2趟:只需要对前面5个数按"相邻元素两两比较,逆序交换"的原则进行操作,最后确定了这个序列中第二大元素87的最终位置,序列变为17 35 45 12 87 99,如图6.3(b)所示。

继续扫描过程,共需要5趟扫描,当第5大的元素17"冒泡"到了第二个位置后,最小值也自然在最前了,如图6.3(c)~图6.3(e)所示。

对于n个元素数组的冒泡排序,需要进行n−1趟扫描,每趟扫描需要求最大值,所以冒泡排序是一个双重循环:

(1)外循环控制比较的趟数,即寻找最大值的次数共n−1次。设i为外循环变量,则i的取值范围为0~n−2。

(2)内循环完成一次求最大值的过程,在第i趟扫描中,内循环在data[0]、data[1]、…、data[n−i−1]中寻找最大值,并放在当前区间的最后元素data[n−i−1]中,则内循环变量j的范围为0~n−i−2。

这种每趟扫描都使大的数"下沉",小的数像气泡一样"上浮",故称为"冒泡"。冒泡排序具体程序如下。

```
#include <stdio.h>
#define N 10
int main()
{
    int a[N], i, j, temp, k;            /* k 为标记变量,temp 为用于交换的中间变量 */
    printf("input %d numbers:\n", N);
    for (i=0; i <N; i++)                /* 输入数组的各个元素的值 */
        scanf("%d", &a[i]);
    for (i=0; i <N-1; i++)              /* 外循环控制比较的趟数 */
    {
        for (j=0; j <n-i-1; j++)        /* 内循环用来寻找每趟中的最大值 */
        /* 如果标记变量不再指向初始元素,则让初始元素与标记变量所指向的最小值交换 */
        if (a[j]>a[j+1])
        {
            temp=c[j];
            a[j]=a[j+1];
            a[j+1]=temp;
        }
    }
    printf ("the sorted numbers:\n"); /* 输出排好序的各个元素 */
    for (i=0; i <N; i++)
        printf( "%3d", a[i] );
    return 0;
}
```

选择排序法和冒泡排序法一样,也是通过 n−1 次找最大(或最小)值的方式实现排序,只不过寻找方式不同。

【案例 6.8】 用选择法对数组从小到大排序。

【算法分析】

第 1 步:在 data[0]~data[n−1]的 n 个元素中寻找最小的元素,如果最小元素不是 data[0],令其和 data[0]对换。

第 2 步:在 data[1]~data[n−1]这 n−1 个元素中寻找最小的元素,如果最小元素不是 data[1],令其和 data[1]对换。

继续下去,每比较一步,找出一个未经排序的数中最小的一个,并放到合适的位置,总共需要 n−1 步。

这也是需要双重循环解决的问题,其中,外循环变量 i 控制找最小值的次数,范围为 0~n−2,内循环完成一次求最小值的过程,如果 i 为外循环变量,内循环的任务是在 a[i]、a[i+1]、a[i+2]、…、a[n−1]的数组元素范围内找到最小值,并放在当前区间的最前元素 a[i]中,内循环控制变量 j 的范围是 i+1~n−1。与冒泡排序不同的是,每次找最小值后,进行一次交换,即初始位置的元素与最小值元素交换。这样,在寻找最小值的过程中,要定义一个变量 k 把最小值的位置标记下来。内循环没有进行前,假设数组中第一个元素最小,把其下标送到 k 中,然后让后面所有元素与 k 所标记的位置的最小值比较,如果比最小值还小,只需要将新的最小值下标赋予 k 即可。这样当内循环结束后,k 所指示的位置就是最小元素的位置,如果这个位置不是初始位置,就让初始元素与 k 所标记位置的元素交换一次即可。一次外循环至多进行一次交换。具体程序如下。

```
#include <stdio.h>
#define N 10
int main()
{
    int data[N], i, j, temp, k;          /* k 为标记变量,temp 为用于交换的中间变量 */
    printf("Enter %d numbers:\n", N);
    for (i=0; i <N; i++)                  /* 输入数组的各个元素的值 */
        scanf("%d", &data[i]);
    for (i=0; i <N-1; i++)                /* 外循环控制比较的趟数 */
    {
        k=i;                              /* 标记变量初始化,假设初始元素最小 */
        for (j=i+1; j <N; j++)            /* 内循环用来寻找每趟中的最小值 */
            if(data[k] >data[j])
                k=j;
        /* 如果第 i 趟的最小元素不在第 i 个位置,则与第 i 个位置元素交换 */
        if (k !=i)
        {
            temp=data[k];
            data[k]=data[i];
            data[i]=temp;
        }
    }
    printf ("the sorted numbers:\n"); /* 输出排好序的各个元素 */
    for (i=0; i <N; i++)
        printf( "%d", data[i] );
    return 0;
}
```

程序输入:

Enter 10 numbers:

23 12 45 67 90 43 20 11 4 5

程序输出:

the sorted numbers:

4 5 11 12 20 23 43 45 67 90

思考题:冒泡和选择排序法都是用二重循环实现的,可用单重循环加递归实现呢? (提示:将数组定义为全局变量。)

6.2 二 维 数 组

二维数组通常用于表示由固定多的同类型的、具有行、列结构的数据所构成的复合数据,比如数学中的矩阵等。二维数组所表示的是一种二维结构的数据,第一维称为二维数组的行,第二维称为二维数组的列。二维数组的每一个元素由其所在的行和列唯一确定。

6.2.1 二维数组的定义

二维数组的一般定义形式为:

<数据类型><二维数组名>[<常量表达式 1>][<常量表达式 2>]

其中,<数据类型>表示二维数组的数据类型,即数组元素的数据类型,可以是基本类型、构造类型及指针类型。常量表达式 1、常量表达式 2 分别为第一维及第二维数的长度,即数组的行数和列数。习惯上将第一维下标称为行下标,第二维下标称为列下标。每维下标均从 0 开始。数组名遵循标识符的命名规则。例如:

```
float a[3][4];
```

定义了一个 3 行 4 列的 float 型数组,共有 12 个元素,分别为:a[0][0]、a[0][1]、a[0][2]、a[0][3]、a[1][0]、a[1][1]、a[1][2]、a[1][3]、a[2][0]、a[2][1]、a[2][2]、a[2][3],每个元素为 float 类型。

6.2.2 二维数组的存储

二维数组逻辑上是二维结构,但其存储和一维数组一样是一维结构。C 语言为二维数组在内存中分配一片连续的存储空间,采用按行序存储,即逐行存储数组元素,如图 6.4 所示。

图 6.4 二维数组的存储形式

其中,数组名代表数组的起始地址,即 &a[0][0]。

C 语言在逻辑上将二维数组看成是由多个一维数组组成的一维数组。如把二维数组 a 看成一个一维数组,由三个元素组成:a[0]、a[1]、a[2],而每个元素又是一个一维数组,各包含 4 个元素,如图 6.5 所示。

由于系统并不为数组名分配内存,所以 a[0]、a[1]、a[2] 这三个一维数组在内存中并不存在,只是表示相应行的首地址。

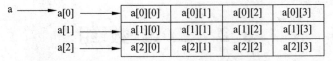

图 6.5　二维数组和一维数组的等价关系

6.2.3　二维数组元素的引用

二维数组的每个元素都有两个下标,所以要引用其元素,必须使用双下标。二维数组和一维数组一样,不能整体引用,只能引用二维数组中的元素。例如:

a[1][2]=a[2][3]+5;

与一维数组相似,二维数组变换下标的方式也是通过循环来实现的。由于二维数组有两个下标,一般需要双重循环来完成对数组元素的引用。例如,有数组 int matrix[3][4],用 matrix[i][j]表示第 i 行第 j 列的元素,依次输入数组中全部元素的值,必须使用双重循环,用外循环控制行下标 i 从 0 到 2 变化,用内循环控制列下标从 0 到 3 变化,即

```
for (i=0; i<3; i++)                          /* 行下标值的变化 */
    for (j=0; j<4; j++)                       /* 列下标值的变化 */
        scanf("%d", &matrix[i][j]);
```

而一次输出数组中全部的元素值,可以使用下面的循环语句:

```
for (i=0; i<3; i++)                          /* 行下标值的变化 */
    for (j=0; j<4; j++)                       /* 列下标值的变化 */
        printf("%d", &matrix[i][j]);
```

6.2.4　二维数组的初始化

1. 全部元素初始化

对全部元素初始化时,可以按二维形式初始化,如:

int a[3][4]={{1,2, 3, 4}, {5, 6, 7, 8}, {9, 10, 11, 12}}; /* 按二维形式初始化 */

也可以按一维形式初始化,如:

int a[3][4]={1,2, 3, 4, 5, 6, 7, 8, 9, 10, 11, 12};　　　　/* 按一维形式初始化 */

还可以省略数组的第一维的长度,如:

int a[][4]={1, 2, 3, 4, 5, 6, 7, 8, 9, 10, 11, 12};

此时系统按第二维下标的长度计算行数。

2. 部分元素初始化

对部分元素初始化时,若括在花括号内的表中的初值少于数组定义的各行元素个数,

则该行剩余元素成员将自动初始化为 0,如:

```
int c[3][4]={{1, 2, 3, 4}, {5, 6}};
```

等价于如下全部元素初始化形式:

```
int a[3][4]={{1, 2, 3, 4}, {5, 6, 0, 0}, {0, 0, 0, 0}};
```

思考:数组初始化时,如果给出初值个数超出数组定义的元素个数,系统会如何处理?

多维数组定义的一般形式为:

<元素类型><多维数组名>[整型常量表达式 1][整型常量表达式 2]…[整型常量表达式 n]

例如:

```
int c[2][3][4];
```

定义了一个三维整型数组。该数组可以看成是由两个 3×4 的二维数组组成,存储时,先存储第一个二维数组,再存储第二个二维数组,这种存储方式称为按低下标优先存储。

6.2.5 二维数组的应用举例

【**案例 6.9**】 一个 m×n 矩阵 A 是由 m 行 n 列个元素组成的矩形排列,其转置矩阵 A^T 是由 A 的行列元素互换得到的 n×m 矩阵,编写程序求一个矩阵的转置矩阵。

分析:设 $B=A^T$,则 B 的第 i 行 j 列的元素 $b_{ij}=a_{ji}$,a_{ji} 为 A 的第 j 行 i 列的元素。一个矩阵可以通过一个二维数组存储,所以求一个矩阵的转置,只需要对表示矩阵的二维数组进行转换操作,转置程序如下。

```
#include <stdio.h>
#define M 2                                    /* 矩阵行数 */
#define N 3                                    /* 矩阵列数 */
int main()
{
    int A[M][N]={{1, 2, 3}, {4, 5, 6}}, B[N][M];   /* 声明两个矩阵 */
    int i, j;
    printf ("matrix A is:\n");                 /* 输出矩阵 A */
    for (i=0; i <M; i++)
    {
        for (j=0; j <N; j++)
            printf ("%3d", A[i][j] );
        printf("\n");
    }
    printf("matrix B is:\n");                  /* 输出 A 的转置矩阵 */
    for (i=0; i <N; i++)
    {
        for (j=0; j <M; j++)
        {
```

```
            /* 将矩阵 A 的 j 行 i 列元素的值存入到矩阵 B 的 i 行 j 列中 */
            B[i][j]=A[j][i];
            printf("%3d", B[i][j]);
        }
        printf("\n");
    }
    return 0;
}
```

程序输出:

```
matrixA is:
  1  2  3
  4  5  6
MatrixB is:
  1  4
  2  5
  3  6
```

【案例 6.10】 在二维数组 a 中选出各行最大的元素组成一个一维数组 b。

```
#include <stdio.h>
int main()
{
    int array_a[][4]={5, 13, 25, 46, 6, 12, 11, 150, 10, 32, 14, 29};
    int array_b[3], i, j, rowmax;                    /* rowmax 存放行最大值 */
    for (i=0; i<3; i++)
    {
        rowmax=array_a[i][0];                        /* 每行第一个元素为默认的
                                                        最大值 */

        for ( j=1; j<4; j++)
            if(array_a[i][j]>rowmax) rowmax=array_a[i][j];
        array_b[i]=rowmax; /* 将第 i 行最大值存入一维数组元素 b[i]中 */
    }
    printf("array a is:\n");                          /* 输出数组 a 的值 */
    for(i=0; i<3; i++)
    {
        for(j=0; j<4; j++)
            printf("%5d", array_a[i][j]);
        printf("\n");
    }
    printf("array b is:\n");                          /* 输出数组 b 的值 */
    for(i=0; i<=2; i++)
        printf("%5d", array_b[i]);
    printf("\n");
    return 0;
}
```

程序输出：
array a is:
```
    5  13  25  46
    6  12  11  150
   10  32  14  29
```
array b is:
```
   46  150  32
```

【案例 6.11】 输入一个 4×4 的整数矩阵，求其两对角线上元素的和。

```c
#include <stdio.h>
int main()
{
    int matrix[4][4];                /* 定义一个存放矩阵的二维数组 */
    int i, j, sum1=0, sum2=0;        /* sum1、sum2 存放两条对角线数据的和 */
    for(i=0; i<4; i++)               /* i 为循环变量，表示矩阵的行 */
    {
        for(j=0; j<4; j++)           /* j 为循环变量，表示矩阵的列 */
        {
            scanf("%d", & matrix [i][j]); /* 输入矩阵各元素的值 */
            if(i==j)                 /* 判断主对角线元素 */
                sum1 +=matrix [i][j];     /* 求主对角线元素的和 */
            if(i +j==3)              /* 判断是否为副对角线元素 */
                sum2 +=matrix [i][j];     /* 求副对角线元素的和 */
        }
    }
    printf("sum1=%d, sum2=%d\n", sum1, sum2);
    return 0;
}
```
程序输入：
1 2 3 4 5 6 7 8 9 10 11 12 13 14 15 16
程序输出：
sum1=34,sum2=34

说明：
（1）通过双重循环给二维数组 matrix 的每个元素赋值；
（2）矩阵的主对角线上的元素是行下标等于列下标的元素；副对角线元素的是行列下标的和为 4 的元素。

6.3 指 针

　　C 语言是介于低级语言与高级语言之间的语言，既支持高级语言的操作，也支持低级语言的操作，如直接内存存取。C 语言引入指针的概念，用其存储内存段的地址，可以通过地址对变量、数组和函数等间接访问。例如,在函数调用中,有些参数占内存空间很大,采用数值传递的方式,效率比较低。如果仅把要传递数据的地址传给相应的参数,在函数中通过地址来访问调用者传过来的数据,这将大大提高参数传递的效率。再如,当存储空间无法预知时,使用静态访问方式无法解决空间合理分配问题,只能使用指针通过动态分配内存解决合理需求。

指针是 C 语言的一个重要特色,正确地使用指针变量能够快速、方便地访问内存,实现函数间的通信,可以设计出简洁、高效的 C 语言程序。

6.3.1　指针的概念

计算机中的内存是由连续的存储单元组成的,每个存储单元都有唯一的地址。计算机通过地址管理内存数据读写的准确定位。程序中定义了一个变量,C 编译系统就会根据定义中变量的类型,为其分配一定字节数的内存空间。例如:

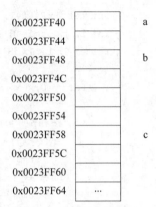

图 6.6　变量与内存地址

```
short int a;
float b;
char c;
```

系统为 a、b、c 分配的存储单元如图 6.6 所示。变量的地址是该变量所占存储单元的第一个字节的地址,如 a 的地址为 0x0023FF40,b 的地址为 0x0023FF48,c 的地址为 0x0023FF58。

一个变量的地址称为变量的指针(Pointer),指针可以用一个变量保存起来,这种存放地址值的变量就叫做指针变量。指针变量与一般变量不同,一般的变量存放的是该变量本身的值,指针存放地址值。例如,变量 p 存放 c 的地址,则变量 p 是一个指针变量,如图 6.7 所示。

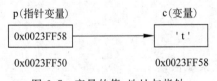

图 6.7　变量的值、地址与指针

一个指针变量存放了某个变量的地址,就说该指针指向这个变量,如图 6.7 中 p 指向 c。

指针属于无符号的整数,指针变量存储的是地址,在 32 位系统中为 4 字节。指针变量的类型是它指向的变量的类型,称为指针的基类型,于是便有整型指针、浮点型指针、字符型指针,还有指向数组、函数的指针、指向指针的指针等。为什么在声明指针变量时要指出它所指的对象是什么类型呢?这是因为当在程序中声明一个变量时不仅声明了变量所需要的存储空间,更重要的方面是限定了对变量可以进行的运算及运算规则。

指针变量本身也占有一定的空间,并且也有自己的内存地址,如指针变量 p 的地址为 0x0023FF50。

6.3.2 指针变量

1. 定义一个指针变量

指针变量与其他变量一样使用前必须定义,定义指针变量的一般形式如下。

<类型说明符><＊变量名>;

其中,＊表示声明的是一个指针变量,类型说明符表示该指针所指向的变量的数据类型。例如:

```
int * pi;
float * pf;
```

分别定义指向 int 类型指针变量 pi,指向 float 类型的指针变量 pf,即指针变量 pi 只能存放 int 类型变量的地址,指针变量 pf 只能指向 float 型的变量。

注意:每个指针变量前的星号表示该变量为指针变量,以区别于普通变量,而指针变量名中并不包含"＊"。

2. 变量的访问方式

变量的访问分为直接访问和间接访问两种方式。直接访问方式是按变量的名存取变量值,如 printf("%d", a);。间接访问是通过指针访问变量。间接访问方式使用如下两个最常用的指针运算符。

(1) &:取地址运算符。

(2) ＊:间接运算符。

如图 6.8 所示,已知 a=245,令 p=&a;取 a 的地址 0x0023FF40 赋给 p,＊p 表示取 p 中存放的地址所确定单元的值,即 0x0023FF40 的内存单元的值,也就是 a 的值。所以 ＊p 是对变量 a 的间接访问。

图 6.8 指针的间接访问运算

所以指针增加了变量的另一种访问方式,没有指针,对变量访问只能使用直接的方式。

说明:＊运算符的结合性是自右向左。例如:

```
int i=10, * p, j;
p=&i;
```

```
j= * p;
```

则有 * p＝i、* p＝10 及 i＝10。程序段中的 j= * p,先计算 * p,再计算＝,即 j=i。* 运
算符的运算对象是地址或者是存放地址的指针变量,如 j= * (&i);。运算符 * 与 & 优
先级别相同,可以去掉括号,写成 j= * &i。

注意:在定义指针变量时出现的"*"不是运算符,它只表示其后面的变量是一个指
针类型的变量。而在程序的执行语句中的"* p"中的"*"是指针运算符,它表示取 p 所指
向的变量的值。

严格地说,指针是地址,是常量,而指针变量是变量,有时把指针变量简称为指针。定
义指针变量的目的是通过指针进行间接访问运算。

3. 指针变量的赋值

定义一个指针,只是得到了用于存储地址的指针变量,但是变量中并没有确定的值,
不能确定指针变量存放的是哪个单元的地址。这时候指针所指的内存单元有可能存放着
重要的数据或程序代码,如果盲目去访问,可能会破坏数据或造成系统故障。因此指针必
须先赋值,然后才可以引用。指针变量赋值有如下三种方式。

(1) 在定义指针的同时赋值,例如:

```
int a;
int *p=&a;
```

定义指针变量 p 的同时,将 a 的地址赋给它。这种赋值也称为指针变量的初始化。

(2) 定义指针变量后,用赋值语句给指针变量赋值,例如:

```
int a=1, * p;
p=&a;
```

先定义了指针变量 p,然后用赋值语句将 a 的地址赋给 p,即 p 指向了变量 a。

(3) 用一个指针变量给另一个指针变量赋值,例如:

```
int k=10, * p, * q;
q=&k;
p=q;
```

q 为指向变量 k 的指针变量,p＝q;使指针变量 p 中也存放了变量 k 的地址,也就是说指
针变量 p 和 q 都指向了变量 k。这种赋值运算要求赋值号两边指针变量的基类型必须
相同。

注意:

(1) 指针变量在使用之前,必须赋给一个确定的地址值,否则不能使用。例如:

```
int *p;
```

虽然定义了指针,但是没有赋值,不能使用。如果没有确定的值,可以将指针变量初始化
为空指针,例如:

```
int * p=NULL;
```

NULL 是一个宏,表示空指针,代表一个不指向任何有效地址的指针,被定义为 0,即

```
p='\0'或p=0
```

(2) 基类型不同的指针变量之间不能相互赋值。

【案例 6.12】 通过指针变量间接访问整型变量。

```
#include<stdio.h>                         /* 利用 * 运算访问变量值 */
int main()
{
    int i=100, j=200;
    int * p=&i;                           /* 指针变量 p 初始化,并指向 i */
    * p= * p+10;                          /* 通过 p 访问 i,将 i 加 10 */
    p=&j;                                 /* 给指针变量 p 赋值,指向 j */
    * p= * p+20;                          /* 通过 p 访问 j,将 j 加 20 */
    printf("%d, %d\n", i, j);             /* 输出变量 i 和 j 的值 */
    return 0;
}
程序输出:110, 220
```

由本例可以看出,当指针 p 指向一个变量时,改变 * p 可以改变所指向变量的值,实现对变量的间接访问。

思考: 在指针变量两次赋值后,分别加上语句 printf("%p, %p\n", &p, p);,该输出语句的输出结果一样吗?

6.3.3　一维数组和指针

从案例 6.12 中看到,通过指针可以间接访问变量,事实上通过指针也可以访问数组元素,并且由于数组的连续存储,以及指针变量的运算特点,利用指针访问数组元素更快捷方便。

设 p 是指向图 6.9 的整型数组 a 的指针,可以看出指针 p+n 不是增加 n 个字节,而是增加 n 个整数型单位字节,所以对数组中元素的访问可以通过移动指针访问。这种移动指针是指针的运算。

1. 指针的运算

1) 指针的算术运算

指针移动是指指针和整数做加、减运算。指针进行加减运算的结果与指针的类型密切相关,如果 p 是指向整型的指针,则 p+n 表示指针 p 当前所在位置后方第 n 个整数的地址,p-n 表示指针 p 当前所在位置前方第 n 个数的地址。如果 p 是指向 double 类型的指针,则以 double 类型所占字节数为单位移动。

指针变量也有自增和自减运算,即指针变量加 1 或减 1,表示当前指针所指位置下一

个或前一个数据的地址。具体位置是由指针所指向的数据类型决定。如指针的基类型是 int,位移一个存储单元长度就是位移 4 个字节;如果指针的基类型是字符型,则位移一个存储单元长度就是位移一个字节。即位移一次改变的字节数取决于指针的基类型。

只有当指针指向数组时,移动才有意义。图 6.9 中的数组 a 的各个元素可以通过指针 p 的移动访问。

2) 指针的关系运算

数组元素之间的先后关系可以通过元素的指针比较确定。6 个关系运算符>、<、>=、<=、==、!=都可以用来连接两个指针变量做关系运算。指针间关系运算的结果就是两个指针所指的地址值的大小的关系运算结果。例如,同型指针 p、q 的关系 p>q,表示 p 所指向的元素存储位置在 q 所指向变量的存储位置之后。图 6.10 中 q>p,即在内存中 a[5]在 a[1]后面。

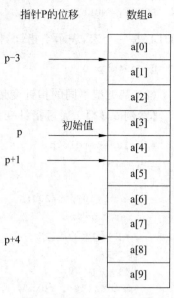

图 6.9　指针的算术运算

2. 用指针引用数组元素

数组存储在连续的一段内存空间,如图 6.11 所示的整型数组 a。数组 a 的地址即数组首元素 a[0]的地址 &a[0]。数组的指针是指数组的首地址,也就是 a 或者 &a[0]。所以数组名 a 既可以看成是数组的首地址,也是数组的指针,所以元素 a[i]被编译器解释为指针形式 *(a+i),即表示引用数组首地址所指元素后面的第 i 个元素,而 &a[i] 表示取数组 a 的第 i+1 个元素的地址,它等价于指针表达式 a+i。记住: *(a+i)==a[i]或(a+i)==&a[i]。

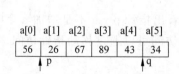

图 6.10　指向数组的指针变量

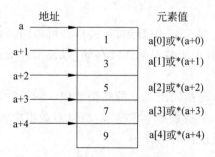

图 6.11　一维数组的地址示意图

访问数组元素可以使用下标(下标法),当一个指针变量指向一个数组,访问数组元素可以用指针引用数组的各个元素(指针法),如下面的例子。

【案例 6.13】　利用指针引用一维数组。

```
#include<stdio.h>
#define N 5
int main()
```

```
{
    int a[N];
    int * p;
    printf("Enter %d integers:\n", N);
    for(p=a; p<a+N; p++)
        scanf("%d", p);                 /* 通过指针 p 输入 a[i]的值 */
    for(p=a; p<a+N; p++)
        printf("%d ", * p);             /* 通过指针 p 输出 a[i]的值 */
    return 0;
}
```

程序输入:

Enter 5 integers:

1 3 5 7 9

程序输出:1 3 5 7 9

说明:

(1) 第一个 for 循环中 p=a,是让指针 p 指向数组 a;

(2) 第二个 for 循环中 p=a 是再次让指针 p 指向数组 a,这一步是必须做的,因为第一个 for 循环结束后,p 已经指向数组 a 的最后一个元素的后面。

图 6.12 展示了指针运算和数组的关系,案例 6.13 中的两个 for 循环是通过指针 p 的移动实现对数组 a 的输入与输出,也可以用如下两个 for 语句替代程序中的两个 for 语句。

```
for(p=a, i=0; i<N; i++)
    scanf("%d", a+i);                   /* a+i、&a[i]、p+i、&p[i]等价 */
for(i=0; i<N; i++)
    printf("%d ", * (a+i));             /* * (a+i)、a[i]、* (p+i)、p[i]等价 */
```

其中,a+i 与 * (a+i)分别表示元素 a[i]的地址和值。虽然这几种方法都能对数组元素访问,但是值得推荐的方法还是案例 6.13 中使用的指针移动的方法,该方法由于使用了地址的++运算,便于编译器的优化。

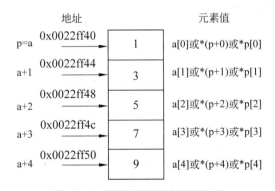

图 6.12   指针运算和数组的关系

注意:虽然令 p=a,但是 p 和 a 是不同的。a 表示数组的首地址,是一个地址常量,而 p 是一个变量,所以 p 可以做十十运算,a 不能。

【案例 6.14】 采用指针法从键盘输入 10 个整型数,并输出其中的最大值。

```
#include <stdio.h>
#define N 10
int main()
{
    int a[N], max;               /* 定义数组 a,max 表示数组中的最大值 */
    int * p;
    for (p=a; p <a+N; p++)       /* p 指向数组首地址,p 指针移动 */
        scanf ("%d", p);         /* 通过指针,读入对应的元素 */
    max=a[0];                    /* 首先将 a[0] 送入 max 中,假设为最大值 */
    for (p=a; p <a+N; p++)       /* p 从头开始移动 */
        if ((* p) >max) max= * p; /* 输出指针 p 所指向的元素 */
    printf("max=%d\n", max);
    return 0;
}
```

程序输入:2 6 3 8 1 5 7 0 4 9
程序输出:max= 9

思考:第一个 for 语句可以用下面的循环替代:

```
for (p=a, i=0; i <N; i++)
    scanf ("%d", p++);
```

说明两种循环的各自优势。

6.3.4　二维数组和指针

二维数组的元素由行下标和列下标决定,用指针引用二维数组的元素涉及对元素行列地址的确定。

1. 二维数组的地址

例如,一个二维数组定义如下:

```
int a[3][4]={{1, 3, 5, 7}, {9, 11, 13, 15}, {17, 19, 21, 23}};
```

其逻辑结构如图 6.13 所示。

	第0列	第1列	第2列	第3列
第0行	a[0][0]	a[0][1]	a[0][2]	a[0][3]
第1行	a[1][0]	a[1][1]	a[1][2]	a[1][3]
第2行	a[2][0]	a[2][1]	a[2][2]	a[2][3]

图 6.13　二维数组的逻辑存储结构

数组 a 由 12 个元素组成,每个数组元素 a[i][j] 都是一个由数组类型定义的变量,它们的使用和同类型的普通变量没有区别,有各自的内存地址,如元素 a[i][j] 的地址就是 &a[i][j]。也可以把 a 看成是一个一维数组,数组 a 包含三个元素: a[0],a[1] 和 a[2]。元素都是一维数组,各包含 4 个元素,如一维数组 a[0] 数组包含 a[0][0]、a[0][1]、a[0][2]、a[0][3]4 个元素。

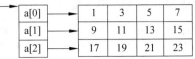

a →	a[0] →	1	3	5	7
	a[1] →	9	11	13	15
	a[2] →	17	19	21	23

图 6.14　二维数组元素示例

1) 行地址

二维数组名代表数组的首地址,其值为二维数组中第一个元素的地址。以上 a 数组中,数组名 a 的值与 a[0] 的值相同,只是其基类型为具有 4 个整型元素的数组类型。而 a[0] 的基类型是整型。a+0 的值与 a[0] 的值相同,a+1 的值与 a[1] 的值相同,a+2 的值与 a[2] 的值相同,它们分别表示 a 数组中第 0、第 1,第 2 行的首地址,见图 6.15。

二维数组名 a 每次位移跨越一行,它的移动是纵向的,应理解为一个行指针。在表达式 a+1 中,数值 1 的单位应当是 4×4＝16B,而不是 4B。如果二维数组的首行地址为 1000,a+1 为 1016,因为第 0 行有 4 个数据,a+1 的含义是 a[1] 的地址,即 a+4×4＝1016。a+2 代表 a[2] 的地址,它的值为 1032,以此类推。

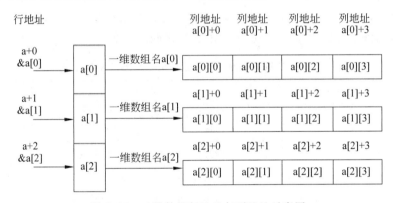

图 6.15　二维数组行地址与列地址示意图

2) 列地址

a[0]、a[1]、a[2] 是一维数组名,其值为数组第一个元素的地址,此地址的基类型就是数组元素的类型。从图 6.15 中可以看出,a[0] 是指向一维数组的指针,它的移动是横向的,每次移动跨越一个元素(4B)即跨越一列,所以又称为列地址。a[0]+0、a[0]+1、a[0]+2、a[0]+3 分别是第 0 行一维数组中的 4 个元素(a[0][0]、a[0][1]、a[0][2]、a[0][3])的地址(即 &a[0][0]、&a[0][1]、&a[0][2]、&a[0][3]),列地址是二维数组元素的地址,可以利用列地址指向一个实际的二维数组元素。

由前所述,*(a+0) 和 *a 是与 a[0] 等价的,都表示一维数组 a[0] 的第一个元素的首地址。&a[0][0] 是二维数组 a 的第 0 行第 0 列的元素的首地址。因此 a[0]、*(a+0)、*a、&a[0][0] 的地址值是相等的,地址属性也都是列地址。

行、列指针之间不能相互赋值,它们的基类型不同。同样,对于二维数组名 a,也不可以进行 a++,a=a+i 等运算。a[i]从形式上看是数组 a 中序号为 i 的元素。如果 a 是一维数组,a[i]确实代表数组 a 中序号为 i 的元素所在单元的内容,a[i]是有物理地址的,是占内存单元的。但是如果 a 是二维数组,则 a[i]代表的是一维数组名,并不存在 a[i]这样一个变量。它只是个地址,并不代表某一元素的值(如同一维数组名只是一个指针常量一样)。因为 a+i 并不是一个实际变量。同样地,不能把 &a[i]理解为 a[i]单元的物理地址,它只是一种地址的计算方法。&a[i]和 a[i]在二维数组 a 中输出的地址值是相等的,但表示不同的含义,a[i]即 &a[i][0],是列指针。&a[i]表示 a+i,是行指针。它们的值虽然相等,但是指针类型是不一样的。

3)元素的地址

a[0]可以看成 a[0]+0,是一维数组 a[0]的第 0 号元素的地址,而 a[0]+1 是一维数组 a[0]的第 1 号元素的地址,由此可知,a[i]+j 则是一维数组 a[i]的第 j 号元素的地址,即 &a[i][j]。由"*(a+i)=a[i]"可知"a[i]+j=*(a+i)+j;",由于"*(a+i)+j"是二维数组 a 中 a[i][j]的地址,所以该元素的值为"*(*(a+i)+j))"。同样,a[i][j]的值也可以表示为 *(a[i]+j)的形式。因此,对于二维数组中的任意元素 a[i][j]地址可以有 *(a+i)+j(通过行指针表示)、a[i]+j(通过列指针表示)和 &a[i][j]等多种形式。

与一维数组一样,除了下标法外,还可用指针法引用数组元素,例如,第 0 行第 1 列元素的值可以表示为 *(a[0]+1)。由于 a[0]是数组 a 的元素等价于 *(a+0),所以第 0 行第 1 列元素的值也可以表示 *(*(a+0)+1)。可归纳为表 6.1。

表 6.1   二维数组地址和元素值的表示形式及其含义

表示形式	含义	地址
a	行指针,二位数组名,数组首地址,0 行首地址	0x0022ff40
a[0]、*(a+0)、*a	列指针,第 0 行第 0 列元素地址	0x0022ff40
a+1、&a[1]	行指针,第 1 行首地址	0x0022ff50
a[1]、*(a+1)	列指针,第 1 行第 0 列元素地址	0x0022ff50
a[1]+2、*(a+1)+2、&a[1][2]	列指针,第 1 行第 2 列元素地址	0x0022ff60
(a[1]+2)、(*(a+1)+2)、a[1][2]	元素值,第 1 行第 2 列元素的值	元素值 13

一维数组名是指向列元素的(如 a[0]、a[1])。在行指针前面加一个 * 就变成了列指针,如 a、a+1 是行指针,*a、*(a+1)是列指针。在列指针前面加一个 & 就变成行指针,如 &a[0],由于 a[0]等价于 *(a+0),&a[0]等价于 &*a,也就是 a,a 为二维数组名,显然是行指针。a 指向 a[0],a[0]本身也是一个指针,所以 a 为指向指针的指针,又称为二级指针,a[0]称为一级指针,这两种指针的基类型不同,如表示元素 a[0][0]的值,一级指针表示为 *(a[0]+0),即 *a[0];用二级指针可表示为 *(*(a+0)),即 **a。

综上所述,用 a[i][j]表示二维数组中任意元素,它的地址可用以下 5 种表达式求得。

(1) &a[i][j]

(2) a[i]+j

(3) ＊(a＋i)＋j

(4) ＆a[0][0]＋4＊i＋j　　　／＊在 i 行前尚有 4＊i 个元素存在 ＊／

(5) a[0]＋4＊i＋j

数组元素 a[i][j]可用以下 5 种表达式来引用。

(1) a[i][j]

(2) ＊(a[i]＋j)

(3) ＊(＊(a＋i)＋j)

(4) (＊(a＋i))[j]

(5) ＊(＆a[0][0]＋4＊i＋j)

【案例 6.15】　用指针变量输出二维数组元素的值。

```
#include <stdio.h>
int main()
{
    int a[3][4]={1,3,5,7,9,11,13,15,17,19,21,23};/＊ 定义二维数组并初始化 ＊/
    int ＊p=&a[0][0];                          /＊ 定义指针 p,指向第一个元素 ＊/
    printf ("%4d", ＊(a[2]+2) );                /＊ 输出第 3 行第 3 列元素 ＊/
    printf ("%4d", ＊(＊(a+2)+1) );             /＊ 输出第 3 行第 2 列元素 ＊/
    printf ("%4d\n", ＊(p+8) );                 /＊ 输出第 3 行第 1 列元素 ＊/
    return 0;
}
```

程序输出:21　19　17

＊2. 行指针变量

二维数组是由一维数组构成的,为了以行为单位处理数组,C 语言提供指向一维数组的行指针变量。行指针变量就是指向由 m 个元素组成的一维数组的指针变量,如果定义了一个行指针变量 p,则 p 的增值是以一维数组的长度为单位。行指针的定义格式为:

<类型说明符>(＊指针变量名) [常量表达式];

其中,"类型说明符"为指针变量所指向的一维数组的元素的数据类型。"＊"表示其后的变量为指针类型。"常量表达式"表示所指向的一维数组的长度,也就是二维数组的列数。例如:

```
int a[3][4]={{1, 3, 5, 7}, {9, 11, 13, 15}, {17, 19, 21, 23}};
int (＊p)[4];
```

提示:行指针变量的定义格式中"(＊指针变量名)"两边的括号不能少,如果缺少括号,则变成了指针数组(本章稍后介绍),意义就完全不同了。行指针 p 形式上像一个数组,但实际上是一个指针变量,与一般的指针变量一样,占用 4B 的内存单元来存储。

p 是一个行指针变量,指向含有 4 个元素的一维数组。所以 p＋1 不是指向 a[0][1],而是指向 a[1],p＋i 则指向一维数组 a[i],如图 6.16 所示。(＊(p＋i)＋j)是二维数组第

i 行第 j 列的地址,而 *(*(p+i)+j)则是二维数组第 i 行第 j 列的元素值 a[i][j]。

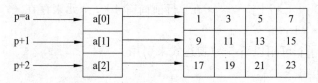

图 6.16　行指针变量与二维数组

【案例 6.16】　输出班级第 n 个学生的平均成绩。每个学生有英语、数学、语文、计算机 4 科成绩。

分析:若干个学生的 4 门成绩构成一个表格,可以用二维数组存储,每行代表一个学生的 4 科成绩。因为要计算某个学生的平均成绩,需要快速定位到该生成绩的起始位置,依次取出各门成绩进行累加。所以定义一个指向 4 个 float 型组成一维数组的行指针 p,用来指向该生成绩的起始位置,该生的各科成绩可以用(*p)[i]表示。程序如下。

```
#include <stdio.h>
#define NUM_COURSE 4                     /* 每个学生有 4 科成绩 */
#define NUM_STUDENT 3                    /* 学生数量 */
int main()
{
    float score[NUM_STUDENT][NUM_COURSE]=
    { {92, 96, 80, 67}, {89, 81, 93, 75}, {67, 99, 71, 83} };
    float (*p)[NUM_COURSE];
    float sum=0;
    int i;
    int n;
    printf("Enter student no: ");
    scanf("%d", &n);
    p=score +n-1;                        /* p 指向第 n 个学生数据的开始位置 */
    for (i=0; i <NUM_COURSE; i++)
        sum+=(*p)[i];
    printf ( "average is %.1f\n", sum/NUM_COURSE); /* 输出平均成绩 */
    return 0;
}
```

程序输入:Enter person no: 2
程序输出:average is 84.5

3. 指针数组

一个数组中的每个元素都是基类型相同的指针变量,这样的数组就是指针数组。和普通数组一样,指针数组要占用一片连续的存储单元,数组名就是这片存储单元的首地址,也是一个地址常量。声明一维指针数组的语法形式为:

<类型说明符> * 数组名 [常量表达式];

常量表达式指出数组元素的个数,类型说明符指出了每个元素指针的类型,数组名是指针数组的名称,如:

```
int * p[3];
```

定义一个指针数组 p,遵照运算符的优先级,一对[]的优先级高于 * 号,因此 p 首先与[]结合,构成 p[3],说明了 p 是一个数组名,系统将为它开辟三个连续的存储单元;在它前面的 * 号则说明了数组 p 是指针类型,它的每个元素都是基类型为 int 的指针。

如果 a 是二维整型数组,则可以用指针数组 p 表示 a 的行地址,具体实现如下。

```
for( i=0;i <3; i++)
    p[i]=a[i];
```

其中,a[i]是常量,表示数组 a 每行的首地址;p[i]是指针数组 p 的元素,是指针变量。这样 p[0]、p[1]、p[2]分别指向数组 a 每行的开头。使用指针数组 p 来访问二维数组 a 时,通过移动指针数组元素来指向不同的存储单元,数组 p 和数组 a 之间的关系如图 6.17 所示。

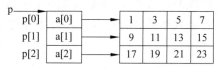

图 6.17　指针数组与二维数组

【案例 6.17】　用指针数组输出单位矩阵。

单位矩阵是主对角线为 1,其余元素为 0 的矩阵,本例是一个 3 行 3 列的单位矩阵,用三个一维数组存储这一矩阵,结合指针数组进行输出。

```
#include <stdio.h>
int main()
{
    int line_1[ ]={ 1, 0, 0};              /* 初始化一维数组,存放矩阵的第一行 */
    int line_2[ ]={ 0, 1, 0};              /* 初始化一维数组,存放矩阵的第二行 */
    int line_3[ ]={ 0, 0, 1};              /* 初始化一维数组,存放矩阵的第三行 */
    int * pline[3]={ line_1, line_2, line_3 }; /* 定义指针数组并初始化 */
    int k, m;                              /* 定义循环控制变量 */
    printf (" Matrix test:\n");            /* 输出单位矩阵 */
    for ( k=0; k <3; k++)                  /* 对指针数组元素循环 */
    {
        for ( m=0; m <3; m++)              /* 对矩阵每一行循环控制 */
            printf("%4d", pline[k][m]);
        printf("\n" );
    }
    return 0;
}
```

程序输出:

```
    Matrix test:
```

```
1 0 0
0 1 0
0 0 1
```

例中的 pline[i][j] 与 *（pline[i]+j）等价，即先把指针数组 pline 所存储的第 i 个指针读出，然后读取它所指向的地址后方的第 j 个数。它在表示形式上与访问二维数组的元素非常相似，但在具体的访问过程上却大不一样。pline[i] 的值需要读取指针数组的 pline 的第 i 个元素才能得到，而二维数组每一行的地址是通过数组的首地址计算得到的。

【案例 6.18】 m 个班级每班选 n 个人穿不同颜色的衣服，参加学校运动会大型团体操表演。每班站一行，每个人在班级所在行中的位置是固定不变的，但是班级所在行是随机的，展现团体操不同的色彩图案。编程演示团体操的随机图案。

分析：参加团体操的同学按班站一行，有 m 行 n 列，可以用二维数组表示。团体操的图案由衣服颜色决定，所以二维数组的元素是每个人的衣服颜色，用单字母表示。班级的位置是随机的，但是个人在班级的位置不变，也就是数组的行序可以变化，但是列序不变。设置行指针数组，用来表示二维数组的各行指针。用行指针的变化表示班级位置的变化。程序如下。

```c
#include <stdio.h>
#include <time.h>
#include <stdlib.h>
#define M 3                            /* 班级数 */
#define N 4                            /* 每班人数 */
int main()
{
    char color[M][N]=
    {
    {'R', 'G', 'B', 'C'},
    {'B', 'Y', 'W', 'B'},
    {'Y', 'R', 'P', 'W'}
    };
    int orders[M]={ 0, 1, 2 };         /* 默认班级顺序 */
    char * pcolor[M];                  /* 定义指针数组 */
    int i, j;                          /* 代表数组元素的行、列下标 */
    int temp, randnum;
    srand(time(NULL));                 /* 初始化随机种子 */
    for(i=M-1; i>=0; i--)              /* 从后往前依次生成确定每班的位置 */
    {   /* 产生不重复的随机顺序 */
        randnum=rand()%(i+1);          /* 产生 0~i 的随机整数 */
        temp=orders[i];
        orders[i]=orders[randnum];
        orders[randnum]=temp;
    }
```

```
    for(i=0; i<M; i++)
        pcolor[i]=color[orders[i]];          /* 将每个班的序号赋值给指针数组 */
    for(i=0; i<M; i++)
    {    /* 按新序输出各班的颜色 */
        for(j=0; j<N; j++)
            printf("%4c", *(pcolor[i]+j));
        printf("\n");
    }
    return 0;
}
```

说明：color 数组是原始的团体操班序，将新序的行号保存到指针数组 pcolor，最后按照指针数组的顺序输出 color 的各行，避免了 color 数组的行交换。

思考：如果不借助于指针数组，应该如何按随机的顺序输出 color 的各行。

*6.3.5 返回指针值的函数和指向函数的指针变量

1. 返回指针值的函数

除了 void 类型的函数，函数在调用结束之后都有一个返回值。在 C 语言中，函数的返回值不仅可以是整型、浮点型、字符型等，还可以是一个指针（地址）。使用指针型函数的主要目的就是要在函数结束时，主调函数可以通过指针，访问到返回值指向的由被调函数处理过的大量数据。而非指针型函数在调用结束后，只能返回一个变量。

指针型函数的定义形式一般为：

```
<类型说明符><*函数名>[(参数表)]
{
    函数体
}
```

类型说明符表明函数返回值作为指针所指向的数据类型；* 标识了一个指针型函数，参数表是函数的形参表列。

【**案例 6.19**】 计算器。任意给定两个整数 a、b，编写函数 arithmetic 计算 a+b、a-b、a*b、a/b 及 a%b。

分析：arithmetic 函数对 a 和 b 进行算术运算，得出 5 个结果，将这 5 个结果存储到一个数组 result 中，但是函数的返回值不能是数组，所以返回结果数组的地址，即返回值为指针类型。程序如下。

```
#include <stdio.h>
int *arithmetic(int a, int b)
{    /* 求两个整数的加、减、乘、商、模 */
    static int result[5];
    result[0]=a+b;
    result[1]=a-b;
```

```
    result[2]=a * b;
    if(b==0) b=1;
    result[3]=a/b;
    result[4]=a%b;
    return result;                              /* 返回数组的地址 */
}
```

测试程序如下。

```
int main()
{
    int a, b, i;
    int * presult;                              /* 用于指向结果数组的指针 */
    printf("Enter two intgers:\n");
    scanf("%d%d", &a, &b);
    presult=arithmetic(a, b);                   /* 调用函数获取计算结果的地址 */
    for(i=0; i<5; i++)                          /* 输出计算结果 */
        printf("%4d", * (presult+i));
    return 0;
}
```

思考:

(1) 为什么 result 数组不定义成全局数组?

(2) arithmetic 函数中的 result 为什么定义为 static 存储类型?

2. 指向函数的指针变量

在程序运行时,不仅数据要占内存空间,执行程序的代码也被调入内存并占据一定的空间。一个函数在装载入内存时,系统会为函数分配一个入口地址,就是函数执行时的入口地址。在 C 语言中,函数名就代表该函数的入口地址。可以定义一个指针变量,保存函数的入口地址,这个指针变量称为指向函数的指针变量。在程序中可以像使用函数名一样使用指向函数的指针变量来调用函数。也就是说,一个函数一旦用某个指针指向,该指针就与函数名有着相同的作用。

函数的定义包括函数的返回值类型和参数列表,因此声明一个函数指针时,也要说明函数的返回值,形参列表,一般定义形式如下:

<类型说明符>(* 函数指针变量名)(形参表列)

类型说明符说明了函数指针所指函数的返回值类型;第一个圆括号里的内容指明一个函数指针的名称;形参表则列出了该指针所指函数的形参个数和类型。

函数指针在使用之前也要进行赋值,使指针指向一个已存在的函数代码的起始地址。一般形式为:

<函数指针名>=<函数名>;

等号右边的函数名所指出的必须是一个已经声明过的、与函数指针具有相同返回值类型

和相同形参表的函数。例如，函数 max 和 min 定义如下。

```
int max(int a, int b){ return (a>b)?a:b;}
int min(int a, int b){ return (a<b)?a:b;}
```

下面的程序段定义和应用了函数指针

```
int (* fp)(int, int), value;
fp=max;
value=(* fp)(56, 49);              /* 此处通过指向函数的指针变量调用 max 函数 */
fp=min;
value=(* fp)(56, 49);              /* 此处通过指向函数的指针变量调用 min 函数 */
```

说明：

（1）int（* fp）(int，int)说明 fp 是一个指向函数的指针变量，所指向的函数必须返回 int 类型且具有两个整型参数。

（2）fp＝max 把 max 函数的地址赋予指针变量 fp，注意：只需给函数名，并没给参数。

（3）语句 value＝(* fp)(56，49)；用函数指针调用函数，相当于 value＝max(56，49)。

（4）fp＝min 改变了 fp 指向。

指向函数的指针变量可以作为函数的参数，以便实现函数地址的传递，也就是将函数名传给形参。对应的形参应当是类型相同的指针变量。

【案例6.20】 计算函数 H 的值，其中 H(a，b)＝u(a＋b)/v(b－a) * v(a＋b)/u(b－a)。

```
#include <stdio.h>
#include <math.h>
/* 函数 fun 的功能是求出 H(a, b)的值,前两个参数是指向函数的指针变量 */
double fun ( double ( * u ) ( double a), double ( * v ) (double b), double x,double y )
{
    return((* u)(x+y)/(* v)(y-x));
}
int main()
{
    double a, b;                   /* 定义变量 a、b 作为函数的参数值 */
    double h;
    scanf(" %lf%lf", &a, &b);
    /* 调用函数 fun 求值,sin、cos 为系统函数名,传给函数指针变量 u、v */
    h=fun (sin, cos, a, b) / fun (cos, sin, a, b);
    printf("H=%f", h );            /* 输出函数返回值 */
    return 0;
}
```

程序输入:98 76
程序输出:H=-0.023632

说明:在函数 fun 的参数中出现了两个指向函数的指针变量(＊u)(double a)和(＊v)(double b)作参数,主函数中将 C 语言的标准函数 sin 和 cos 两个函数名传给指针变量,在函数中通过指针变量调用 sin 和 cos 函数。

使用函数指针可以通过参数传递传入不同的函数地址,从而实现不同函数的调用。

*6.3.6　动态内存分配

在内存中,编译过的 C 程序在内存中的存储如图 6.18 所示。

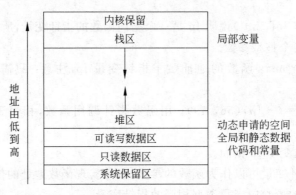

图 6.18　内存分配图

其中,程序代码和常量存储在只读数据区,在程序中不能被改写;全局变量和静态变量存储在可读写数据区,该区也称为全局区或静态区;局部变量存放在栈区。栈区存储变量,地址从大到小;堆区为动态分配内存区域,由程序员控制和操作,分配地址一般从小到大。

C 语言提供内存管理函数,按需要动态地分配内存空间。内存管理函数有如下 4 种。

1. malloc 函数

向系统申请空间,其原型为:

```
void * malloc(unsigned int size);
```

说明:

(1) 形参 size 是申请空间的字节数;

(2) 成功时返回申请空间的首地址,失败时返回空指针。

例如:

```
int * p=(int * )malloc(n * sizeof(int));
```

申请 n 个整数的空间。

2. calloc 函数

按类型申请空间,其原型为:

```
void * calloc(unsigned int num, unsigned int size);
```

说明:

(1) 形参 num 是申请类型空间的个数,size 是类型所占用的字节数;

(2) 成功时返回所申请空间的首地址,失败时返回空指针。

(3) calloc 在动态分配完内存后,自动初始化该内存空间为零。

例如:

```
int * p=(int * )calloc(n, sizeof(int));
```

申请 n 个整数的空间,并赋所有初值为 0。

3. realloc 函数

重新申请分配空间,其原型为:

```
void * realloc (void * mem_address, unsigned int newsize);
```

说明:

(1) 形参 mem_address 为前面动态申请的内存空间地址,形参 newsize 为新申请空间的大小。

(2) 改变 mem_address 指向的动态空间的大小为 newsize,原有空间中的数据保持不变。

(3) 成功时返回所开辟空间首地址,失败时返回空指针。

例如:

```
int * p=(int * )recalloc(n+m, sizeof(int));
```

申请 n+m 个整数的空间,并保留前 n 个空间的值。

4. free 函数

释放通过动态内存分配所获取的堆空间,其原型为:

```
void free(void * p);
```

说明:形参 p 指向要释放的空间,p 只能是以上三个动态内存分配函数所分配的空间地址。例如:

```
free(p);
```

释放了 p 所指向的空间。

下面对以上 4 个动态内存管理函数进一步说明。

(1) 三个动态内存分配函数的返回值类型为 void *,是指返回值为系统分配的一段

内存空间的地址,该存储空间由使用者用类型强制转换将其转换为所需的类型。例如:

```
double   * p=NULL;
p=(double * )calloc(10, sizeof(double));
```

用 double 对 calloc()的返回类型进行转换。

(2) 动态分配内存中使用 sizeof 计算一种类型占有的字节数,而不是使用具体的字节数,是因为编译器对类型的长度处理不同,这样可以适合不同的编译器。

(3) 由于动态分配不一定成功,为此要附加一段异常处理程序,例如:

```
if(p==NULL)(或者 if(!p))
{
    printf("动态申请内存失败!\n");
    exit(1);
}
```

(4) 这 4 个函数头文件均包含在<stdlib. h>中。

(5) 分配的空间是没有名字的,只能通过返回的指针找到它。

(6) 不能对非动态分配存储空间使用 free。也不能对同一块内存区同时使用 free 两次。

用内存管理函数可以动态地建立数组,以二维整型数组 array[n1][n2]为例,遵循从外层到里层,逐层申请的原则:最外层指针是 array,它是一个二级指针,所指向的 array[]为一级指针。所以给 array 申请内存应为:

```
array=(int * * )calloc(n1, sizeof(int * ));
```

次层指针 array[]是一维指针,给 array[]申请内存应为:

```
for(i=0; i<n1; i++)
    array[i]=(int * )malloc(n2 * sizeof(int));
```

最后不要忘了释放这些内存,也要遵循释放的时候从里层向外层,逐层释放的原则。

【案例 6.21】 产生指定区间的 n 个随机整数,并保存在数组中。

分析:首先要产生 n 个随机整数,然后定义数组保存所产生的随机数。由于随机整数的个数是在程序运行时由用户给定,所以数组的长度是变化的,只能使用动态数组存储随机数。程序如下。

```
#include <stdio.h>
#include <stdlib.h>
#include <time.h>
int * prand=NULL;                            /* 全局指针初始化为 NULL */
void randnum(int n, int from, int to)
{  /* 产生[from, to]区间的 n 个随机整数
    int i;
    srand(time(NULL));                        /* 初始化随机种子 */
    if(prand!=NULL)                           /* 已经分配过空间 */
```

```c
        free(prand);                              /* 释放已分配空间 */
    prand=(int *)malloc(n * sizeof(int));         /* 分配 n 个整数空间 */
    if(prand==NULL) return;                       /* 分配失败返回 */
    for(i=0; i<n; i++)
        * (prand+i)=from + rand()%(to-from+1);    /* 产生一个[from, to]内的整数 */
}
void output(int n)
{   /* 从 prand 开始的地址输出 n 个整数 */
    int i;
    if(prand==NULL)                               /* 没有分配过空间 */
        return;
    for(i=0; i<n; i++)
        printf("%5d", * (prand+i));
}
int main()
{
    int n, from, to;
    printf("Enter n, from, to of randnum:\n");
    scanf("%d%d%d", &n, &from, &to);              /* 随机数个数,起始范围 */
    randnum(n, from, to);                         /* 生成随机数保存到全局变量 */
    output(n);
    printf("\nEnter n, from, to of randnum:\n");
    scanf("%d%d%d", &n, &from, &to);              /* 随机数个数,起始范围 */
    randnum(n, from, to);                         /* 生成随机数保存到全局变量 */
    output(n);
    free(prand);
    return 0;
}
```

若输入:10 20 50,则输出

28 38 27 37 50 25 43 26 36 33

若输入:5 60 80,则输出

63 78 61 73 74

说明:本程序包含三个函数,在 randnum 函数中创建的动态数组需要在 output 函数中产生,所以将指向动态数组的指针定义成全局变量。

6.4 字　符　串

历届奥运会都是以举办国家的字母表顺序确定开幕式入场顺序。其实国家的名字就是一个字符串,安排各国的出场顺序,无非就是按一定规则将各个国家名字的字符串排序,再按顺序出场。在 C 语言中用数组来处理字符串。

6.4.1　字符串常量

所谓字符串(String)常量就是用双引号括起来的一个字符序列,如"hello"、"456"等都是字符串。无论双引号内是否包含字符,包含多少字符,都代表一个字符串常量。注意,字符串常量不同于字符常量。例如,"a"是字符串常量,而'a'是字符常量。

6.4.2　字符串的存储和初始化

虽然字符串应用广泛,但是 C 语言却没有提供字符串数据类型,而是将字符串存于一个字符数组中。字符数组是由字符构成的数组,定义方式和一般数组一样,其基类型为字符型。定义一维字符数组的一般形式为:

```
char 数组名[常量表达式];
```

其中,常量表达式为字符数组的长度,如:

```
char str[10];
```

定义了一个长度为 10 的字符数组 str。由于字符型与整型是相互通用的,因此上面的定义还可以改为:

```
int str[10];
```

当用字符数组存储字符串时,数组的最后一个单元的值是'\0',是 C 编译器自动加上的。'\0'作为一个转义字符要占一个字节的空间。'\0'的作用就是标识一个字符串的结束。例如,字符串常量"student"在内存中的存储情况如图 6.19 所示。

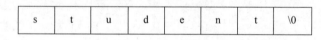

| s | t | u | d | e | n | t | \0 |

图 6.19　字符数组的存储形式

"student"中有 7 个元素,占的空间为 8B。在定义用来存放字符串的数组时,其数组元素个数要比字符串中字符个数多 1,用来存储字符'\0'。

提示:如果没有最后的'\0',字符数组就不能代表一个字符串。

对于字符数组,可以采用和其他数组一样的方式进行初始化,如:

```
char str[10]={'c', 'h', 'i', 'n', 'a' };
```

定义了有 10 个元素的字符数组 str,前 5 个元素分别初始化为'c', 'h', 'i', 'n', 'a',其他元素自动被初始化为'\0',等价于: char str[ ]={'c', 'h', 'i', 'n', 'a', '\0'}。还可以用字符串常量初始化一个字符数组,例如:

```
char str[6]="china";
```

这种初始化方式自动在末尾加一个'\0'。字符串常量"china"虽然只有 5 个字符,但存储到

字符数组中,要占 6B。初始化时也可以省略数组的长度,如:

```
char str[ ]="china";                    /* 数组大小为 6 */
char str[ ]={"china"};                   /* 数组大小为 6 */
```

但 char str[ ]={ 'c', 'h', 'i', 'n', 'a'}; 是定义一个大小为 5 的字符数组,初始值中没有 '\0',系统无法将 str 当成字符串来处理。

注意:虽然可以用字符串初始化一个字符数组,但是却不能用字符串给一个字符数组赋值,如:

```
char str[10];
str="china";
```

对于多个字符串存储,通常采用二维字符型数组。二维数组的第一维长度为要存储的字符串的个数,第二维的长度应该按最长的字符串设定。如星期的 7 个英文名称可采用二维数组存储:

```
char day[7][10]={"Sunday", "Monday", "Tuesday", "Wednesday", "Thursday",
"Friday", "Saturday"};
```

也可以省略第一维的长度,如:

```
char day[][10]={"Sunday", "Monday", "Tuesday", "Wednesday", "Thursday",
"Friday", "Saturday"};
```

二维数组 day 初始化后的结果如图 6.20 所示,其中第二维的长度声明为 10,是根据 7 个字符串中最长串的长度来定的。如果一个字符串的长度小于 10,其余的单元自动初始化为'\0'。从图中更容易看出,将长短不一的字符串存储在一个二维数组的方式,会造成空间浪费。

S	u	n	d	a	y	\0	\0	\0	\0
M	o	n	d	a	y	\0	\0	\0	\0
T	u	e	s	d	a	y	\0	\0	\0
W	e	d	n	e	s	d	a	y	\0
T	h	u	r	s	d	a	y	\0	\0
F	r	i	d	a	y	\0	\0	\0	\0
S	a	t	u	r	d	a	y	\0	\0

图 6.20 字符数组 day 初始化后的结果

6.4.3 用指针指向字符串

指向字符型数据的指针变量就是字符指针。在 C 语言中,每个字符串在内存中都占有一片连续的存储空间,并有唯一的首地址。要想使字符指针指向一个字符串,只要将该字符串的首地址赋给字符指针即可。对于字符串常量而言,字符串常量本身代表的就是存放它的无名存储区的首地址,是一个地址常量,直接赋值给指针即可。例如:

```
char * ptr="word";
```

与

```
char * ptr;
ptr="word";
```

是等价的。它们都表示定义一个字符型指针变量 ptr,并用"word"在内存中所占空间的首地址初始化。值得注意的是,不能理解为把字符串赋值给 ptr,ptr 是指针变量,只能将地址值赋给它。

对于一个用一维数组存储的字符串而言,如果要定义一个字符型指针指向这个数组,只需要把数组名赋值给该指针变量即可。如:

```
char string[]="beijing";
char * ptr=string;
```

6.4.4 字符串的访问

和其他类型的数组一样,对字符型数组的元素访问也可用下标和指针的方式。比如前面定义的数组 string 中,string[0]表示的是数组中的第一个字符 s,string[1]表示的是数组中的第二个字符 t,以此类推,string[i]表示的是数组中的第 i+1 个字符。

当然,也可以通过字符指针间接访问数组中的某一个元素。若字符型指针 ptr 指向了字符数组 stirng 的首地址,即 ptr=string;可以通过 *(ptr+i)来引用数组中的第 i+1 个字符,即 *(ptr+i)、*(str+i)和 str[i]的效果是一样的,也可以通过指针的自增或自减操作移动指针。

1. 字符数组的输出

字符数组的输出有以下两种方式。

(1) 单个字符的输出。在格式输出函数 printf()的控制字符中使用%c 的格式,或用字符输出函数 putchar()都可以进行字符数组中单个字符的输出。例如程序段:

```
char a[20];
…
for( i=0; i <20;i++)
    printf("%c", a[i]);
```

和

```
for( i=0; i <20;i++)
    putchar(a[i]);
```

(2) 整个字符串一次输出。在格式输出函数 printf()的控制字符中使用%s 格式进行整串的输出。例如:

```
char str[10]="program";
printf("%s", str);                                    /* 输出:program */
```

将整个字符串一次输出时要注意:首先,printf()的%s格式的输出项参数是数组名,而不是数组元素名。其次,如果一个字符数组中包含一个以上的'\0',则遇到第一个'\0'输出结束。只能将第一个'\0'前的字符串内容输出。如:

```
char str[]="china\0yantai";
printf("%s", str);
```

输出结果为:

```
china
```

2. 字符数组的输入

字符数组的输入也有两种方式。

(1) 单个字符的输入。在格式输入函数 scanf()的控制字符中使用%c 的格式,或用字符输入函数 getchar()都可以进行字符数组中单个字符的输入。例如:

```
char a[20];
```

用 scanf()赋值:

```
for( i=0; i<20;i++)
    scanf("%c", &c[i]);
```

也可用 getchar()赋值:

```
for( i=0; i<20;i++)
    a[i]=getchar();
```

(2) 整个字符串一次输入。在格式输入函数 scanf()的控制字符中使用%s 格式,可以进行字符数组整体的输入。将整个字符串一次输入,如果用 scanf()的%s 格式就不能输入含有空格的字符串,遇到空格系统认为输入结束,所以用 scanf()函数一次能输入多个不含空格的字符串。用 gets()函数能够输入含有空格的字符串,但一次只能输入一个字符串。如:

```
char str[12];
scanf("%s", str);
printf("%s", str);
输入数据:how are you
输出结果:how
```

如果要想输出整个字符串,需要改为:

```
char str[12];
gets(str);
printf("%s", str);
```

输入数据:how are you

输出结果:how are you

如果改为:

```
char str1[4], str2[4], str3[4];
scanf("%s%s%s ", str1, str2, str3);
printf("%s\n%s\n%s", str1, str2, str3);
```

输入数据:How are you

输出结果:

How

are

you

系统自动在最后一个字符的后面加上一个字符串结束符'\0'。scanf()的%s格式的输入项是数组名时,数组名前不能加取地址符"&",因为数组名本身代表数组的首地址。

【案例 6.22】 某网站为了安全起见,将用户的密码采用加密的形式存储。但是一旦用户忘记密码,需要解密程序还原用户的密码。密码由 8 个英文字母组成,解密规则为:第 1、4、7 个字符的 ASCII 码+1,第 2、5、8 个字符的 ASCII 码+2,第 3、6 个字符的 ASCII 码+3。

程序如下。

```
#include <stdio.h>
#include <string.h>
int main()
{
    char str[8]={'R', 'r', 'o', 't', 'e', 'd', 'k', 'c'};    /* 加密后的密码 */
    int i;
    for(i=0; i<8; i++)
        str[i]=str[i]+(1+i%3);                                /* 解密 */
    for(i=0; i<8; i++)
        printf("%c", str[i]);                                 /* 逐字符输出字母 */
    return 0;
}
```

程序输出:Struggle

*【案例 6.23】 编写程序,实现两个字符串的连接,即将第二个字符串连接到第一个字符串的后面,去掉第一个串中的结束标志'\0',连接后的串加上结束标志'\0'后,存放到第一个串所在的数组里。

定义两个字符型数组 string1 和 string2 存放两个要连接的字符串。设置两个变量,用来确定数组元素的位置,i 指向 string1 的元素,先使用循环语句将 i 移至 string1 的末尾,即结束标志 '\0'的位置,j 指向 string2 的开始元素,然后用一个循环语句开始对应赋值,就可以覆盖掉 string1 的结束标志,并将 string2 的元素连接到 string1 的后面。由于连接后的字符串要放在 string1 里,所以数组 string1 的容量要足够大,至少能放下连接后的字符串,最后给连接后的字符串尾加上结束标志'\0'.

```
#include <stdio.h>
int main()
{
    char string1[80], string2[40];        /* 定义两个字符型数组存放两个字符串 */
    int i, j;                             /* i 指向 string1,j 指向 string2 */
    printf( "Enter string1:\n" );
    scanf ( "%s", string1 );              /* 给数组 string1 赋值 */
    printf( "Enter string2:\n" );
    scanf ( "%s", string2 );              /* 给数组 string2 赋值 */
    for( i=0; string1[i] !='\0'; i++);    /* 将 i 移至 string1 的结束标志处 */
    for( j=0; string2[j] !='\0'; j++)/* 将 string2 的元素连接到 string1 后面 */
    {
        string1[i]=string2[j];
        i++;
    }
    string1[i]='\0';                      /* 给数组 string1 加上结束标志 */
    printf("%s", string1);                /* 输出连接后的字符串 */
    return 0;
}
```
程序输入:
Enter string1:Hong
Enter string2:Tao
程序输出:HongTao

本例中字符串的输入采用 scanf("%s", string1)的方式,所以字符串在输入的时候不能含有空格。

6.4.5 字符串处理函数

C 函数库提供了一些专门用来处理字符串的函数,常用的字符串操作,比如复制字符串、连接字符串和确定字符串的长度等。在程序中如果要使用这些字符串处理函数,必须将头文件<string.h>包含到源文件中来。下面介绍其中几个常用的函数。

1. 字符串输出函数 puts ( )

C 语言标准的库函数,用于字符串的输出,从括号内的参数给定的地址开始,依次输出存储单元的内容,当遇到第一个'\0'时结束输出并将'\0'转换为回车换行。其函数原型为:

```
int puts(char * str);
```

说明:

(1) 参数 str 可以是地址表达式,即数组名或字符串常量;

（2）函数的返回值是 int 型，输出成功返回一个非负值，失败返回－1。

若有定义：char str[ ]="program";，则：

```
puts(str);的输出结果为:program
puts(str+3);的输出结果为:gram
```

puts()函数输出字符串简洁方便，唯一的不足是不能像函数 printf()那样在输出行中增加一些其他字符信息并控制输出的显示格式。

注意：使用 puts()函数时程序中要有文件包含：♯include ＜stdio.h＞。输出的字符串中可以包含转义字符，输出到第一个'\0'为止，并将'\0'转换成'\n'，即输出完字符串后回车换行。puts()函数一次只能输出一个字符串。

```
char str[]="China\nYantai\0university";
```

输出结果为：

```
China
Yantai
```

2. 字符串输入函数 gets()

C 语言标准的库函数，用于字符串的输入，从终端（常指键盘）输入一个字符串，其函数原型为：

```
char * gets(char * str);
```

说明：

（1）参数 str 是地址表达式，即数组名或指针变量；

（2）串中可包含空格字符，存放在以 str 为起始地址的内存单元中；

（3）返回值是字符型指针，返回字符串的起始地址，若失败返回 NULL。

例如：

```
char str[30];
gets(str);
```

把从键盘上输入的字符串存放在字符数组 str 中。

注意：使用 gets()函数的程序前面要有文件包含♯include ＜stdio.h＞；gets()函数一次只能输入一个字符串；系统自动在字符串后面加一个字符串结束标志'\0'。

【**案例 6.24**】 姓名填空。"My name is"已经存储在一个字符数组中了，用户将自己的姓名加入该字符串，如 Hong Tao，则输出该字符数组显示"My name is Hong Tao"。

```
#include <stdio.h>
int main()
{
    char str[80]="My name is ";
    printf("Enter your name:\n");
```

```
    gets(str+11);                      /* 从键盘输入一个姓名 */
    puts(str);                         /* 输出一个字符串 */
    return 0;
}
```
程序输入：

Enter your name:

Hong Tao

程序输出：My name is Hong Tao

说明：

（1）gets(str＋11);表示 gets 函数从键盘读入一行字符,保存在字符数组 str 中,但是从第 11 个位置开始;

（2）puts(str);表示从第一个位置开始输出字符数组;

（3）gets 函数从键盘赋值时,所输入的字符串可以包含空格,scanf("%s", str)不可以输入含有空格的字符串;

（4）gets 函数要求保存输入字符串的地址空间必须能够容纳所输入的字符串,否则造成缓冲区溢出。

如果程序运行时,操作者输入的字符数超过了数组 str 的大小,那么多出的那些字符就有可能重写到内存的其他区域,导致程序出错,这是一个容易被忽视的安全隐患。因为 gets 函数不能限制输入字符串的长度,很容易引起缓冲区溢出。同样,函数 scanf()也存在这个问题,即使使用了带格式控制的形式,如 scanf("%12s", str),也不能真正解决这个问题。所以使用 scanf() 和 gets()时,要确保输入的字符串的长度大小不超过数组的长度,否则建议使用能限制输入字符串长度的函数 fgets(),有兴趣的读者可以查阅相关资料。

3. 字符串连接函数 strcat()

用于两个字符串的连接,其函数原型为：

```
char * strcat(char * dest,char * src);
```

说明：

（1）把 src 所指的字符串复制添加到 dest 所指的字符串的结尾,并删去 dest 后的串结束标志'\0';

（2）返回值是 dest 所指的字符串的首地址,且 dest 的长度至少能放下连接后的字符串。

【案例 6.25】 字符串连接函数的举例,可以和案例 6.24 对比一下。

```
#include <stdio.h>
#include <string.h>
int main()
{
    char dest[30]="Your native language is ";    /* 定义 dest 并初始化 */
```

```
        char src[10]="Chinese";              /* 定义 src 并初始化 */
        strcat (dest, src);                    /* 连接 src 到 dest 上 */
        puts(dest);                            /* 输出连接后的字符串 */
        return 0;
    }
```

程序输出:Your native language is Chinese

提示:dest 的内存单元必须定义得足够大,以便容纳连接后的字符串;连接后,src 指向的字符串的第一个字符覆盖了 dest 指向的字符串的结束符'\0',只在新串的最后保留一个'\0';连接后,src 指向的字符串不变。

4. 字符串复制函数 strcpy()

用于字符串的赋值,其函数原型为:

```
char * strcpy(char * dest, const char * src);
```

说明:

(1) 把从 src 地址开始且含有'\0'结束符的字符串复制到以 dest 开始的地址空间,src 结束标志'\0'也一同复制;

(2) 需要对字符数组进行整体赋值操作时,必须使用 strcpy 函数;

(3) 函数要求 dest 应有足够的长度,以便容纳被复制的字符串。

5. 字符串比较函数 strcmp()

按照 ASCII 码顺序比较两个数组中的字符串,其函数原型为:

```
int strcmp(const char * str1, const char * str2);
```

说明:

(1) 比较 str1 和 str2 所指向的两个字符串,不是比较两个数组;

(2) 函数返回值为比较结果:如果两个字符串相等,则返回值为 0;如果不相等,则返回从左侧起第一对不相同的两个字符的 ASCII 码的差值。

注意:

(1) 字符串不是 C 语言定义的基本数据类型,C 语言没有为其提供比较运算,但是提供一些专门的字符串处理函数用于比较字符串。为此不能将关系运算符用于字符串的比较,如 if(str1==str2)是错误的。两个字符串比较是从左向右比较对应字符的 ASCII 码值。两个字符串相等是指两个字符串的对应字符相等;两个字符串比较大小时,根据两个字符串中第一对不等的字符的大小决定字符串的大小,如"A"小于"B"、"THIS"小于"this"、"this"大于"these"。

(2) 用 strcmp()函数比较字符串的大小,通常只关注比较结果是正数、负数还是 0,而对具体的返回值不关注。如果 str1 等于 str2,返回值为 0;如果 str1 大于 str2,返回值为一正整数;若 str1 小于 str2,返回值为一负整数。

6. 测字符串长度函数 strlen()

统计字符串中实际字符的个数,函数原型为:

```
unsigned int strlen(char * str);
```

说明:函数返回值为 str 指向字符串的字符个数,不含字符串结束标志'\0'。
一般调用格式:

```
strlen(字符串)
```

例如:

```
char str[10]="china";
printf("%d", strlen(str));
```

输出结果是 5,不是 10,也不是 6。

提示:字符串"C language"的长度为 10,字符串"C\0language"的长度为 1。这是因为第一个'\0' 即为字符串的结束标志。

当然字符串函数还有很多,比如"n 族"字符串复制函数 strncpy(str1,str2,n);"n 族"字符串比较函数 strncmp(str1,str2,n);"n 族"字符串连接函数 strncat(str1,str2,n);等,有兴趣的读者可以参阅相关资料。下面再看几个字符串函数应用的例子。

【案例 6.26】 有两个字符串,按由小到大的顺序连接在一起。

```
#include <stdio.h>
#include <string.h>
int main()
{
    char str1[20];                      /* 定义两个数组存放字符串 */
    char str2[20];
    char str3[60];                      /* 定义 str3 数组存放连接后的串 */
    gets ( str1 );                      /* 给 str1 赋值 */
    gets ( str2 );                      /* 给 str2 赋值 */
    if ( strcmp ( str1, str2 ) < 0 )    /* 按由小到大的顺序连接在一起 */
    {
        strcpy ( str3, str1 );
        strcat ( str3, str2 );
    }
    else
    {
        strcpy ( str3, str2 );
        strcat ( str3, str1);
    }
    puts (str3);                        /* 输出连接后的字符串 */
    return 0;
}
```

样例输入:

China

Beijing

样例输出:BeijingChina

【案例 6.27】 有三个字符串,要求找出其中最大者。

```
#include <stdio.h>
#include <string.h>
int main()
{
    char string[20];                          /* string 存储最大的字符串 */
    char str[3][20];                          /* str 中存放三个字符串 */
    int i;
    printf("Enter three strings:\n");
    for(i=0; i<3; i++)                        /* 输入三个字符串 */
        gets(str[i]);
    strcpy( string, str[0] );                 /* 将 str[0]放入 string 中 */
    for (i=1; i<3; i++)                       /* 依次和 string 比较,将大者放
                                                 入 string 中 */
        if ( strcmp(str[i], string) >0 ) strcpy( string, str[i] );
    printf ("the largest string is:%s\n", string); /* 输出最大字符串 */
    return 0;
}
```

程序输入:

Enter three strings:

C

Pascal

Basic

程序输出:the largest string is: Pascal

说明:例题中用一个二维数组存放了三个字符串,定义一个一维数组来作字符串比较交换时的中间量。字符串的比较用了 strcmp 函数,字符串的赋值用了 strcpy 函数。

【案例 6.28】 输入一行字符,统计其中单词个数,输入的单词之间用空格分隔。

分析:num 变量用来统计单词个数;word 用来判别是否单词,若出现单词 word 为 1,否则为 0。单词数目由空格出现的次数决定,连续的空格出现作为一次计数。一行若以空格开始不统计该空格出现的次数。如果某个字符为非空格,而它前面的字符为空格,则表示新单词开始了,此时 num 累加 1。如果当前字符为非空格,而其前面的字符也为非空格,则意味着一个单词的继续,num 不累加。前面一个字符是否为空格可以从 word 值获取,若 word=0,则表示前一个字符是空格;若 word=1,意味着前一个字符为非空格。程序如下。

```
#include <stdio.h>
```

```
#include <string.h>
int main()
{
    char string[81];                            /* 定义数组 string 存放字符串 */
    int i, num=0;                               /* num 用来统计单词个数 */
    int word=0;                                 /* word 用来作单词的标识 */
    printf ( "Enter a string: ");
    gets ( string );                            /* 输入字符串 */
    for ( i=0; (string[i] !='\0' ); i++)        /* 统计单词个数 */
        if ( string[i]==' ' ) word=0;
        else if (word==0)
        {
            word=1;
            num++;
        }
    printf ( "word number: %d\n", num);
    return 0;
}
```

样例输入:Enter a string: I am a teacher
样例输出:word number: 4

*6.4.6　用指针数组处理字符串

1. 指针数组用于表示多个字符串

现在回到本节最初的问题,给参加奥运会的国家按国名排序。如果用二维字符型数组存储国名,要按最长国名字符串的长度来定义二维数组的列数。二维数组的每一行存储一个国名字符串,无论每个字符串的实际长度为多少,都占有同样多的存储单元。假如有一个字符串的长度是1000,而其余字符串的长度均不超过20,那么,在定义该二维数组时,其列数也必须都定为1000,显然,使用字符数组处理多个字符串会造成存储空间的浪费。此外,使用二维数组对字符串排序的过程中,为了交换字符串的排列顺序,需要经常移动整个字符串的存储位置,因此字符串的排序速度很慢。

有没有无须移动整个字符串来实现字符串的排序方法呢?前面介绍的指针数组是通过地址操作数组的,现在借助于一个指向字符串的字符指针数组pstr,实现国名的排序,如图6.21所示。

【案例6.29】　请编程实现按奥运会参赛国国名在字典中的顺序对其入场次序进行排序。假设以5个参赛国为例。

程序如下。

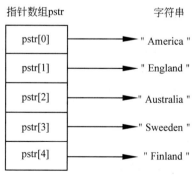

图 6.21　用指针数组指向字符串

```c
#include <stdio.h>
#include <string.h>
#define N 5
int main()
{
    int i, j;
    /* 定义字符指针数组 */
    char * pstr[N]={"America", "England", "Australia", "Sweeden", "Finland"};
    char * temp=NULL;
    printf("unsorted countries:\n");
    for (i=0; i <N; i++)
        printf("%s\n", pstr[i]);              /* 输出排序前的 n 个字符串 */
    for (i=0; i <N-1; i++)                     /* 字符串用冒泡法排序 */
    {
        for(j=i+1; j <N; j++)
        {
            if(strcmp(pstr[j], pstr[i])<0)     /* 交换指向字符串的指针 */
            {
                temp=pstr[i];
                pstr[i]=pstr[j];
                pstr[j]=temp;
            }
        }
    }
    printf("sorted results:\n");
    for (i=0; i <N; i++)
        printf ("%s\n", pstr[i]);              /* 输出排序后的 n 个字符串 */
    return 0;
}
```

程序输出:

```
unsorted countries:
America
England
Australia
Sweeden
Finland
sorted results:
America
Australia
England
Finland
Sweeden
```

排序后的指针数组和二维数组的关系如图 6.22 所示。

程序说明：

（1）字符型指针数组 pstr[5]初始化时，每个元素分别保存了"America"、"England"等字符串的地址值，因此，pstr[0]指向了"America"，pstr[1]指向了"England"等。

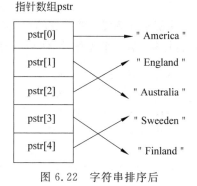

图 6.22　字符串排序后

（2）排序时只改变了原来指针数组 pstr 的元素值，即只改变了原来指针数组的 pstr 元素的指向。例如，排序前 pstr[1]指向"England"，排序后指向了"Australia"；但在内存中字符串的序列没有变化，仍然是"America"、"England"、"Australia"、"Sweeden"、"Finland"，因而就省去了字符串排序过程中移动整个字符串所需要的时间开销。

（3）使用字符串常量对指针数组进行初始化时，由于每个字符串常量在内存中所占的存储空间大小与其实际长度相同，所以，在这种初始化的情况下节约了空间。

思考：

（1）如果参赛国家的数目很大时，如何对指针数组 pstr 初始化？

（2）采用指针数组的方式，国名 China 实际需要分配几个字节的存储空间？

2. 用指针数组作 main 函数的参数

每个 C 程序有且只有一个 main()函数，C 程序总是从 main()函数开始执行，在 main()函数中结束。main()函数是由系统调用的。到目前为止，书中所给例子中的 main()函数都是无参函数，表示系统调用 main()函数时，没有任何参数传递。这样 main()定义如下：

```
int main()或 int main(void)
```

如果系统调用 main()函数时，有参数传递给 main()函数，就要求 main()函数定义为含有参数的形式。一般用指针数组作 main()的参数。调用者在操作系统的命令行中给 main()函数提供参数，故称做"命令行参数"。例如，在 DOS 操作系统下，将文件 file1.c 的内容复制到 file2.c 中，使用的命令就是：

```
copy file1.c file2.c
```

其中，file1.c 和 file2.c 就是使用 copy 命令时提供的参数。

main()函数可以有两个形参，其中第一个形参是一个 int 型变量，用来接收命令行参数的个数；第二个形参是一个字符指针数组，其每个元素依次存放着指向相应命令行参数字符串首的指针。两个参数可由用户自己命名，习惯上把它们命名为 argc 和 argv。这样，带有参数的 main()函数的定义形式为：

```
int main(int argc,char * argv[])
{
```

```
    ...
}
```

【案例 6.30】 带参数的加减法计算器。该计算器运行时,给定第一个操作数、加或减运算符、第二个操作数,然后计算两个数的和或差。

```
#include <stdio.h>
#include <string.h>
#include <stdlib.h>
int main(int argc, char* argv[])
{
    double operand1, operand2, result;
    if (argc !=4)
    {
        printf("Usage: %s operand1 operator operand2\n", argv[0]);
        return -1;
    }
    operand1=atof(argv[1]);                    /* 将第一个运算数转换为小数 */
    operand2=atof(argv[3]);                    /* 将第二个运算数转换为小数 */
    if(strcmp(argv[2], "+")==0)                /* 加法 */
        result=operand1+operand2;
    else if(strcmp(argv[2], "-")==0)           /* 减法 */
        result=operand1-operand2;
    else
    {
        printf("Bad operator\n");              /* 其他运算符 */
        return -2;
    }
    printf("%g\n", result);
    return 0;
}
```

执行程序时,使用命令行的一般形式为:

命令名 参数 1 参数 2 … 参数 n

命令名和各参数之间用空格分隔。例如,在 Windows 操作系统下运行案例 6.30 的步骤如下。

(1) 将源程序保存为 ex630.c;

(2) 将源程序编译成可执行文件 ex630.exe;

(3) 从"开始"菜单,进入 DOS 命令提示符,转到可执行文件 ex630.exe 所在目录下;

(4) 执行带有参数的命令

ex630 10.5 +20.618

则得到如下结果:

31.118

说明：

（1）本例的 main()参数要求是 4 个，命令名、操作数 1、运算符、操作数 2，所以要判断 argc 是否等于 4，如 ex630 10.5＋20.618。

（2）函数 atof 的功能是把一个字符串表示的运算数转换成浮点数，另有函数 sscanf 可以实现同样的功能，如 sscanf(argv[1], "%lf", &operand1);。

（3）使用 strcmp 函数判断运算符是否为＋、－，注意运算符使用的是双引号，表示的是字符串。

本例中 argc 的值为 4，也就是说在 argc 中存入了命令行中字符串的个数，文件名也算一个字符串。argv 为一个字符型指针数组，它的结构如图 6.23 所示。

argv[0]、argv[1]、argv[2]、argv[3]分别指向字符串"ex630.exe"、"10.5"、"＋"、"20.618"，其中，为了执行程序，字符串 argv[0]必不可少，argc 的值至少为 1。从 argv[1]开始都是可选的命令行参数。利用指针数组作为 main()函数的参数，可以向程序传递命令行参数，这些参数都是字符串，它们的长度一般并不相同，而且这些字符串的长度事先并不知道，命令行参数的个数是任意的。要满足以上的要求，使用指针数组是比较好的一种选择。

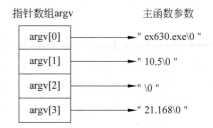

图 6.23　main()函数中的 argv 的含义

命令行参数很有用，尤其是在批处理命令中使用较为广泛。例如，可通过命令行参数向一个程序传递这个程序所要处理的文件的名字，还可用来指定命令的选项等。

6.5　结　构　体

日常生活中要处理的数据往往不是由单一类型数据构成的，例如，一个人的医疗基本信息就是由姓名、性别、出生日期、身高、体重等基本数据项共同构成。C 语言允许用户构造一种包含若干不同数据类型数据项的数据结构，称为结构体。对于某个具体的结构体类型，成员的数量必须固定，但该结构体中各个成员的类型可以不同。比如个人医疗信息的例子如下。

（1）姓名：Hong Tao。

（2）性别：M。

（3）生日：19900214（年月日）。

（4）身高：1.77m。

（5）体重：85.6kg。

用结构体可以把描述同一对象的不同类型的数据集中在一起，可以处理更为复杂的数据类型问题。

6.5.1　定义结构体类型

一个结构体(Struct)类型由若干个称为成员(或域)的分量组成。在 C 语言中使用保留字 struct 定义结构体类型,定义格式如下。

```
struct [结构体名]
{
    <类型说明><成员名 1>;
    <类型说明><成员名 2>;
        ...
    <类型说明><成员名 n>;
};
```

其中,struct 是关键字,是结构体类型的标志。"结构体名"和"成员名"都是用户定义的标识符。它们的命名要符合 C 语言的命名规则。成员(Member)表列用大括号括起来,各成员之间用分号分开。结构体类型定义完成时使用分号结束。其中,"结构体名"是可选项,在说明中可以不出现。结构体中的成员名可以和程序中的其他变量同名;不同结构体中的成员也可以同名。结构体说明同样要以分号结尾。

例如,一个人的医疗基本信息可以用如下的结构体类型描述。

```
struct person
{
    char name[20];                      /*姓名*/
    char gender;                        /*性别*/
    unsigned long birthday;             /*出生日期*/
    float height;                       /*身高*/
    float weight;                       /*体重*/
};
```

该结构体由 5 个成员(域)组成:字符数组 name、字符类型 gender、无符号长整型 birthday、float 型 height 和 weight。

结构体成员不仅可以是简单数据类型,也可以是数组、指针类型的变量。如结构体 person 的第一个成员是数组类型。结构体成员也可以是另一种结构体类型。当结构体说明中又包含另一个结构体时,称为结构体的嵌套,如上述人的医疗基本信息中,如果把出生日期,定义为如下的结构体类型:

```
struct date
{
    int year;
    int month;
    int day;
};
```

则对个人医疗基本信息的描述可改写成如下形式：

```
struct person
{
    char name[20];                          /* 姓名 */
    char gender;                            /* 性别 */
    struct date birthday;                   /* 出生日期 */
    float height;                           /* 身高 */
    float weight;                           /* 体重 */

};
```

具体如图 6.24 所示。

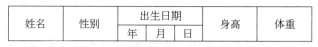

姓名	性别	出生日期			身高	体重
		年	月	日		

图 6.24　嵌套的结构体结构

　　结构体类型可以理解为一种用户自定义的数据类型，编译程序时没有给它分配存储空间，所以结构体类型并不真正地占有存储空间。当定义结构类型变量、数组以及动态开辟的存储单元时，才为它们分配内存空间。

6.5.2　结构体变量的定义及初始化

　　结构体变量在使用时和其他变量一样，必须"先定义，后使用"。

1. 定义结构体变量的形式

第一种：先定义结构体类型，再定义变量。例如：

```
struct person
{
    char name[20];                          /* 姓名 */
    char gender;                            /* 性别 */
    unsigned long birthday;                 /* 出生日期 */
    float height;                           /* 身高 */
    float weight;                           /* 体重 */
};
struct person psn1, psn2;
```

第二种：在定义类型的同时定义变量。例如：

```
struct person
{
    char name[20];                          /* 姓名 */
    char gender;                            /* 性别 */
```

```
        unsigned long birthday;                      /* 出生日期 */
        float height;                                 /* 身高 */
        float weight;                                 /* 体重 */
    }psn1, psn2;
```

第三种：直接定义结构体变量，没有结构型名。例如：

```
struct person
{
        char name[20];                                /* 姓名 */
        char gender;                                  /* 性别 */
        unsigned long birthday;                       /* 出生日期 */
        float height;                                 /* 身高 */
        float weight;                                 /* 体重 */
}psn1, psn2;
```

以上三种方法都定义了两个结构体 person 类型的变量 psn1 和 psn2，其中第一种和第二种定义变量的方法比较常用。结构体是构造类型，C 规定定义结构体类型变量时，使用关键字"struct"及结构体的名字。不能省略"sturct"，如 person psn1；。

2. 结构体变量的初始化

结构体变量初始化可以采用将成员的初始值放在一对大括号内完成。如由学生的成绩信息构成的结构体类型的例子：

```
struct student
{
        char name[20];                                /* 学生姓名 */
        long num;                                     /* 学生学号 */
        char gender;                                  /* 学生性别 */
        float score[3];                               /* 学生的 3 门成绩 */
} std1={"LiMing", 20151201, 'M',97.5,98.7,96.3};
```

对结构体变量进行赋初值时，C 编译程序按每个成员在结构体中的顺序一一对应赋初值，结构体变量 std1 的第一个成员是一个字符型数组，被初始化为字符串"LiMing"；第二个成员为长整型，被初始化为整数 20151201；第三个成员为字符型，被初始化成'M'；最后一个成员为浮点型数组，被初始化为括号内的数值(97.5，98.7，96.3)。再如：

```
struct student std2={"XiaoHui", 20151223, 'F', 79.4, 89.7, 69.5 };
```

则变量 std1 和 sdt2 的内容如图 6.25 所示。可见，一旦定义了具体的结构体变量，那么这个变量不仅具有了结构体类型的结构，而且需要内存分配空间。

6.5.3 结构体变量所占空间的大小

当为一个结构体数组动态分配内存时，常常需要计算一个结构体类型的元素所占空

std1:	name	num	gender	scoer[0]	scoer[1]	scoer[2]
	LiMing	20151201	M	97.5	98.7	96.3

std2:	name	num	gender	scoer[0]	scoer[1]	scoer[2]
	XiaoHui	20151223	F	79.4	89.7	69.5

图 6.25　结构体变量 std1 和 std2 的存储情况

间的大小。观察如下测试。

【案例 6.31】　测试结构体变量在内存中所占空间的大小。

```
#include <stdio.h>
struct test
{
    char c1;
    int n2;
    char c3;
}; /* 定义结构体类型 test */
int main()
{
    struct test sample={'c', 2, 's'};       /* 定义结构体 test 变量 sample 并对其初
                                               始化 */
    printf ("%d\n", sizeof ( sample ) );   /* 输出 sample 所占内存字节数 */
    return 0;
}
```

程序输出:12

也可以把 printf("％d\n", sizeof(sample))；改为 printf("％d\n", sizeof(struct test))；用于测试变量 sample 的实际大小。

结构体变量 sample 包含三个域,所占空间是 6B,测试是 12B。由此可见,计算一个结构体变量所占空间的大小,不能简单地把结构体中各分量所占空间相加。这里涉及内存字节对齐的问题。

内存空间是以字节为存储单元的,每个存储单元都有一个唯一的地址。从理论上讲,对任何类型的变量的访问可以从任何地址开始,一个结构体类型的变量所占空间的大小,是计算每个成员所占空间之和,但是为了提高访问速度,内存的实际存储采用的是内存对齐的机制。内存对齐是与系统相关的,假定目前系统是 32 位系统,对齐方式采用 4 字节对齐。内存对齐,可以这样理解,char 可以存在任意起始地址;short 存在 2 倍数的起始地址;float 存在 4 倍数的起始地址,默认对齐方式为 4 字节。int 变量占 4 字节,char 变量占 1 字节,float 变量是 4 字节边界的地方为起始地址的,即 char 变量之后,空了 3 个字节。对齐的好处就是编译器访问速度会提高,寻址方便。这就需要各个变量在空间上按一定的规则排列,而不是简单地顺序排列。所以,结构体变量占用内存字节数,有时会比各成员所占字节数之和多出一些字节。

编译系统不同,内存的对齐方式也不同,程序员也可以手动设置对齐方式。结构体中各个成员定义的顺序不同也影响结构体变量的大小。所以计算结构体实际所占用的内存字节数时,要使用 sizeof 运算符。而引用结构体成员时,计算机自动处理这个细节,无须编程者了解计算机内部存放的形式。

6.5.4　结构体变量的引用

一个结构体变量定义好了之后如何来引用呢? 比如前面定义的 student 类型的结构体变量 std1,按照一般变量的使用方法,是否可行? C 语言规定结构体变量不能整体引用(如输入、输出操作),只能对其中的成员进行输入、输出操作。访问结构体变量成员必须使用成员(分量)运算符,结构体成员的引用方式为:

<结构体变量名>.<成员名>

其中,“.”为成员运算符。例如,下面的语句为结构体变量 std1 的成员 name 赋值:

strcpy(std1.name,"LiMing");

如果结构体有嵌套的话,则需要使用若干成员运算符逐级地找到最低一级的成员。如定义 psn1 是 person 结构类型的变量,引用 psn1 出生的年可以表示成:

psn1.birthday.year=1991;

结构体变量的成员可以像普通变量一样使用,进行各种运算。例如:

std2.score=std1.score;
sum=std2.score+std1.score;

成员运算符“.”在所有的运算符中优先级最高,因此可以把上面的 std1. birthday. year 等当作一个整体来看待。例如,std1. birthday. year＋＋;先进行“.”运算,再进行“＋＋”运算,等价于(std1. birthday. year)＋＋。

对于结构体虽然不能进行整体输入与输出操作,但是可以提供整体赋值操作,如 std1 和 std2 同为 student 类型的两个变量,

std2=std1;

将结构体变量 std1 的各个成员的值赋给 std2 相应的成员,赋值后 std2 和 std1 有相同的内容。

【案例6.32】 结构体变量的赋值和引用。

```
#include <stdio.h>
#include <string.h>
struct date                                    /* date 的结构体类型 */
{
    int year;
    int month;
```

```c
        int day;
};
struct person                                    /* person 的结构体类型 */
{
        char name[9];
        char gender;
        struct date birthday;
        float height;
        float weight;
};
int main()
{
        struct person psn1={ "Zhangsan", 'M', {1990, 1, 1}, 180, 70}; /* 结构体变量初
                                                                          始化 */
        struct person psn2;
        psn2=psn1;                                /* 结构体变量整体赋值 */
        strcpy(psn2.name, "Hong Tao");            /* 结构体成员赋值 */
        psn2.birthday.month=10;                   /* 结构体成员逐级赋值 */
        psn2.birthday.day=20;
        printf ("person infomation:\n");
        printf ("name:%8s\ngender:%3c\n", psn2.name, psn2.gender);
        printf("birtiday: %04d/%02d/%02d\n",
            psn2.birthday.year, psn2.birthday.month, psn2.birthday.day);
        printf ("height:%6.1f\n", psn2.height);
        printf ("weight:%6.1f\n", psn2.weight);
        return 0;
}
```

程序输出：

```
person infomation:
name:Hong Tao
gender: M
birtiday: 1990/10/20
height: 180.0
weight: 70.0
```

说明：

（1）psn1 为一个样本，psn2＝psn1;是按照样本 psn1 复制一个完全一样的个人信息；

（2）strcpy(psn2.name，"Hong Tao")；用字符串复制函数设置 psn2 的姓名；

（3）psn2.birthday.month＝10;及 std2.birthday.day＝20;修改 psn2 的出生月份与日期；

（4）psn2 的其他信息没有被修改，与样本 psn1 的信息相同；

（5）月份和日期的输出,采用了形如%02d 的格式控制符,2d 前面的字符 0 表示输出数据时若左边有多余位则补 0。

6.5.5　结构体数组

1. 结构体数组的定义

一个结构体变量可以表示一个学生的信息,如果表示一个班级所有学生的信息则需要多个类型相同的结构体变量。可以将这些类型相同的结构体,组成一个结构体数组来处理。和普通数组不同的是,结构体数组的每个元素都是一个结构体变量。定义结构体数组的方法和定义普通数组的方法类似,只是数组元素的类型不同而已。

定义方法 1:

```
struct student
{
    char name[20];                          /* 学生姓名 */
    long num;                               /* 学生学号 */
    char gender                             /* 学生性别 */
    float score[3];                         /* 学生的三门成绩 */
};
struct student std[3];
```

定义方法 2:

```
struct student
{
    char name[20];                          /* 学生姓名 */
    long num;                               /* 学生学号 */
    char gender                             /* 学生性别 */
    float score[3];                         /* 学生的三门成绩 */
}std[3];
```

定义方法 3:

```
struct
{
    char name[20];                          /* 学生姓名 */
    long num;                               /* 学生学号 */
    char gender;                            /* 学生性别 */
    float score[3];                         /* 学生的三门成绩 */
}std[3];
```

以上的三种方法都定义了长度为 3 的一维结构体数组 std。和一般的数组一样,结构体数组的元素在内存中也是连续存放的。

2. 结构体数组的初始化及元素引用

结构体数组的初始化相当于给若干个结构型变量初始化,因此,只需将各元素的初值顺序放在内嵌的大括号中。结构体数组初始化的一般形式是在定义数组的后面加上"＝｛初值表列｝"，这样的定义方式可以处理如下形式的学生管理信息表，见表6.2。

表 6.2 学生成绩管理表

name	num	gender	score[0]	score[1]	score[2]
Li Ming	200101	M	78.5	90	89
Wang KaiChun	200102	M	87.5	78.6	89.4
Chi HaiYang	200103	M	65	78.9	67
Zhong TongHui	200104	M	95	98.9	97

【案例 6.33】 利用结构体数组存储学生的成绩（数据如表6.2所示），计算每个学生三门功课的平均分。

```c
#include <stdio.h>
struct student
{
    char name[20];                          /* 学生姓名 */
    long num;                               /* 学生学号 */
    char gender;                            /* 学生性别 */
    float score[3];                         /* 学生的三门成绩 */
}std[3];
int main()
{
    int i, j;
    float sum[10];
    /* 定义一个一维 student 型数组 stu 并对其初始化 */
    struct student stu[4]={{"Li Ming", 20150101, 'M', 78.5, 90, 89},
                           {"Wang KaiChun", 20150102, 'M', 87.5, 78.6, 89.4},
                           {"Chi HaiYang", 20150103, 'F', 65, 78.9, 67},
                           {"Zhou TongHui", 20150104, 'M', 95, 98.9, 97}
                          };
    for ( i=0; i<4; i++)
    {
        sum[i]=0;                           /* 每个人总成绩初始化为 0 */
        for ( j=0; j<3; j++)
        sum[i]=sum[i]+stu[i].score[j];
        printf ("%20s%10d%3c%6.1f%6.1f%6.1f%6.1f\n",
                stu[i].name, stu[i].num,stu[i].gender,
                stu[i].score[0], stu[i].score[1], stu[i].score[2], sum[i]/3.0);
    }
    return 0;
}
```

程序输出：

```
    Li Ming    20150101   M   78.5   90.0   89.0
Wang KaiChun   20150102   M   87.5   78.6   89.4
 Chi HaiYang   20150103   F   65.0   78.9   67.0
Zhou TongHui   20150104   M   95.0   98.9   97.0
```

6.5.6 指向结构体的指针

在结构体类型的数据中存在几种类型的地址：结构体变量所占内存的起始地址、结构体变量成员的地址、结构体数组的起始地址、结构体数组元素的地址等。

1. 指向结构体变量的指针

结构体指针变量定义格式为：

struct <结构体类型名><＊指针变量名>;

【案例 6.34】 用指针指向结构体变量。

```c
#include <stdio.h>
#include <string.h>
struct student                   /* 定义一个结构体类型 student */
{
    char name[20];
    long num;
    char gender;
    double score[2];
};
int main()
{
    student std;
    struct student * p;          /* 定义一个结构体类型指针 p */
    p=&std;                      /* 让结构体类型指针 p 指向结构体变量 stu */
    strcpy(std.name, "Li Ming");  /* stu.name 为字符型数组,须用 strcpy 赋值 */
    std.num=20150101;
    std.gender='M';
    std.score[0]=90.0;
    std.score[1]=96.0;
    printf ( "name:%s\nnum:%d\ngender:%c\nscore1:%5.2f\nscore2:%5.2f\n",
        (＊p).name, (＊p).num, (＊p).gender, (＊p).score[0], (＊p).score[1]);
    printf("name:%s\nnum:%d\ngender:%c\nscore1:%5.2f\nscore2:%5.2f\n",
        p->name, p->num, p->gender, p->score[0], p->score[1]);
    return 0;
}
```

程序输出：

name:Li Ming

```
num:20150101
gender:M
score1:90.00
score2:96.00
name:Li Ming
num:20150101
gender:M
score1:90.00
score2:96.00
```

说明：

（1）一个指针变量指向某个结构体型变量后，就可以利用指针变量存取结构型变量的成员，如本例中的（＊p）.name。应该注意（＊p）两侧的括号不可少，因为成员符"."的优先级高于"＊"。如去掉括号写成＊p.name 则等效于＊（p.name），这是一种非法的表示方式。

（2）引用结构体变量 stu 中数组成员 score 中的元素 score[1]时，可写做 stu.score[1]或p－＞score[1]或（＊p）.score[1]。不能写成 stu.score，因为 score 是一个数组名，C语言不允许对数组整体访问（字符串除外），只能逐个引用其元素。

（3）有时为了方便和直观，可以把（＊p）.name 改写为 p－＞name。利用指向运算符"－＞"来引用结构型变量的成员，其一般引用格式是：

<指针变量名>-><结构型成员名>

运算符"－＞"是由减号和大于号组成，C语言把它们作为单个运算符处理。"."运算符和"－＞"运算符都是二元运算符，它们和"（）"、"[ ]"一起处于最高优先级，结合性均为从左至右。引入了结构体指针的概念后，引用结构型变量的成员有以下三种方法。

（1）<结构体变量>.<成员名>
（2）（＊<结构体指针>）.<成员名>
（3）<结构体指针>－＞<成员名>

2. 指向结构体数组的指针

对结构体数组及其元素同样可以用指针指向它们，并通过指针访问它们。假设定义了一个结构体数组 stu[3]，一个同类型的指针变量 ptr，并且让 ptr 指向该数组，可以通过指针的移动来访问数组中的每个元素，如图 6.26 所示。

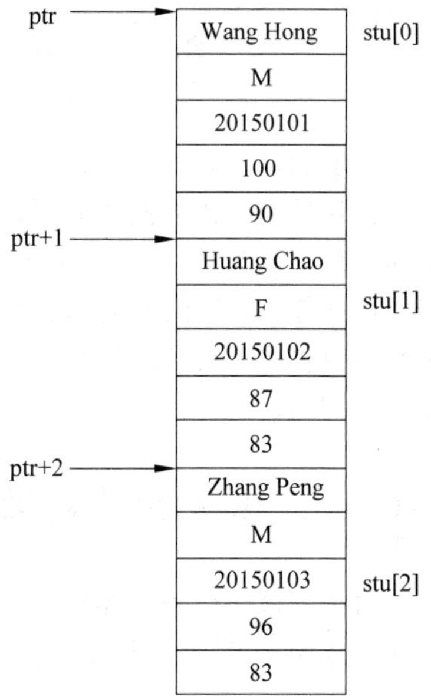

【案例 6.35】 通过指针变量处理结构体数组。

图 6.26 指向结构体数组的指针

```
#include <stdio.h>
struct student                    /* 定义一个结构体类型 student */
```

```
{
    char name[20];
    long num;
    char gender;
    float score;
};
int main()
{
    student stu[3]={{"Li Ming", 20150101, 'F', 89.5},  /* 定义结构体数组并初始化 */
                    {"Zhou TongHui", 20150104, 'M', 100},
                    {"Sun Mei", 20150109, 'F', 83}
    };
    struct student * ptr;
    for ( ptr=stu; ptr <stu +3; ptr++)
        printf ( "%-20s%8d%2c%8.2f\n", ptr->name, ptr->num, ptr->gender, ptr
->score );
    return 0;
}
程序输出：
Li Ming            20150101 F     89.50
Zhou TongHui       20150104 M    100.00
Sun Mei            20150109 F     83.00
```

说明：指针 ptr 在循环开始时指向第一个元素，执行 ptr＋＋后，则指向数组的第二个元素。

6.6 复杂数据类型作函数参数

函数调用中，一个非常重要的环节就是参数的传递。参数传递的基本原则是实参向形参传递数据。函数调用时，每一实参表达式的值都将转换为与其对应的形参的类型，并给形参赋值，但是当复杂数据类型作为参数时，实参向形参传递数据较复杂，例如数组不能整体赋值，数组作为参数，传递的是数组的首地址。也正是因为有了地址的传递，使得函数可以将多个计算结果带回到主调程序中，大大地丰富了函数的功能，有利于解决更为复杂的问题。

6.6.1 一维数组作函数参数

数组可以作为函数参数进行数据传递。数组作为函数参数有两种形式，一种是把数组元素作为实参；另一种是把数组名作为实参。

1. 数组元素作为函数参数

数组元素实质上就是带下标的普通变量，所以也可以作为函数的参数。实参的数组元素的值传递给形参,是将实参的数组元素的值赋给形参变量。

【案例 6.36】 比较数组大小。两个数组 array_1 和 array_2 各有 10 个元素进行大小比较,比较规则如下:将两个数组的元素逐对比较(array_1[i] 与 array_2[i] 比较)。如果 array_1 中的元素大于 array_2 中相应元素的数目多于 array_2 中的元素大于 array_1 中相应元素的数目,则认为 array_1 数组大于 array_2 数组。分别统计两个数组相应元素大于、等于、小于的次数,利用函数完成数组的比较,并输出两个数组最后的比较结果。

样例输入:
1 2 1 2 1 2 1 2 1 2
2 1 2 1 2 1 2 1 2 1
样例输出:array_1==array_2

【算法分析】 将对应数组元素作为参数在函数中进行比较,根据返回的结果统计两个数组对应元素的大于、等于、小于的次数。变量 greater 表示 array_1 中元素比 array_2 中对应元素大的次数;equal 表示 array_1 中元素和 array_2 中对应元素相等的次数;less 表示 array_1 中元素比 array_2 中对应元素小的次数。程序如下。

```
#include<stdio.h>
int sign ( int x, int y )                    /* 函数 sign 判断两整数的大小 */
{
    int flag;
    if ( x > y ) flag=1;                     /* x>y 返回 1 */
    else if ( x==y ) flag=0;                 /* x==y 返回 0 */
    else flag=-1;                            /* x<y 返回 -1 */
    return flag;
}
int main()
{
    int array_1[10], array_2[10];            /* 定义两个数组 */
    int i, greater=0, equal=0, less=0;
    for ( i=0; i <10; i ++)                   /* 用循环语句给两个数组的元素赋值 */
        scanf ( "%d", &array_1[i] );
    for ( i=0; i <10; i ++)
        scanf ( "%d", &array_2[i] );
    for ( i=0; i <10; i ++)                   /* 比较两数组对应元素的大小 */
    {
        /* array_1 中元素比 array_2 中对应元素大的次数存入变量 greater 中 */
        if ( sign (array_1[i], array_2[i] )==1 )
            greater ++;
        /* array_1 中元素与 array_2 中对应元素相等的次数存入变量 equal 中 */
        else if (sign (array_1[i], array_2[i] )==0 )
            equal ++;
        /* array_1 中元素比 array_2 中对应元素小的次数存入变量 less 中 */
        else if (sign (array_1[i], array_2[i] )==-1)
```

```
            less ++;
    }
    /* 根据 greater、equal、less 的值输出两个数组的比较结果 */
    if (greater>less )
        printf( "array_1 >array_2" );
    else if (greater<less )
        printf( "array_1 <array_2" );
    else
        printf ( "array_1==array_2" );
    return 0;
}
```

程序输入:
12 18 19 51 9 2 13 21 49 14
6 4 32 65 77 6 4 30 55 70
程序输出:array_1 <array_2

说明:

(1) 本例中利用符号函数 sign 函数判定两个数的大小。符号函数 sign(x)的值为 1、0 或 -1,分别表示自变量 $x>0$,$x==0$ 及 $x<0$。

(2) 主函数通过调用 sign 函数比较两个数组元素的大小,此时传递的参数为两个数组中的元素 array_1[i] 和 array_2[i],并将两个数组元素的值分别赋给形参 x 和 y,和简单变量作参数一样是"值传递"。

2. 数组名作函数的参数

数组名代表数组的起始地址,用数组名作实参,在调用函数时是把数组的首地址传给形参,形参接受实参传来的数组的首地址。地址传递不是传递所有的数组元素,而只是传递数组的起始地址。因为数组元素是连续存放的,形参获得数组的起始地址后,可以知道任何一个元素的地址,从而访问任何一个元素。这种传递方式简称为传址。如图 6.27 所示为数组名作为函数参数的传址方式。实参数组 score 传递给形参变量 array,即将 score 起始地址传递给 array,array 获得 score 的起始地址后,可以计算出 score 的所有元素的存储位置为 array+0,array+1,…、array+9。

一旦改变 array+i 所指向的数据 array[i]的值,实参 score 的元素 score[i]的值也要发生变化。可见,在形参和实参为地址传送方式时,被调用程序中对形参的操作实际上就是对实参的操作,间接地修改了实参的值。

注意:在参数传递时,形参并未真正建立一个与实参元素个数相同的数组,系统并不对其分配存储单元。

【**案例 6.37**】 一维数组中存放了一个学生若干门课程的成绩,编程求平均成绩。

```
#include<stdio.h>
float average ( float array[ ], int n )        /* 函数 average 用来求成绩的平均值 */
{
    int i;
```

```
    float aver, sum=0;                          /* sum用来统计课程的总分 */
    for ( i=0; i <n; i++)                        /* 用循环语句累加各门功课的成绩 */
        sum=sum +array[i];
    aver=sum / n;                                /* aver用来存放平均值 */
    return aver;
}
int main()
{
    float score1[5]={84, 72, 90, 87, 65};       /* 数组中存放5门课的成绩 */
    float score2[10]={72, 68, 93, 55, 89, 75, 62, 88, 95, 70 };
    /* 调用函数求学生的平均成绩并输出 */
    printf("average score1 is: %f\n", average(score1, 5));
    printf("average score2 is: %f\n", average(score2, 10));
    return 0;
}
```

程序输出:

average score1 is: 79.599998

average score2 is: 76.699997

说明:

(1) 在主函数 main() 中,定义两个数组,并输出 5 门功课和 10 门功课的平均成绩,成绩的统计工作是在 average 函数中完成的;

(2) average 函数形参为 array 和 n,array 后面 [] 表示接受数组类型的实参;参数 n 是必需的,表示接受实参数组元素的个数。

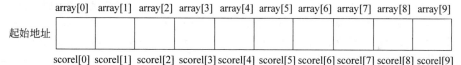

图 6.27 实参数组和形参数组共用存储空间

*6.6.2 二维数组作函数参数

对多组相关数据的处理需要使用二维甚至多维数组。表 6.3 是一个学生的成绩表,每行列出了一个学生的各科成绩、总成绩和平均成绩,其中,总成绩、平均成绩是由各科成绩计算所得。最后两行为前几行数据的汇总。用二维数组存储学生的成绩表,第一维用于表示学生的学号(即元素所在的行),第二个下标用于表示课程名称(即元素所在的列),所以,这样的二维表使用二维数组进行处理是合适的。

用二维数组名作为实参或者形参,在被调用函数中对形参数组定义时可以指定所有维数的大小,也可以省略第一维的大小说明。

表 6.3 学生成绩统计表

课程 / 学号	MATH	ENG	PHYS	SUM	AVG
20150430	97	87	92	276	92
20150431	92	91	90	273	91
20150432	90	81	82	253	84.3
20150433	73	65	80	218	72.7
课程总分	352	324	344		
课程平均分	88	81	86		

【案例 6.38】 假设一个班的学生数不超过 40 人,期末考试的课程为数学(MATH)、英语(ENG)和物理(PHYS),编程序计算每个学生的总分和平均分以及每门课程的总分和平均分。测试数据如表 6.3 所示。

根据题目要求,需要设计 4 个函数分别完成不同功能。read_score()用于输入学生的信息(学号、成绩),设置输入负值为结束标志,函数的返回值为学生人数。stud_aver()用来统计学生的总成绩和平均成绩;course_aver()用来统计课程的总分和平均分;output()用于输出每个学生成绩的统计信息以及每门课程的统计信息。main 调用以上函数,将实际的学生成绩信息的二维数组传递给被调函数,具体程序如下。

```c
#include <stdio.h>
#define STUD_N 40                               /* 符号常量为学生的人数 */
#define COURSE_N 3                              /* 符号常量为功课的门数 */
int read_score(int score[][COURSE_N], long num[]);
void stud_aver(int score[][COURSE_N], int sum[], float aver[], int n);
void course_aver(int score[][COURSE_N], int sum[], float aver[], int n);
void output(int score[][COURSE_N], long num[], int sums[], float avers[], int
sumc[], float averc[], int n);
int main()
{
    int score[STUD_N][COURSE_N], sums[STUD_N], sumc[COURSE_N], n;
    long num[STUD_N];
    float avers[STUD_N], averc[STUD_N];
    n=read_score(score, num);                        /* 读入学生成绩 */
    stud_aver (score, sums, avers, n);               /* 计算每个学生的总分平均分 */
    course_aver (score, sumc, averc, n);             /* 计算每门课程的总分平均分 */
    output (score, num, sums, avers, sumc, averc, n);/* 输出学生成绩 */
    return 0;
}
/* 输入学生的学号及成绩,当输入负值时,结束输入,返回学生人数 */
int read_score ( int score[][COURSE_N], long num[] )
{
```

```
    int i, j, n;
    printf("Enter the total number of the students(n <=40): ");
    scanf("%d", &n);                            /* 输入参加考试的学生人数 */
    printf( "Enter student's ID and scores as: MATH ENG PHYS:\n");
    for (i=0; i<n; i++)                         /* 对所有学生进行循环 */
    {
        scanf("%ld", &num[i] );                 /* 以长整型输入每个学生的学号 */
        for(j=0; j <COURSE_N; j++)              /* 对所有课程进行循环 */
        {
            scanf("%d", &score[i][j]);          /* 输入每个学生的各门课程成绩 */
        }
    }
    return i;                                   /* 返回学生人数 */
}
/* 计算每个学生的总分和平均分 */
void stud_aver (int score[][COURSE_N], int sum[], float aver[], int n )
{
    int i, j;
    for ( i=0; i<n; i++)
    {
        sum[i]=0;
        for(j=0; j <COURSE_N; j++)              /* 对所有课程进行循环 */
        {
            sum[i]=sum[i] +score[i][j];         /* 计算第 i 个学生的总分 */
        }
        aver[i]=(float)sum[i]/ COURSE_N;        /* 计算第 i 个学生的平均分 */
    }
}
/* 计算每门功课的总分和平均分 */
void course_aver (int score[][COURSE_N], int sum[], float aver[], int n)
{
    int i, j;
    for(j=0; j <COURSE_N; j++)
    {
        sum[j]=0;
        for ( i=0; i<n; i++)                    /* 对所有学生进行循环 */
        {
            sum[j]=sum[j] +score[i][j];         /* 计算第 j 门课程的总分 */
        }
        aver[j]=(float)sum[j]/n;                /* 计算第 j 门课程的平均分 */
    }
}
/* 函数功能:打印每个学生的学号、各门课成绩、总分和平均分,每门课的总分和平均分 */
void output (int score[][COURSE_N], long num[], int sumS[], float averS[], int
```

```
sumC[], float averC[], int n)
{
    int i, j;
    printf("Result:\n");
    printf("StudentID\t MATH\t ENG\t PHYS \t SUM\t AVER\n");
    for ( i=0; i<n; i++)
    {
        printf( "%12ld\t", num[i]);              /* 以长整型格式打印学生的学号 */
        for(j=0; j <COURSE_N; j++)
        {
            printf("%4d\t", score[i][j]);        /* 打印学生的每门课成绩 */
        }
        printf("%4d\t%5.1f\n", sumS[i], averS[i]);
    }
    printf("SumofCourse \t");
    for(j=0; j <COURSE_N; j++)                   /* 打印每门课的总分 */
    {
        printf("%4d\t", sumC[j]);
    }
    printf("\nAverofCourse\t");
    for(j=0; j<COURSE_N; j++)                    /* 打印每门课的平均分 */
    {
        printf("%4.1f\t", averC[j]);
    }
    printf("\n");
}
```

程序输入：

```
Enter the total number of the students(n<=40):4
Enter student's ID and scores as: MATH ENG PHYS:
20150430  97  87  92
20150431  92  91  90
20150432  90  81  82
20150433  73  65  80
```

程序输出：

```
Result:
```

StudentID	MATH	ENG	PHYS	SUM	AVER
201404130	97	87	92	276	92.0
201404131	92	91	90	273	91.0
201404132	90	81	82	253	84.3
201404133	73	65	80	218	72.7
SumofCourse	352	324	344		
AverofCourse	88.0	81.0	86.0		

程序说明：

（1）函数 read_score()用于输入学生的学号及成绩,其中学生的学号用一维数组 num 存储,成绩用二维数组 score 存储。当输入负值时,结束输入,返回学生人数,用于计算平均值。

（2）函数 stud_aver()用于计算每个学生的总分和平均分,分别存储在一维数组 sum 和 aver 中。

（3）函数 course_aver()用于计算每门功课的总分和平均分,分别存储在一维数组 sum 和 aver 中。

（4）函数 output()用于输出每个学生的学号、各科成绩、总分和平均分以及每门课的总分和平均分。

（5）调用过程如下:将学生的成绩信息 score 以及学号信息 num 传递给 read()函数获得实际学生人数;将 score 传递给 stud_aver()获得学生的总成绩和平均成绩;将 score 传递给 stud_aver()获得课程的总成绩和平均成绩;将学生的学号 num、课程 score 以及学生的汇总平均成绩、课程的汇总平均成绩传递给 output()函数,输出题目所要求的信息。

（6）本例采用了"传地址值"的方式,即用数组名作函数实参,得到的结果有单个,也有多个。

（7）本例采用模块化程序设计,main 函数由输入、处理和输出三部分组成。

6.6.3 指针作函数参数

考虑一个交换变量的函数:

```
void swap(int x, int y)
{
    int temp;
    temp=x;
    x=y;
    y=temp;
}
```

当使用 swap(a,b)调用这个函数时,并没有实现 a 和 b 的交换。其原因是源于"值传递"。调用 swap()函数时,将实参 a、b 的值赋给了形参变量 x、y,swap()函数将形参变量 x、y 的值交换,然而 a、b 的值并没有交换。我们希望将 swap 的交换结果传到调用它的实参,就不能使用单向的值传递方式,而应改为址传递方式。

函数指针也可以作函数的参数,它的作用是将一个变量的地址传送到一个函数中,采用的依然是单向的值传递方式,只不过传递的是"地址值"。在程序执行过程中,形参与实参可以是指针。如果形参是指针类型,则函数在执行过程中如果修改指针指向的内存单元中的数据,当返回主调函数时,实参变量的值也发生了变化。

【案例 6.39】 用指针作为函数参数,交换两个变量的值。

```
#include <stdio.h>
```

```
void swap(int * p1, int * q1)              /* 形参为指针 */
{
    int temp;
    temp= * p1;                            /* 指针指向的内存单元中的内容对调 */
    * p1= * q1;
    * q1=temp;
}
int main()
{
    int a, b, * p, * q;
    scanf("a=%d, b=%d", &a, &b);           /* 输入变量 a、b 的值 */
    p=&a;                                  /* 指针 p 指向变量 a */
    q=&b;                                  /* 指针 q 指向变量 b */
    if (a <b) swap ( p, q);                /* 传递的数据是变量 a、b 的地址 */
    printf("a=%d,b=%d\n", a, b);           /* 输出交换后变量 a,b 的值 */
    return 0;
}
程序输入:a=2, b=3
程序输出:a=3, b=2
```

在主函数中,两个指针 p 和 q 分别指向变量 a 和变量 b,见图 6.28(a)。调用 swap 函数时,将变量 a 的地址通过 p 传给指针变量 p1,将变量 b 的地址通过 q 传给指针变量 q1,如图 6.28(b)所示。这时指针变量 p 和 p1 同时指向 a,指针变量 q 和 q1 同时指向 b。函数 swap 通过指针 p1 和 q1 将其指向的单元中的内容对调,执行函数中的语句,即将 * p1 和 * q1 的值互换,如图 6.28(c)所示,由于 p1 和 q1 为局部变量,函数结束后它们所占的空间即被释放掉。返回主程序时的结果如图 6.28(d)所示。从而使变量 a 和变量 b 的值也得到了对调。

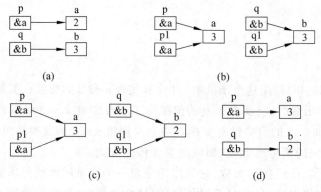

图 6.28　指针变量作函数参数时形参与实参值的变化(1)

提示:也可以使用 swap(&a，&b)调用 swap 函数,将 a、b 的地址传递给被调函数 swap 实现 a 和 b 的交换。

前面的 swap()函数交换的是形参指针 p1、q1 所指向的变量的值。如果在函数 swap

中通过交换指针的指向实现案例 6.39 的功能,结果会怎样呢? 看一下案例 6.40。

【**案例 6.40**】 用指针作为函数参数,实现案例 6.39。

```c
#include <stdio.h>
void swap ( int * p1, int * q1 )            /* 形参为指针 */
{
    int * temp;
    temp=p1;                                /* 指针的指向对调 */
    p1=q1;
    q1=temp;
}
int main()
{
    int a, b, * p, * q;
    scanf ( "a=%d, b=%d", &a, &b );         /* 输入变量 a、b 的值 */
    p=&a;                                   /* 指针 p 指向变量 a */
    q=&b;                                   /* 指针 q 指向变量 b */
    swap ( p, q );                          /* 传递的数据是变量 a、b 的地址 */
    printf ( "a=%d, b=%d\n", a, b );        /* 输出调用函数后变量 a,b 的值 */
    return 0;
}
```
程序输入:a=2,b=3
程序输出:a=2,b=3

在主函数中,两个指针 p 和 q 分别指向变量 a 和变量 b,见图 6.29(a)。调用 swap 函数时,将变量 a 的地址通过 p 传给指针变量 p1,将变量 b 的地址通过 q 传给指针变量 q1,如图 6.29(b)所示。调用 swap 函数时,执行函数中的语句,将指针 p1 和 q1 的指向对调,见图 6.29(c)。函数调用结束后,指针变量 p1 和 q1 被释放。实参指针的值没有改变,变量 a 和 b 内存单元并未做任何操作,它们各自的存储内容并没有变化,见图 6.29(d)。因此,不能通过这种方式改变 a 和 b 的值。

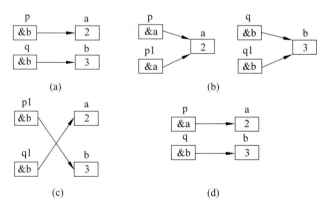

图 6.29 指针变量作函数参数时形参与实参值的变化(2)

【案例 6.41】 数组的输入与输出。编写程序,通过函数给数组输入若干不小于 0 的整数,用负数作为输入结束标志,通过另一函数输出该数组中的数据。

本程序由输入函数 array_in、输出函数 array_out,主函数 main()组成。

```c
#include <stdio.h>
#define M 100                    /* M 表示元素个数不超过 100 */
void array_out(int * , int);     /* 函数原型,输出元素个数 */
int array_in(int * );            /* 函数原型,输入元素 */
int main()
{
    int s[M], k;                 /* 定义数组 s,元素个数不超过 100 */
    k=array_in( s );             /* 调用 array_in 函数给数组 s 赋值 */
    array_out (s, k);            /* 调用 array_out 函数输出数组 s 的各元素值 */
    return 0;
}
int array_in ( int * a )         /* 函数给数组 s 赋值,并统计元素个数 */
{
    int i=0, x;
    scanf( "%d", &x );
    while( x >=0 )               /* 输入数组 s 各元素值,负数为结束标志 */
    {
        * (a+i)=x;               /* 将输入的值送入数组 s 各元素中 */
        i++;
        scanf( "%d", &x );
    }
    return i;                    /* 返回数组 s 元素的个数 */
}
void array_out (int * a, int n)  /* 函数输出数组 s 各元素值 */
{
    int i;
    for ( i=0; i <n; i++)
        printf ( ( ( i +1 ) %5==0 )?"%4d\n": "%4d", * (a+i));
    printf ( "\n" );
}
```

程序输入:0 1 2 3 4 5 6 7 8 9 -1
程序输出:
0 1 2 3 4
5 6 7 8 9

说明:

(1) 输入函数 array_in 给形参一个数组元素,用负数作为输入结束标志。

(2) 主函数 main()调用了 array_in 函数给数组 s 输入数据,并返回数组元素的个数。main 函数调用 array_out 函数输出 main 函数中 s 数组的数据。在 array_in 和 array_out 两个函数中,都用名为 a 的指针变量作为形参,与主函数中的实参数组 s 相对应。

```
k=array_in( s );                       /* 调用 array_in 函数给数组 s 赋值 */
array_out (s, k);                       /* 调用 array_out 函数输出数组 s 的各元素值 */
```

当数组名作为实参时,对应的形参除了可以是指针外,还可以用另外两种形式。对于案例 6.41 中的函数调用 array_in(s);对应的函数首部可以写成以下三种形式。

(1) array_in(int * a)

(2) array_in(int a[])

(3) array_in(int a[M])

在第(2)和第(3)种形式中,虽然说明的形式与数组的说明相同,但 C 编译程序都将把 a 处理成第一种指针形式。

在被调用函数中,并没有为与数组对应的形参另外开辟一串连续的存储单元,而只是开辟了一个指针变量的存储单元。在被调用函数中所引用的数组元素就是实参数组中的元素。调用函数只是把数组的首地址传送给形参指针,仍是遵循按"值"传送的原则。

【案例 6.42】 将数组 a 中的 n 个整数按逆序输出。

假设数组 a 中有 9 个元素。程序中调用 out 函数输出数组 a 中的内容。函数 inv 用以对调数组中的内容。在 inv 函数中,变量 i 和 j 的初值分别为 0 和 8,将 a[0] 和 a[8] 进行对调,然后变量 i 和 j 分别增 1 和减 1,变为 1 和 7,接着将 a[1] 和 a[7] 进行对调。如此重复操作,当 i 等于或大于 j 时,则对调完成。

```c
#include"stdio.h"
void inv(int * , int);                  /* 函数原型声明 */
void out(int * , int);                  /* 函数原型声明 */
int main()
{
    int a[9]={ 1, 3, 5, 7, 9, 11, 13, 15, 17 };
    printf("Output primary data:");      /* 输出原始数据 */
    out(a, 9);
    inv(a, 9);/* 逆序 */
    printf("Output the inverse data: "); /* 输出反序后的数据 */
    out(a, 9);
}
void out ( int s[], int n )
{
    int i;
    for ( i=0; i <n; i++)
        printf("%4d", s[i]);
    printf("\n");
}
void inv (int * a, int n)
{
    int i, j, t;
    i=0;                                 /* i 是第一个元素的下标 */
    j=n-1;                               /* j 是最后一个元素的下标 */
```

```
        while(i<j)
        {
                t=a[i];                                /* 下标为 i 和 j 的两个元素中的值对调 */
                a[i]=a[j];
                a[j]=t;
                i++;
                j--;                                   /* i 向后移一个位置,j 向前移一个位置 */
        }
}
```
程序输出:

Output primary data: 1   3   5   7   9   11 13 15 17
Output the inverse data: 17 15 13 11 9   7   5   3   1

归纳一下,用数组名作参数,实参和形参对应的形式可用表 6.4 表示。

表 6.4 指针作函数参数形参与实参的对应形式

实　　参	形　　参	实　　参	形　　参
数组名	指针	数组名	数组名
指针	数组名	指针	指针

*6.6.4 结构体类型的指针和变量作函数参数

结构体类型作函数参数有以下三种方法。

1. 向函数传递结构体变量的单个成员

结构体变量中的每个成员可以参与所属类型允许的任何操作。当然也可以作为参数在函数间传递。这种传递属于值传递,在函数内部对其进行操作不会引起结构体成员值的变化。这种向函数传递结构体的一个成员的方式,很少使用。

2. 用结构体变量作函数的参数

将函数的形参定义成一个结构体类型的变量,调用时实参传递一个结构体变量,即将整个结构体成员的内容复制给被调函数。在函数内可用成员运算符引用其结构体成员,所以这种方式也是传递数值的方式。在函数内对形参结构体成员值的修改,不会影响相应的实参结构体成员。这种传递方式更为直观,但由于形参和实参都要占存储空间,造成系统的开销较大,故此法不常用。

3. 用结构体指针变量或结构体数组作函数参数,向函数传递结构体类型的地址

用指向结构体的指针或结构体数组作函数实参的实质是向函数传递结构体类型的地址。因为是传递地址值,所以在函数中对形参结构体成员值的修改,将影响实参结构体成

员的值。将函数的形参定义成一个结构体类型的指针,调用时实参传递一个结构体变量的地址。由于在函数调用的过程中,参数传递只是一个地址,因此系统的开销较小。

【案例 6.43】 用结构体指针作参数,修改结构体变量的值。

```c
#include <stdio.h>
#include<string.h>
struct student                                      /* 定义结构体类型 */
{
    char name[20];
    long num;
    char gender;
    float score;
};
void modify ( struct student * );
int main()
{
    struct student stu={"Lin Fang", 20150305, 'F', 98.0 }; /* 定义结构体变量 */
    printf("%-10s %8d %2c %8.2f\n", stu.name, stu.num, stu.gender, stu.score);
    modify(&stu);                                   /* 调用函数 change */
    printf("%-10s %8d %2c %8.2f\n", stu.name, stu.num, stu.gender, stu.score);
}
void modify(struct student * p)                     /* 修改 name、num 及 score */
{
    strcpy( p->name, "Xiang Jun" );
    p->num=20150306;
    p->score=92.0;
}
程序输出:
Lin Fang    20150305   F    98.00
Xiang Jun   20150306   F    92.00
```

说明:

(1) modify()函数为修改 struct student 类型的结构体指针 p 所指向的结构体域的值;

(2) main()函数调用 modify()函数时,将实参结构体变量 stu 的地址传给形参 p,modify 函数中修改了 p 指向的 name、num 及 score,没有修改 gender,为此 stu 的 name、num 及 score 也发生变化。

*6.7　其他复杂数据类型

6.7.1　共用体类型

1. 共用体类型的定义

共用体(Union)是一种数据类型,将不同类型的数据类型采用覆盖技术存放到同一个存储空间。利用共用体,可以创建相同大小单元的数组,每个单元能够存放多种类型的数据。

共用体类型定义的一般形式为:

```
union 共用体名
{
        <类型说明><共用体成员名 1>;
        <类型说明><共用体成员名 2>;
        …
        <类型说明><共用体成员名 n>;
}
```

例如:

```
union data
{
        short int i;
        char ch;
        float f;
};
```

定义了一个共用体类型 data,它包含三个成员(域):短整型的 i、字符型的 ch、单精度的 f。

2. 共用体变量的定义

共用体变量的定义方式和结构体的定义方式相似,例如:

```
union data
{
        short int i;
        char ch;
        float f;
}a, b, c;
```

也可以先声明共用体类型,再定义变量或直接定义共用体变量。

说明:

(1) 共用体变量所占内存字节数与其成员中占字节数最多的那个成员相等。若 short int 型占两个字节,float 型占 4 字节,char 型占一个字节,则以上定义的共用体变量 a 占 4 字节。

(2) 由于共用体变量中的所有成员共享存储空间,因此变量中的所有成员的首地址相同,而且变量的地址也就是该变量成员的地址。例如:&a=&a.f。

(3) 同一内存段可以存放不同的成员,但对每一个成员的访问,针对的都是共享的内存。所以,无论用哪一个成员修改了共用体,用其他成员取出的值都会发生改变。

(4) 共用体名是可选项,在说明中可以不出现。共用体中的成员可以是简单变量,也可以是数组、指针、结构体和共用体。结构体的成员也可以是共用体,它们可以互为基类型。

共用体类型在内存中的大小,可用 sizeof 进行测试,例如:

```
printf ("%d\n" , sizeof(union data));
```

结果输出 4。

共用体是不同类型的数据占用相同的空间,其大小取决于其成员中占空间最多的那个成员变量。共用体类型 dada 的三个成员中,float 型成员占用的内存字节数最多(4 个字节),因此,data 共用体类型所占的空间数为 4 个字节。data 所占的空间如图 6.30 所示。

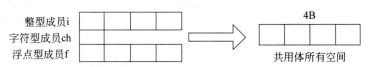

图 6.30　共用体的内存分配及所占字节数

3. 共用体变量的引用

共用体变量不能整体引用,只能引用其中的成员。可以使用以下三种形式之一来引用。

(1) 共用体变量名.成员名

(2) 指针变量名－＞成员名

(3) (＊指针变量名).成员名

例如:

```
union data u, * p=&u;
u.i=123;
p->ch='A';
p->f=5.5;
```

同结构体变量一样,共用体类型的变量可以作为函数实参进行传递,也可以传送共用体变量的地址。

【案例6.44】　利用共用体类型的特点分别取出 int 变量中高字节和低字节中的两个数。

```
#include<stdio.h>
union
{
    unsigned char c[2];
    short int a;
} un;
int main()
{
    un.a=16961;
```

```
    printf("%d, %c\n", un.c[0], un.c[0] );
    printf("%d, %c\n", un.c[1], un.c[1]);
    return 0;
}
```
程序输出：

65, A

66, B

说明：

(1) 共用体变量 un 中包含两个成员：字符数组 c 和整型变量 a,它们恰好都占两个字节的存储单元。由于是共用存储单元,给 un 的成员 i 赋值 16961 后,内存中数据的存储情况如图 6.31 所示。16961 的二进制占用 4 个字节,因为 16961＝66×256＋65,所以低端字节为 65,高端字节为 66。

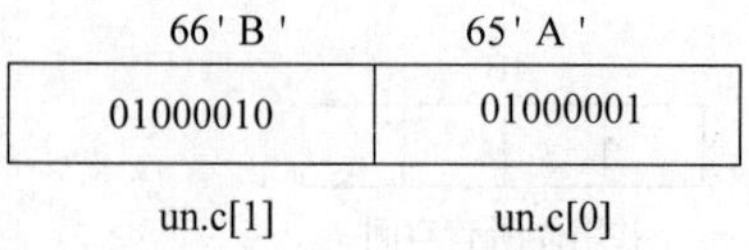

66' B '	65' A '
01000010	01000001
un.c[1]	un.c[0]

图 6.31　共用体的存储

(2) 案例 6.44 的运行结果是在小端存储模式下运行的结果。

存储单元是以字节为单位的。对于位数大于 8 位的处理器,其寄存器宽度大于一个字节,涉及如何安排多个字节的问题。有两种存储模式：大端存储模式和小端存储模式。大端模式,是指数据的低位保存在内存的高地址中,而数据的高位保存在内存的低地址中,类似于把数据当作字符串顺序处理：地址由小向大增加,而数据从高位往低位放;小端模式,是指数据的低位保存在内存的低地址中,而数据的高位保存在内存的高地址中,地址的高低和数据位的高低一致。

*【案例 6.45】　测试计算机的存储模式。

```
#include <stdio.h>
union test
{
    int i;
    char ch;
}t;
int main()
{
    t.i=0x00000001;;
    if(t.ch==1)
        printf("小端模式");
    else
        printf("大端模式");
    return 0;
}
```

6.7.2　枚举类型

早期的 C 语言没有枚举类型,C89 标准引进了枚举类型。使用枚举类型的目的是提高程序的可读性,其语法与结构体的语法类似。再有使用枚举类型可以避免程序员写下非法代码,如在枚举值上进行某些算术运算。

1. 枚举类型定义

如果一个变量的值只有若干个可能的值,就可以将这些值定义为枚举常量,而将该变量定义为枚举类型,指该变量的值是可以用枚举常量"枚举"的。例如,一个星期只有 7 天,一年只有 12 个月等,描述的是一组整型值的集合。枚举类型要用 enum 来定义。在枚举类型的定义中列举出所有可能的取值,被说明为该类型的变量取值不能超过定义的范围。

枚举类型定义的一般格式是:

<enum ><枚举类型名><{ 枚举常量表 }>;

其中枚举常量是整型常量。例如,定义一个表示颜色的枚举类型 color:

```
enum color{red, blue, green, yellow, black, white};
```

其中,大括号内的标识符是枚举常量。

2. 枚举常量

除非特别指定,一般情况下第一个枚举常量的值为 0,第二个为 1,以后依次递增 1。例如,在上面定义的 enum color 类型的定义中,red 的值为 0,blue 的值为 1,以此类推,white 的值为 5。

如果某个枚举常量带有初始值,那么其后相继出现的枚举常量的值将从该初始值开始递增,如:

```
enum color{red=5, blue, green, yellow=2, black, white};
```

则 red 的值是 5,blue 和 green 的值分别为 6 和 7;black 和 white 的值为 3 和 4。

枚举常量是一个整数常量,不能给其赋值,如 blue=6。

3. 枚举变量

枚举型变量的定义,最常采用的形式是将类型声明与变量定义分开,先声明类型,再定义变量。在有了上面定义的 enum color 类型后,如下定义了两个该类型的变量:

```
enum color c1,c2;
```

枚举变量可以用定义它的枚举表中的枚举常量赋值,如 c1=green;。虽然 green 是一个整数,但是不能直接将一个整数赋给枚举变量,如 c2=5;,需要对整数 5 进行类型转换,即 c2=(enum color)5;。

【案例 6.46】 取球。有若干个红、黄、蓝、白、黑 5 种颜色的球。每次从口袋中任意取出三个球,问得到三种不同颜色的球的可能取法,输出每种排列的情况。

问题分析:这是多个 5 种元素的三排列问题,要求出所有排列。

【算法分析】

（1）因为球的颜色只有 5 种，所以用枚举变量表示球的颜色如下：

enum color {red, yellow, blue, white, black};

（2）每次取出的三个球颜色互不相同，用 i，j，k 表示；

（3）采用枚举法循环遍历取球，以 i，j，k 做三重循环，依次遍历 red～black；

（4）因为枚举变量的值输出是整数，所以要根据枚举变量的值输出表示颜色的字符串表示颜色特征，如"red"，故用多分支判断输出颜色特征。

程序如下。

```c
#include <stdio.h>
int main()
{
    enum color {red, yellow, blue, white, black};
    enum color pri;
    int i, j, k, n=0, loop;                      /* n是累计不同颜色的组合数 */
    for (i=red; i<=black; i++)                   /* 当 i 为某一颜色时 */
        for (j=red; j<=black; j++)               /* 当 j 为某一颜色时 */
            if (i!=j)                            /* 若前两个球的颜色不同 */
            {
                for (k=red; k<=black; k++)
                    if ((k!=i) && (k!=j))        /* 三个球的颜色都不同 */
                    {
                        n=n+1;                   /* 使累计值 n 加 1 */
                        printf("%3d", n);
                        for (loop=1; loop<=3; loop++)   /* 先后对三个球做处理 */
                        {
                            switch (loop)
                            {
                            case 1:
                                pri=(enum color) i;
                                break;           /* 使 pri 的值为 i */
                            case 2:
                                pri=(enum color) j;
                                break;           /* 使 pri 的值为 j */
                            case 3:
                                pri=(enum color) k;
                                break;           /* 使 pri 的值为 k */
                            }
                            switch (pri)         /* 判断 pri 的值, 输出相应的颜色 */
                            {
                            case red:
                                printf("%8s", "red");
```

```
                        break;
                case yellow:
                    printf("%8s", "yellow");
                    break;
                case blue:
                    printf("%8s", "blue");
                    break;
                case white:
                    printf("%8s", "white");
                    break;
                case black:
                    printf("%8s", "black");
                    break;
                }
            }
            printf("\n");
        }
    }
    return 0;
}
```

6.7.3 类型重定义

C 语言中引入类型重定义语句 typedef，可以为数据类型定义新的名称，使其名称中包含更多的数据类型属性信息。typedef 也常用于对复杂的数据类型的冠名，如数组、结构体、指针等，使得复杂数据类型变量的定义和声明简单化，并在跨平台中使用。

说明新类型名的语句一般形式为：

typedef 类型名 标识符；

其中，"类型名"必须是在此语句之前已有定义的类型标识符；"标识符"是一个用户定义标识符，用作新的类型名。typedef 语句的作用仅仅是用"标识符"来代表已存在的"类型名"，并未产生新的数据类型，原有类型名依然有效。

typedef 的主要应用有如下的几种形式。

1. 为基本数据类型定义新的类型名

使用自定义类型，可以明确表示变量所代表的含义，例如：

typedef int km_per_hour;
km_per_hour current_speed;

使用 typedef 使变量 current_speed 表达的含义更清晰，跨平台移植更方便。

2. 为结构数据类型定义简洁的类型名称

typedef 可以用来简化复杂数据类型（结构体、共用体、指针）的定义，例如：

```
typedef struct
{
    double x;
    double y;
    double z;
} Point;
```

Point 为一用 typedef 定义的结构体类型，有了自定义的结构体类型，声明该类型的变量就和声明基本数据类型一样简单，例如：

```
Point s;
```

s 为 Point 类型的变量，具有三个域，可以用于表示三维空间中的一个点。

3. 为数组定义简洁的类型名称

当将固定长度的数组定义一个类型后，将简化数组的声明，如将长度为 10 的整型数组用 typedef 定义为一个新的类型：

```
typedef int INT_ARRAY_10[10];
```

则声明数组就极其简单：

```
INT_ARRAY_10 a, b, * p;
```

其中，a、b 为长度为 10 的整型数组，p 为指向长度为 10 的整型数组的指针。

4. 为指针定义简洁的名称

1）用于基本数据类型的指针

可以为指向某种数据类型的指针定义一个新的类型，例如：

```
typedef int * intptr;
```

其中，intptr 是一个指针类型 int * 的别名。有了类型 intptr，就可以定义该类型的变量了，例如：

```
intptr ptr;
```

定义一个变量 ptr 具有 int *，ptr 是一个可以指向 int 类型的指针。

2）用于结构体指针

可以为结构体指针定义一个类型。例如，下面定义的结点 Node 结构体：

```
struct Node
{
```

```
    int data;
    struct Node * next;
};
```

其中,结点 Node 包含两个域,一个是数据 data 域,另一个是指向结点 Node 类型的指针 next。将上述的 Node 结构体定义成一个类型:

```
typedef struct Node Node;
struct Node
{
    int data;
    Node * next;
};
```

通过定义 Node * 自定义类型,就可以定义结构体指针类型的变量,例如:

```
typedef struct Node * NodePtr;
NodePtr startptr, endptr, curptr, prevptr, errptr, refptr;
```

3) 用于函数指针

函数指针与其他类型有些不同,其语法不遵循上面介绍的自定义类型的模式:

```
typedef <数据类型><类型标识符>;
```

而是类型标识符位于返回类型和参数类型中间,例如:

```
typedef int (* Func)(float, int);
```

其中,Func 是一个自定义类型,是一个指向一类函数的指针,该类函数返回一个整数,并且顺序有 float 和 int 作为参数。

对复杂类型建立自定义类型,给变量的声明与定义带来了方便,但是对于其使用也存在争执:反对者不建议过渡使用自定义类型,认为自定义类型隐藏了变量的实际数据类型,会误导程序员认为自定义类型是简单的类型。支持者认为,使用自定义类型方便代码维护与移植,简化了一些比较复杂的类型声明。

typedef 有另外一个重要的用途,那就是定义机器无关的类型,例如,定义一个叫 REAL 的浮点类型,在目标机器上它可以获得最高的精度:

```
typedef long double REAL;
```

在不支持 long double 的机器上,定义如下:

```
typedef double REAL;
```

甚至,在连 double 都不支持的机器上,可以定义为:

```
typedef float REAL;
```

这样就不用对源代码做任何修改,便可以在每一种平台上编译这个使用 REAL 类型的应用程序。唯一要改的是 typedef 本身。在大多数情况下,这个变动可以通过条件编译来自动实现。

本章知识结构图-I

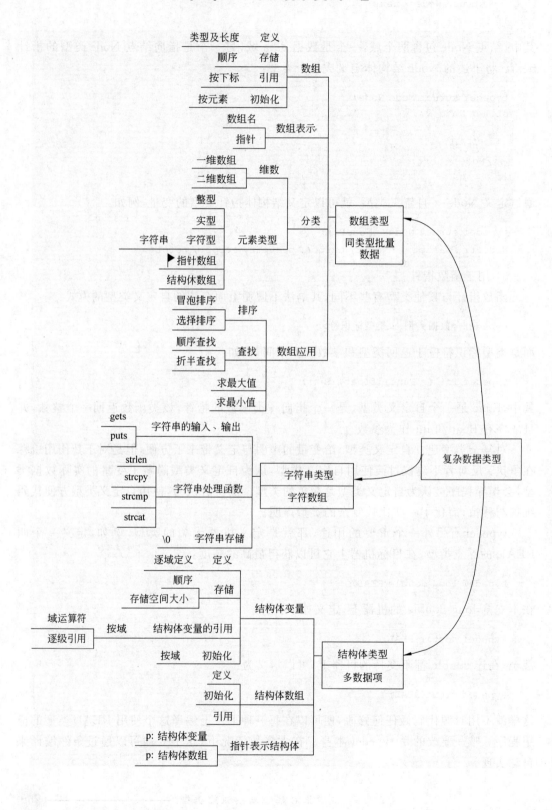

本章知识结构图-II

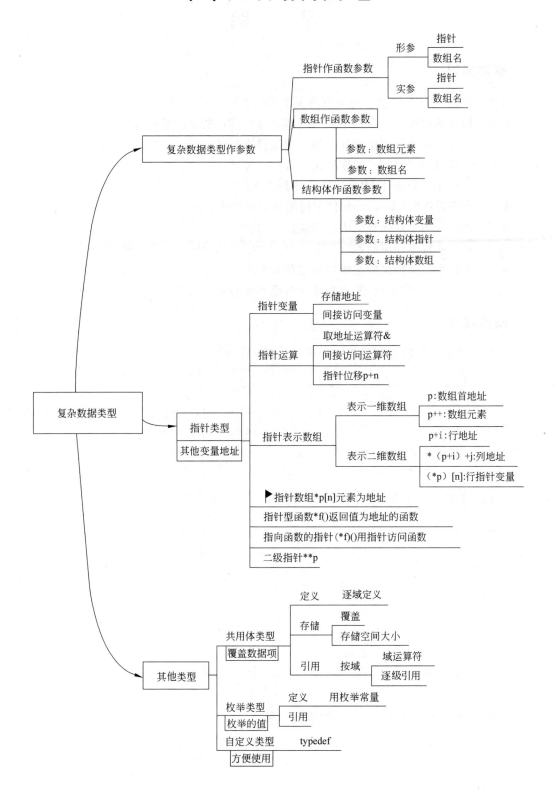

习　题

基础知识

6.1　数组 a[10][5][15]一共有多少个元素？

6.2　指针的作用是什么？不同类型的指针变量占的字节数一样吗？

6.3　指针中存储的地址和这个地址中的值有何区别？

6.4　运算符"＊"和"＆"的作用是什么？

6.5　在程序中空指针 NULL 的作用是什么？

6.6　在字符串"Hello,world!"中的结束符是什么？

6.7　如何引用结构体数组中某元素的分量？

6.8　结构体数组如何初始化？

6.9　字符型指针数组的主要作用是什么？

6.10　指针变量作参数,实参和形参有哪些对应形式？

阅读程序

6.11　分析并写出下面代码段的运行结果。

```
int i, j, a[ ]={0, 2, 8, 4, 5};
    for (i=1; i<6; i++)
    {
        j=5-i;
        printf ( "%d", a[j]);
    }
```

6.12　分析并写出下面代码段的运行结果。

```
int a[6][6], i, j;
    for (i=1; i<6; i++)
    for ( j=1; j<6; j++)
        a[i][j]=(i / j) * ( j / i );
    for (i=1; i<6; i++)
    {
    for (j=1; j<6; j++)
        printf ("%2d", a[i][j] );
    printf("\n");
    }
```

6.13　分析并写出下面代码段的运行结果。

```
char str[]={"1a2b3c"};
int i;
```

```
for (i=0; str[i] !='\0'; i++)
    if (str[i] >='0' && str[i] <='9' )
        printf ("%c", str[i] );
    printf("\n");
```

6.14 分析并写出下面代码段的运行结果。

```
char s[20]="ABCCDA";
int k;
char c;
for (k=1; (c=s[k] ) !='\0'; k++)
{
    switch(c)
    {
    case 'A':
        putchar('%');
        continue;
    case 'B':
        ++k;
        break;
    default:
        putchar ( '*' );
    case 'C':
        putchar( '&' );
        continue;
    }
    putchar( '#' );
}
```

6.15 分析并写出下面代码段的运行结果。

```
int * p1, * p2, * p, a=3, b=5;
p1=&a;
p2=&b;
if ( * p1 < * p2 )
{
    p=p1;
    p1=p2;
    p2=p;
}
printf ( "%d, %d, ", a, b);
printf ( "%d, %d ", * p1, * p2 );
```

6.16 分析并写出程序的运行结果。

```
#include <stdio.h>
struct st
```

```
{
    int x;
    int * y;
} * p;
int dt[4]={10, 20, 30, 40};
struct st aa[4]={50, &dt[0], 60, &dt[1], 70, &dt[2], 80, &dt[3]};
int main()
{
    p=aa;
    printf("%d", ++p->x);
    printf("%d", (++p)->x);
    printf("%d\n", ++(*p->y));
    return 0;
}
```

程序设计

6.17　从键盘输入若干整数(数据个数应少于 50),其值在 0～4 的范围内,用−1 作为输入结束的标志。统计每个整数的个数。试编程。

输入:第一行输入一个正整数 n(1≤n≤50),表示数据的个数。第二行输入 n 个数 (其值在 0~4 的范围内)。
输出:输出 0~4 每个整数的个数。
样例输入:
7
0 3 1 4 1 3 3 −1
样例输出:
0:1
1:2
3:3
4:1

6.18　(1045)已有一个已排好的 9 个元素的数组,今输入一个数要求按原来排序的规律将它插入数组中。

输入:第一行是原始数据,第二行是要插入的数据。
输出:排序后的数列。
样例输入:
1 7 8 17 23 24 59 62 101
50
样例输出:
1
7
8
17

23
24
50
59
62
101

6.19　一个数如果从左往右读和从右往左读数字是相同的,则称这个数为回文数,比如:898、1221、15651 都是回文数。编程求出既是回文数又是质数的 5 位十进制数有多少个?

输入:十进制数的位数。
输出:符合条件的数的个数。
样例输入:5
样例输出:93

*6.20　(2747)编写函数,把任意十进制数转化成二进制数输出。提示:把十进制数不断被 2 除,余数放在一个一维数组中,直到商数为 0。在主函数中进行输出,不得按逆序输出。

输入:正整数(十进制)。
输出:对应的二进制数。
样例输入:6
样例输出:110

*6.21　编一个程序,将一个一维数组中的 n 个整数做如下处理:顺序将前面各数后移 m 个位置,使最后面的 m 个数变成最前面的 m 个数。例如,有 6 个数:2、4、6、8、10、12,顺序后移两个位置后变成:10、12、2、4、6、8。

输入:第一行输入数组的长度 n(1≤n≤30),移动的位置 m,从第二行开始输入数组各个元素值。
输出:输出移动后的数组。
样例输入:
6 2
2 4 6 8 10 12
样例输出:10 12 2 4 6 8

6.22　(1044)求一个 3×3 的矩阵对角线元素之和。

输入:一个 3×3 的矩阵。
输出:主对角线、副对角线上的元素之和。
样例输入:
1 2 3
1 1 1
3 2 1
样例输出:3 7

6.23　输入一个 3×5 的整型矩阵,输出其中的最大值、最小值和它们的下标。

输入:一个整数矩阵。

输出:最大值、最小值以及这两个元素对应的下标。

样例输入:

3 4 5 6 7
1 8 9 5 8
4 7 5 6 2

样例输出:

Max: 9 [2, 3]
Min: 1 [2, 1]

*6.24　(2313)求 m×n 二维数组的所有马鞍点。马鞍点即该位置上的元素在该行上最大,在该列上最小,也可能没有马鞍点。

输入:第一行输入两个数 m、n 表示数组的行和列。从第二行开始输入数组各个元素值。

输出:输出数组中所有的马鞍点。

样例输入:

3 3
1 7 3
5 4 6
17 18 9

样例输出:9

6.25　用指针法输入一维数组元素的值,并用指针作参数进行选择排序。

输入:第一行为数组的长度(不超过 30),第二行为数组各元素的值。

输出:排好序的数组。

样例输入:

10
1 3 5 2 4 6 8 7 9 0

样例输出:0 1 2 3 4 5 6 7 8 9

6.26　(1052)编写一个将两个字符串合并成一个字符串的程序,不能使用系统函数 strcat()。

输入:两个字符串。

输出:连接后的字符串。

样例输入:

123
abc

样例输出:123abc

6.27　(2417)编写一个计算字符串长度的程序,不能使用系统函数 strlen()。

输入:一行字符串。

输出:字符串的长度。

样例输入:abcdef

样例输出:6

*6.28 （2734）输入若干个国名,编程输出按字典顺序排列的结果。

输入:若干国家名。

输出:按字典顺序排好的结果。

样例输入:

Ireland

Poland

Germany

France

Norway

Korea

Malaysia

Thailand

China

Brazil

样例输出:

Brazil

China

France

Germany

Ireland

Korea

Malaysia

Norway

Poland

Thailand

6.29 （2571）将习题 6.27 用指针完成。

*6.30 （2425）编写一个程序,要求输入月份号,输出该月的英文月名。例如,输入 6,则输出 June,要求用指针数组处理。

输入:月份号。

输出:英文月名。

样例输入:6

样例输出:June

*6.31 输入一行字符,包含 n 个字符。写一个函数,将此字符串中从第 m 个字符开始的全部字符复制成另一个字符串。用指针完成。

输入:第一行输入 n,m 的值,第二行输入一行字符串,第三行输入要复制的字符串。

输出:结果字符串。

样例输入:

10 6

abcdefghij

copy

样例输出:abcdefcopy

6.32　(2489)编程序输入 5 名学生的姓名和总分,存入结构体数组。然后查找总分最高和最低的学生,输出他们的姓名和总分。

输入:输入 5 个学生的姓名和总分。

输出:输出最高分和最低分的学生姓名和分数。

样例输入:wang 98.8 li 67.9 zhang 56 lu 78.7 liu 70

样例输出:

Max:wang 98.8

Min:zhang 56

*6.33　编写程序,先定义一个结构型来存放复数,其中一个成员存放实部,另一个成员存放虚部。然后由主函数调用函数分别计算两个复数的和、差。

输入:输入两个复数的实部和虚部。

输出:输出两个复数的和、差。

样例输入:5 10 6 8

样例输出:

11 18

-1 2

*6.34　(2428)定义一个结构体变量(包括年、月、日)。输入一个日期,计算该日期是本年中的第几天。请注意闰年问题。

输入:年、月、日。

输出:该日期是本年中的第几天。

样例输入:2000 12 31

样例输出:366

综合实践

6.35　学生成绩管理。有一个班共 10 个学生,5 门功课。用二维数组作参数编函数分别实现:

(1) 录入每个学生的学号和考试成绩;

(2) 求第一门课的平均分;

(3) 找出有两门以上课程不及格的学生,输出他们的学号和全部课程成绩和平均成绩;

(4) 找出平均成绩在 90 分以上或全部成绩在 85 分以上的学生;

(5) 按成绩高低排出名次表;

6.36　对候选人得票的统计程序。设有三个候选人 zhou、he、lu,最终只能有一人当选为领导。今有 10 个人参加投票,从键盘先后输入这 10 个人所投的候选人的名字,名字写错,则选票作废。要求最后输出这三个候选人的得票结果。要求用结构体数组 candidate 表示三个候选人的姓名和得票结果。

6.37　电话簿程序。建立一个结构体数组,存放若干人的信息,包括:姓名,电话,职业,住址。要求这个管理小程序可以完成以下任务。

（1）电话簿的内容显示。

（2）按姓名、电话查询联系人信息。

（3）按输入的关键字修改联系人的信息。

（4）用指向该数组的指针完成上述功能。

（5）输出如下菜单，用 switch 语句实现根据用户输入的选择执行相应的操作。

    1. 显示所有联系人信息

    2. 查询联系人信息

    3. 修改联系人信息

6.38　设计扑克牌游戏。扑克牌花色组成：CLUB（梅花）、DIAMOND（方片）、HEART（红桃）、SPADE（黑桃）。扑克牌点数组成及大小关系：2<3<…<10<J<Q<K<A。每张牌由花色和点数组成，如 Heart 5。游戏规则如下。

（1）参加游戏三人，一副扑克。每副扑克有 4 个花色，每个花色 13 张，从 2 到 A，共计 52 张。

（2）游戏过程：发牌、出牌、再出牌、……、出牌、游戏结束。

（3）发牌：逆时针轮流发给三名游戏者，每人获得一手牌。

（4）出牌：采用逆时针轮流出牌，每人一次最多出一张牌；持有 Club 2 的人先出，并且必须先出 Club 2；轮到某人出牌，他必须出与前面人出的牌同花色且点数要大；如果手中没有这样的牌，则不出牌，轮到下个人出牌。

（5）胜利者及游戏结束：谁最先出完手中的牌，谁是胜利者，且游戏结束。

请设计并完成该游戏。

（1）随机发牌。

（2）为每个人排牌：排牌花色从左到右依次为 SPADE、HEART、DIAMOND、CLUB，每种花色排牌点数由大到小。

（3）出牌。

（4）确定胜利者。

难度选择：

（1）三个人玩游戏；

（2）一个人和两个机器人玩游戏。

第7章 文件

在5.6节中介绍了输入输出重定向、利用 fprintf 函数将运行结果保存到文件,以及利用 fscanf 函数从文件中读取数据。此外几乎所有的程序,在运行时要么通过键盘输入数据,要么在程序中直接初始化,而输出数据,也只能在显示器上显示。在实际的系统中,会是什么情形?

例如,编制一个用于人口普查的统计数据程序,其输入数据如果要通过键盘输入,时间需要以月为计量单位。不说中间输入过程有多么枯燥,若遭遇意外停电、机器故障,损失将无法承受。实际的做法是,人们通过机读卡、网站等途径提供人口信息,将数据存储在文件中。运行统计程序时,直接从程序文件读取数据。

再如银行存款业务,存款时,系统会将存款业务涉及的数据保存到文件中;到取款时,需要从文件中读取数据,按照业务流程的要求,完成有关的处理。

实际问题需要在程序中实现对文件进行读写的功能。本章将全面介绍 C 语言程序设计中,利用文件进行输入输出的方法。

7.1 输入输出的基本概念

7.1.1 普通文件和设备文件

文件(File)是一组相关数据的有序集合。这个数据集的名称叫做文件名。从用户的角度看,文件可以分为普通文件和设备文件两种。

普通文件是指保存在磁盘等外部存储器上的文件,可以是程序文件、数据文件等。操作系统以文件为单位对程序和数据进行管理,并且通过目录结构将文件组织起来,构成了操作系统管理信息的存储结构。当使用图形用户界面的操作系统,如 Windows 时,目录也形象地称为文件夹。文件夹中可以包含文件,还可以再包含文件夹(或者说,目录之中还可以包含目录)。程序中要访问外部存储器上的数据,需要通过目录名和文件名找到文件。

文件名包含主文件名和扩展名两个部分。根据文件的扩展名,可以区分不同格式的文件。设计不同格式的文件,原因在于文件中存放的数据集合所遵循的存储规则不一样,从而使这些文件具有各自的用途。例如,扩展名是.bmp 的文件,是一种众所周知的图片文件格式。所有的 bmp 文件具有固定的格式,并且形成了工业标准。保存图片时要按照标准写入,而要显示一张图片时,按照相同的规则将文件中的各部分数据读出来。

设备文件是指与主机相连的各种外部设备,如显示器、打印机、键盘等。操作系统把外部设备也看做文件进行管理,对外部设备进行的输入和输出操作,等同于对普通文件的读和写。

程序从外部设备上获得数据,称为"输入"。键盘是标准输入设备,计算机中还有其他各种各样的输入设备,如鼠标、条码阅读器、游戏手柄等。从这些设备上获得数据,以及接收通过网络传输来的数据,都是输入。更一般地,输入指的是从普通文件和设备文件读取数据。

程序将数据传输到外部设备上,称为"输出"。可以输出到标准输出设备——显示器上,也可以输出到打印机、投影仪、音箱等常用的其他输出设备,数据还可以通过网络传输出去。更一般地,无论向普通文件,还是向设备文件,都可以进行输出。

7.1.2 二进制文件和文本文件

从文件中数据的组织形式看,文件分为二进制文件和文本文件(也称为 ASCII 文件)。

二进制文件中存储数据时,数据的存储形式与在内存中表示数据的形式完全相同。例如,在 C 语言程序中定义了短整型变量 x,其初值为 12345,即:

```
short int x=12345;
```

在 32 位系统中。x 在内存中需要用两个字节表示。当将其存放到二进制文件中时,与内存中的表示是完全一样的,如图 7.1 所示。

图 7.1　短整型数 12345 在内存和二进制文件中的存储格式

文本文件中的数据是按字符形式存储的,每个字符占用一个字节,存储字符的 ASCII 码。还是以上面定义的短整型变量 x 为例。将 x 保存到文本文件时,整数 12345 会被拆分成'1'、'2'、'3'、'4'、'5'共 5 个字符存储,这 5 个字符对应的 ASCII 码分别是 49、50、51、52、53,如图 7.2 所示。

' 1 ' (49)	' 2 ' (50)	' 3 ' (51)	' 4 ' (52)	' 5 ' (53)
00110001	00110010	00110011	00110100	00110101

图 7.2　短整型数 12345 在文本文件中的存储格式

文本文件与二进制文件在存储形式上的差别,决定了它们有不同的用途。

文本文件以"人能看得懂"的形式存储信息,但是,对于计算机而言,文本文件的读写效率低下。例如,前述值为 12345 的 x 变量,写入文件时要将内存中的二进制形式转换为 ASCII 码形式;而从文件中读入数据时,还需要将读取到的 ASCII 码再转换成计算机内部的二进制形式,才能支持各种运算。另外,本来用两个字节就可以存储的 short int 型数据,也需要 5 个字节存储。

二进制文件却完全是为计算机的方便而设计。内存中如何存储,在二进制文件中也是以同样的形式存储。读取文件时,可以将文件中的二进制信息直接读入内存,不需要任何的转换,存取速度快。使用二进制文件,其存储空间的利用率一般也更高一些。美中不足的是,人看到的会是一些看不懂的"乱码"。不过,这本来也就不是给人看的。二进制文件被广泛地应用,主要包括可执行文件、计算机程序间数据交换文件,以及有特殊格式要求的图片、声音、视频文件等。

了解这两种文件的差别,目的是在使用文件时,要选择合适的文件类别。这两种文件操作方面的差别,将在后续章节中介绍。

7.1.3 文件流

流(Stream)是程序输入或输出中连续的字节序列。计算机系统将普通文件和各种设备的操作,都可以视做对以字节为单位的流进行的操作,以此完成在文件、设备和程序之间的数据传输过程。

流是一个动态的概念,若将一个字节形象地比喻成一滴水,计算机中的流传输就类似于水在管道中的传输。所以,流是对输入输出的一种抽象,也是对传输信息的一种抽象。通过这种抽象,屏蔽了设备之间的差异,使程序员能以一种通用的方式,将对所有信息的存取都转化为字节流的形式传输,如图 7.3 所示。

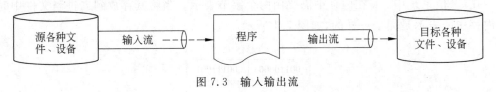

图 7.3 输入输出流

从程序的角度,只需要关心是否正确地输入了要读取的字节数据、输出了字节数据。源端和目标端各种设备的差异,以及特定输入输出设备的操作细节,则不需要程序设计者关心,这也就方便了输入输出的实现。

一个文件或者是信息的来源,或者是接收信息的目标,都是输入输出操作的对象。为了让程序能够与这种对象交换信息,就需要建立与它们的联系。流就是程序和文件之间的联系。为了从一个已有的文件输入信息,程序需要创建一个与该文件关联的输入流,建立一条信息输入通道。同理,要想向一个文件输出,就要建立一个与之关联的输出流。有时还可能建立既能输入又能输出的流。文件在被操作时,需要打开和关闭,这是文件处理中的基本操作。打开文件就是建立关联(创建流),文件被打开后就可以进行操作了。当一个文件不再需要时,程序可以切断与它的关联,撤销有关的流,对应的是关闭文件的操作。

C 语言没有提供输入输出语句,其输入输出功能是由标准库中的函数提供的。标准库中提供的一套对文件输入输出的操作函数,是流操作函数,包括流的创建(打开文件)、撤销(关闭文件),对流的读写(实际上是通过流对文件的读和写),以及一些辅助函数。

文件从数据的组织形式上分为文本文件和二进制文件,标准库中的流也分为两类:字符流和二进制流。字符流把文件看做行的序列,每行包含 0 个或多个字符,一行的最后有换行符号'\n'。字符流适合让人能够直接阅读的信息,二进制流主要用于程序内部数据的保存和重新装入使用。

7.1.4 缓冲文件系统

在 ANSI C 标准中,使用的是"缓冲文件系统"。缓冲文件系统指系统自动地在内存区为每一个正在使用的文件开辟一个缓冲区。向外存储器输出数据时,必须先将数据送到缓冲区,装满后再一起写到外存储器上;从文件中读取数据时,先将数据读取到缓冲区,程序从缓冲区取数据,送给读取数据的变量使用。每次读取数据时,首先判断缓冲区中是否有数据,如果有,则从缓冲区中读,只有当缓冲区为空时,才会将文件中的数据填充到缓冲区。缓冲文件系统的工作原理如图 7.4 所示。

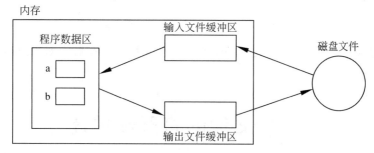

图 7.4 缓冲文件系统的工作原理

之所以要使用缓冲文件系统,原因是对外存储器访问的速度要比访问内存的速度慢很多,内存中开辟的缓冲存储区起到了文件与使用数据的程序之间的传递媒介的作用。可以一次性地以成块方式对外存文件中的数据进行操作,当程序要读写数据时,首先由缓冲区读取,不必每次访问外存。这种处理方法较好地弥合了在 CPU 中高速运行的程序与外存中文件操作速度慢形成的不匹配,从而大大地提高了程序的工作效率。当然缓冲系统也会带来隐患。比如写文件时,要先写入到缓冲区中,再真正写到外存储器中。如果此时系统崩溃或者进程意外退出,有可能导致文件中数据的丢失。

C 语言利用标准库函数实现缓冲式的输入输出功能。在打开文件时,系统自动为所创建的流建立一个缓冲区,用于文件与程序间的数据传递。

缓冲文件系统,也称为高级文件系统。C 语言还提供一种非缓冲文件系统,也称为低级文件系统,在读写文件过程中需要用到的缓冲区,要由用户在程序中根据需要设置。

7.1.5 文件指针

缓冲文件系统为每一个要使用的文件在内存中开辟缓冲区,用于存放文件的有关信息,相关的输入输出流功能就是借助这些信息实现的。

C 语言的标准库定义了结构体类型 FILE,用于存储与流操作的有关信息。FILE 结构体是在 stdio.h 中定义好的。下面是 gcc 中 FILE 结构体的定义。

```
typedef struct _iobuf
{
    char * _ptr;            /* 指向 buffer 中第一个未读的字节 */
    int _cnt;               /* 记录剩余未读字节的个数 */
    char * _base;           /* 这个文件的缓冲区的地址 */
    int _flag;              /* 记录打开的文件的一些属性值 */
    int _file;              /* 获取文件描述,可以使用 fileno 函数获得此文件的句柄 */
    int _charbuf;           /* 单字节的缓冲。如果为单字节缓冲,_base 将无效 */
    int _bufsiz;            /* 缓冲区的大小 */
    char * _tmpfname;       /* 由系统访问的临时文件名 */
} FILE;
```

所以,在使用文件的程序中,涉及文件操作的第一条语句形如:

```
FILE * fp;                  /* 定义了一个指向文件结构体的指针变量 fp */
```

在这里,指向文件结构体的指针变量 fp,也称为文件指针。在后面对文件的所有操作都要通过这个变量进行。

7.2 文件的打开和关闭

在对文件进行读写操作之前要先打开文件,使用完毕后要关闭文件。所谓打开文件,是为操作文件分配缓冲区,记录文件操作的有关信息,建立文件指针与文件的联系。而关闭文件,则是释放缓冲区,解除文件指针与文件的联系。

7.2.1 文件的打开(fopen 函数)

用 fopen 函数来打开一个文件,其原型为:

```
FILE * fopen(char * filename, char * type);
```

说明:

(1) 形参 filename 代表被打开文件的文件名,用字符串常量或字符串数组表示;

(2) 形参 type 是用一个字符串表示的使用文件方式,确定文件的类型和操作要求;

(3) 函数的返回值是 FILE 类型结构体的指针,返回值赋值给文件指针名。

例如:

```
FILE * fp;
fp=fopen("file.txt","w");
```

以只写的方式(w)，打开当前目录下的文件 file. txt，并使 fp 赋值为 fopen 函数返回的
FILE 类型指针。打开之后，对文件 file. txt 的操作，都要通过文件指针 fp 来完成。

又如：

```
FILE * fpout;
fpout=fopen("c:\\dict\\dictionary.dat","rb");
```

以只读的方式打开二进制文件(rb)，文件存储在 c 盘的 dict 文件夹中，文件名是
dictionary. dat。对比前例可知，如果在文件名前不写盘符和路径，默认读取的文件和程
序文件在同一文件夹下，如果要访问别的文件夹下的文件，必须要写明路径。自定义的文
件指针变量 fpout 将得到指向 FILE 类型结构体的指针，完成后续的操作。

使用 fopen 打开文件，要正确使用文件的打开方式。文件的打开方式用字符串常量，
决定了对文件的使用方式，表 7.1 展示了各种打开方式及其意义。

表 7.1　文件的打开方式

打开方式	意　　义
r	打开一个文本文件，可以读取文件
w	打开一个文本文件，可以向文件写入数据。如果文件存在，要先将文件的长度截为零；如果文件不存在则先创建之
a	打开一个文本文件，可以向文件写入数据。如果文件存在，向文件的尾部追加内容；如果文件不存在则先创建之
r+	打开一个文本文件，可以从文件中读取数据和向文件中写入数据
w+	打开一个文本文件，可以读取和写入。如果文件存在，要先将文件的长度截为零；如果文件不存在则先创建之
a+	打开一个文本文件，可以读取和写入。如果文件存在，向文件的尾部追加内容；如果文件不存在则先创建之。可以读取整个文件，但写入时只能追加
rb/wb/ab/rb+/wb+/ab+	与前面的打开方式类似，只是打开的是二进制文件，而非文本文件

在打开一个文件时，有时会出现打开不成功的情况。例如，要以"读"的方式打开文
件，而实际上文件不存在(有可能是写错了文件名)。再如，要以"写"的方式打开文件，但
保存文件的存储设备发生故障，或者设置了禁止写入的保护。当文件打开不成功时，
fopen 将返回一个空指针 NULL。在程序中可以用这一信息来判别是否完成打开文件的
工作，并做相应的处理。在实际的工程中，要打开一个文件，通常要用类似下面的程序段，
防止文件打开不成功时产生的意外。

```
if((fp=fopen("file.txt","w")==NULL)
{
    printf("error! cannot open file.txt!\n");
    exit(1);
}
```

在上面的程序段中，当打开文件出错时，首先输出一句出错信息，然后用函数库中提

供的 exit(1)结束程序的执行。exit 函数是 stdlib. h 中提供的库函数,用来终止一个进程的执行。无论在程序中的什么位置,只要执行 exit,程序就会终止运行,exit(1)代表的是进程的非正常结束。结束程序的执行还有其他的方法,但使用 exit 函数的好处是,在退出应用程序之前,会有效地完成一些"善后"的工作。

7.2.2　文件关闭函数(fclose 函数)

文件一旦使用完毕,应用关闭文件函数 fclose 把文件关闭。在使用缓冲文件系统时,关闭文件的直接意义就在于,将缓冲区中剩余的数据写入外存储器中。

fclose 函数的原型是:

int fclose(FILE * stream);

说明:

(1) 形参 stream 是指向 FILE 类型的指针,即代表要关闭的文件。

(2) 函数返回值为 int 型。文件指针关闭文件操作能正常完成时,fclose 函数返回值为 0。如返回非零值则表示关闭文件时有错误发生。

【案例 7.1】 判断文件是否存在。

程序如下。

```
#include <stdio.h>
int check_exist(char * filename)
{   /* 检测文件是否存在,成功返回 1,否则返回 0 */
    FILE * fp=fopen(filename,"r");              /* 打开文件读 */
    if(fp==NULL)                                /* 文件打开失败 */
        return 0;
    fclose(fp);                                 /* 关闭文件 */
    return 1;
}
int main()
{
    char filename[100];
    scanf("%100s",filename);                    /* 输入文件名 */
    if(check_exist(filename))
        printf("The file is exist\n");
    else
        printf("The file is not exist\n");
    return 0;
}
```

说明: 程序中定义函数 check_exist 用来检查参数 filename 所表示的文件是否存在,在函数中文件指针 fp 指向 filename,用读的方式打开,如果打开文件失败,表示文件不存在,返回 0;否则表示打开文件成功,关闭文件,并返回 1。

7.3　文本文件的输入输出

文本文件由于其直观、方便,在应用中被大量使用。C 语言对文本文件的读写提供了很多种方法,既有以字符为单位的读写,也有以字符串为单位的读写,还可以利用格式控制符,对特定格式的数据进行输入输出的操作。

7.3.1　读写字符

读写字符的函数是以字符(字节)为单位,对文件进行的读写操作,每次可从文件读出或向文件写入一个字符。

1. 写字符函数 fputc

fputc 函数的功能是把一个字符写入指定的文件中。函数原型为:

```
int fputc( int ch, FILE * stream );
```

说明:

(1) 形参 ch 是要写入文件字符的 ASCII 码,常直接以字符的形式提供。

(2) 形参 stream 是指向 FILE 类型的指针,即在之前打开的文件指针,表示向文件指针指向的文件写入字符。要向文件中写入数据,需要用写、读写、追加方式打开文件。用写或读写方式打开一个已存在的文件时将清除原有的文件内容,写入字符从文件首开始。如果希望写入的字符从文件末开始存放,文件中原有的内容能够保留下来,就要用到追加方式打开文件。当被写入的文件不存在时,则创建该文件。

对文件操作的所有函数,都需要一个指向 FILE 类型的指针作为参数,其含义及用法,均与 fputc 中的一致,故在以后遇到时不再一一介绍。

(3) 函数返回 int 型数据,其值为写入文件的字符的 ASCII 值。

例如:

```
fputc('a',fp);                          /* 将把字符'a'写入 fp 所指向的文件中 */
```

【案例 7.2】　从键盘输入一行字符,写入一个文件。

程序如下:

```
#include<stdio.h>
#include<stdlib.h>
int main()
{
    FILE * fp;
    char ch;
    if((fp=fopen("data.txt","w"))==NULL)   /* 以写入的方式打开文件 */
```

```
    {
        printf("Cannot open file!");
        exit(1);
    }
    printf("Enter a string:\n");
    ch=getchar();                          /* 从键盘上读入一个字符 */
    while (ch!='\n')                       /* 若不是换行符 */
    {
        fputc(ch,fp);                      /* 将其写入到文件中 */
        ch=getchar();                      /* 再读入下一个字符 */
    }
    fclose(fp);                            /* 关闭文件 */
    return 0;
}
```

说明：程序以写入文本文件的方式打开文件 data. txt。如果打开成功，从键盘读入一个字符后进入循环，当读入字符不为换行符时，就把从键盘读入的字符写入文件之中，然后继续从键盘读入下一字符。

2. 读字符函数 fgetc

fgetc 函数的功能是从指定的文件中读一个字符，函数原型为：

```
int fgetc(FILE * stream );
```

说明：

(1) 形参 stream 是指向 FILE 类型的指针，即在之前打开的文件指针，表示从文件指针指向的文件中读字符。要求要读取的文件必须是以读的方式或者读写方式打开。

(2) 函数返回 int 型数据，其值为读取到的字符的 ASCII 码。

例如：

```
ch=fgetc(fp);               /* 从打开的文件 fp 中读取一个字符并保存到字符变量 ch 中 */
```

【案例 7.3】 复制文件：由 data. txt 复制到 mydata. txt 中。

```
#include<stdio.h>
#include<stdlib.h>
int main()
{
    FILE * fp1,* fp2;
    char ch;
    if((fp1=fopen("data.txt","r"))==NULL)              /* 打开用于复制的源文件 */
    {
        printf("Cannot open source file.\n");
        exit(1);
    }
```

```
        if((fp2=fopen("mydata.txt","w"))==NULL)    /* 打开用于写入的目标文件 */
        {
            printf("Cannot open target file.\n");
            exit(1);
        }
        while((ch=fgetc(fp1))!=EOF)                 /* 从源文件中逐个地读出字符 */
            fputc(ch,fp2);                          /* 将读出的字符逐个写入到文件 */
        fclose(fp1);
        fclose(fp2);
        return 0;
    }
```

说明:

(1) 程序中定义了两个文件指针 fp1 和 fp2,fp1 指向 data.txt,用读的方式打开,fp2 指向 mydata.txt,这里用了写的方式打开。如果打开文件出错,给出提示并退出程序。打开成功后,在循环语句中,从 fp1 中逐个地读出字符,再将其写入到 fp2 指向的文件中。

(2) 在读取过程中,如果读到了文件的最后,fgetc 函数将读到所谓的"文件结束符",记为 EOF。EOF 是 End Of File 的缩写,在 C 语言中,它是在标准库中定义的一个宏,其值为 int 型的 -1。EOF 不是文件中实际存在的内容,只表示读文件到了结尾这一状态,可以用 ch==EOF 判断读出的字符,以确定是否到了文件尾。

C 语言中提供了一个 ferror 函数,用于判断文件操作是否成功。其原型为:

```
int ferror (FILE * stream);
```

其中,stream 参数指示了要检测的文件,如对文件操作未出错,则返回值为 0,否则返回非零值表示出错。

C 语言中提供了一个 feof 函数,用于判断文件是否处于文件结束位置。其原型为:

```
int feof(FILE * stream);
```

其中,stream 参数指示了要检测的文件,如文件结束,则返回值为 1(真),否则为 0(假)。

程序中建议用 while(!feof(fp) && !ferror(fp)){...},代表只要文件未结束并且操作未出错,就一直执行循环中的操作。

7.3.2 读写字符串

读写字符串的函数以字符串为单位,完成对文件的读写操作。

1. 写字符串函数 fputs

fputs 函数的功能是向指定的文件写入一个字符串。函数的原型为:

```
int fputs(char * str, FILE * stream);
```

说明：

（1）形参 str 是要向文件中写入的字符串，可以是字符串常量，也可以是字符数组名或指针变量。

（2）函数的返回值是写入的字符数，是一个整数。

2. 读字符串函数 fgets

fgets 函数的功能是从指定的文件中读一个字符串到字符数组中。函数的原型为：

```
char * fgets (char * str, int n, FILE * stream);
```

说明：

（1）形参 str 是读取成功后，用于存放字符串的内存单元地址。str 可以在调用前被声明为长度为 n 的字符数组，也可以是指向字符串的指针。如果是后一种情况，必须保证 str 指针指向的是合法可用的空间。

（2）形参 n 表示从文件中读出的字符串不超过 n−1 个字符。从文件中读取成功后，会在最后一个字符后加上字符串结束标志'\0'。在读出 n−1 个字符之前，如遇到了换行符或 EOF，则读出结束。

（3）fgets 函数的返回值，是读取到的字符串的首地址。

【案例 7.4】 用读写字符串的方式完成由文本文件 data. txt 到 mydata. txt 的复制。程序如下。

```c
#include<stdio.h>
#include<stdlib.h>
int main()
{
    FILE * fp1,* fp2;
    char string[80];                        /* 定义字符数组,用于读入字符串 */
    if((fp1=fopen("data.txt","r"))==NULL)   /* 打开用于复制的源文件 */
    {
        printf("Cannot open source file.\n");
        exit(1);
    }
    if((fp2=fopen("mydata.txt","w"))==NULL) /* 打开用于写入的目标文件 */
    {
        printf("Cannot open target file.\n");
        exit(1);
    }
    fgets(string, 80, fp1);                 /* 从源文件中读入字符串 */
    while(!feof(fp1))                        /* 若未结束 */
    {
        fputs(string, fp2);                 /* 将读入的字符串写入目标文件 */
        fgets(string, 80, fp1);             /* 继续从源文件中读入字符串 */
    }
```

```
    fclose(fp1);
    fclose(fp2);
    return 0;
}
```

说明：程序中定义了两个文件指针 fp1 和 fp2，fp1 指向 data.txt，fp2 指向 mydata.txt。在按各自需要的方式成功打开文件后，在循环语句中，从 fp1 中逐个地读出字符串，保存在数组 string 中，再将这个字符串写入到 fp2 指向的文件中。在读取过程中，一次可以读入 79 个字符，string 数组的最后一个元素取'\0'，作为字符串的结束。需要注意的是，如果读取中遇到了换行符'\n'，换行符也要被读入到字符数组中，只不过，一次字符串的读取也随之结束。所以，查看程序运行结果，mydata.txt 和 data.txt 是完全一样的。

7.3.3　读写格式化数据

C 语言中，printf、scanf 两个函数提供了格式化读写数据的功能，其中用格式控制字符串，规定输入输出数据的格式。在对文件的操作中，用 fprintf 和 fscanf 按规定的格式读写文件中的数据，fprintf 用于将数据写入文件，fscanf 用于将数据从文件中读出。

fprintf 和 fscanf 函数的原型是：

```
int fprintf( FILE * stream, char * format, …);
int fscanf( FFILE * stream, char * format, …);
```

这两个函数中的形式参数，除了需要增加指向文件的指针 stream 外，其余和 printf 和 scanf 几乎完全一样。format 是包含格式控制符的字符串，例如 fprintf 函数中，format 部分取"%d, %5.1f"意味着输出的整数和浮点数中间用逗号隔开，并且浮点数的总宽度为 5，保留一位小数。函数中的其他参数，其个数和类型均受格式控制符的限制，对于 fprintf，是按照格式要求要输出的表达式，而对于 fscanf 函数，同 scanf 函数一样，要求提供接收输入的地址。

这两个函数的返回值类型均为 int 型。fprintf 的返回值是输出的字符数，输出中发生错误时，返回一个负值。fscanf 函数的返回值，是输入数据的个数，如果未输入任何数据，返回 EOF。

【案例 7.5】　从键盘输入三名学生的数据，写入一个文本文件 stu_list.txt 中，再读出这三名学生的数据显示在显示器上。

程序如下。

```
#include<stdio.h>
#include<stdlib.h>
#define NUM 3
typedef struct
{
    int num;
    char name[10];
```

```c
        int age;
        char addr[15];
    } Student;
    int main()
    {
        FILE * fp;
        Student stu1[NUM], stu2[NUM];
        int i;
        if((fp=fopen("stu_list.txt","w"))==NULL)  /* 用写文本文件的方式打开 */
        {
            printf("Cannot open file!");
            exit(1);
        }
        printf("Enter data of %d students\n",NUM);
        for(i=0; i<NUM; i++)
        {
            scanf("%d%s%d%s",&stu1[i].num,stu1[i].name,&stu1[i].age,stu1[i].
    addr);
            /* 每次循环将一名学生数据写入文件 */
            fprintf(fp,"%d\t%s\t%d\t%s\n",stu1[i].num, stu1[i].name, stu1[i].age,
    stu1[i].addr);
        }
        fclose(fp);                                       /* 关闭写入的文件 */
        printf("number\tname\tage\taddr\n");
        if((fp=fopen("stu_list.txt","r"))==NULL)  /* 用读文本文件的方式打开 */
        {
            printf("Cannot open file!");
            exit(1);
        }
        for(i=0; i<NUM; i++)
        {
            /* 每次循环读出一名学生数据 */
            fscanf(fp,"%d%s%d%s",&stu2[i].num,stu2[i].name,&stu2[i].age,
    stu2[i].addr);
            printf("%d\t%s\t%d\t%s\n",stu2[i].num, stu2[i].name, stu2[i].age,
    stu2[i].addr);
        }
        fclose(fp);                                       /* 关闭读入的文件 */
        return 0;
    }
```

说明：程序中定义了一个结构体类型，用于表示学生的信息。打开文件之后，在循环中，逐一输入学生的学号、姓名、年龄和成绩，并且立刻将其写入到打开的文件中。文件关闭后，又按照读方式再次打开文件，使用循环，按照写入的格式逐一读入刚写入的数据，并在屏幕上显示。如果有更多的学生,改变宏 NUM 的值即可。

如果用"记事本"软件查看文件 stu_list. txt 中的内容,会看到文件的内容与屏幕上显示的是一样的。

7.3.4　利用标准输入输出设备的读写操作

要解决输入输出的问题,程序需要和存储在磁盘上的文件进行交互,也需要使用到计算机中的键盘、显示器、打印机等外部设备。C 语言程序设计中,把外部设备的输入、输出,等同于对磁盘文件的读和写。这种处理大大地简化了对外部设备的操作,众多特点各异的设备,可以采用统一的方法进行输入输出。

fprintf()、fputc()和 printf()、putchar()是两组输出函数,其功能都是由程序输出数据,不同的是,前一组函数将数据写入文件,而后一组是将数据输出到标准输出设备——显示器上。

类似地,fscanf()、fgetc()和 scanf()、getchar()是两组输入函数,其功能都是程序输入数据,所不同的是,前一组的数据读自文件,而后一组的数据是通过标准输入设备——键盘输入。

查看这些函数的原型可以看出,它们之间的差别仅在于,用于文件输入输出的函数需要给出指向文件的指针,而利用标准输入输出设备的函数,输入的来源和输出的去向,是标准输入输出设备。

C 语言中定义了以下三种标准输入输出文件,也可以称做标准输入输出设备。

(1) stdin:标准输入文件指针,系统分配为键盘。

(2) stdout:标准输出文件指针,系统分配为显示器。

(3) stderr:标准错误输出文件指针,系统分配为显示器。

实际上,在 scanf 和 getc 中,使用的是标准输入设备 stdin,而在 printf 和 putc 函数中,使用的是标准输出设备 stdout。这些标准输入输出文件指针在程序开始执行时,系统会自动打开;而在程序结束时,自动关闭。在介绍文件之前所有的输入输出中,已经默默地暗中起作用了。

【案例 7.6】　两个运行结果完全相同的程序。

(1)

```
#include <stdio.h>
int main()
{
    char name[20];
    float score;
    scanf("%s %f", name, &score);                /* 从键盘输入 */
    printf("name: %s, score: %f\n", name, score);  /* 输出到显示器 */
    return 0;
}
```

(2)

```
#include <stdio.h>
int main()
{
    char name[20];
    float score;
    fscanf(stdin, "%s %f", name, &score);                    /* 从标准输入设备读取数据 */
    fprintf(stdout, "name:%s, score:%f\n", name, score); /* 写入到标准输出设备 */
    return 0;
}
```

回顾 5.6.4 节中介绍过的输入输出重定向,用 freopen("文件名", "r", stdin)和 freopen("文件名", "w", stdout)能够将输入和输出重定向到指定的文件,其中就用到了标准输入流 stdin 和标准输出流 stdout。

7.4　二进制文件的输入和输出

前面涉及的对文件的读写方式,都是顺序读写,即只能从头开始顺序读写文件中的各个数据。但在实际问题中,常常要求只读写文件中某一指定的部分,称为随机读写。为了解决这些问题,C 语言提供了随机读写文件的操作。

对二进制文件进行操作时,可以用从头到尾的顺序方式进行。例如,播放 mp3 音乐时,所用到的.mp3 文件是二进制文件,其中压缩存储了音频数据。程序在打开要播放的.mp3 文件后,从文件中顺序地读出数据,按照相关的标准,对数据进行解压缩,然后进行播放。

但在不少场合,需要对二进制文件进行随机读写。对于一个数据量比较大的应用,一次性地将所有数据读入内存并不是一个好的方案。利用随机读写,当需要操作哪一部分的数据时,先定位,再有针对性地将数据读取出来,或者将数据写入到文件中确定的位置,显得更加灵活,同时也能够保证效率。

7.4.1　文件定位

1. 文件内部的位置指针

文件流可以看做是字节的序列,这些字节从文件头开始顺序排列,每个字节在序列中都有一个特定的位置。在操作一个文件的过程中,可以认为存在着一个变量,表示该文件的当前处理位置,将其称为文件的位置指针。如图 7.5 所示,文件的位置指针总是介于文件头和文件尾之间。

当文件以读或写的方式打开时,位置指针被设于文件头,即文件的起始位置。当文件以追加方式打开时,位置指针一开始就被设置在文件末尾。在程序处理文件的过程中,随着读写操作的不断进行,文件的位置指针也顺序向后移动。无论何时,它总指着随后的读写操作将要针对的位置。例如,在用 fputc 写数据时,每写完一个字符,文件的位置指针向后移动一个字节,这样就确定了下一个要输出的数据的位置。再如,用 fscanf 函数读取数据,从文件的位置指针指定的位置按格式控制符的要求读到数据,然后,文件的位置指针也相应地发生变化,为下一次读取做好准备。

文件的位置指针不同于用 fopen 打开函数时返回的文件指针。前者确定文件操作中读写数据的位置,操作文件时需要知道其存在,但不需要一个变量表示出来;而后者指示的是正在操作的文件,是指向 FILE 类型结构体的指针变量。

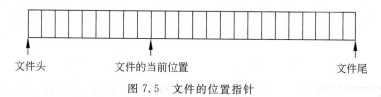

图 7.5 文件的位置指针

2. 将文件的位置指针移到文件头

对文本文件可以进行随机读写,需要有办法对文件的位置指针进行移动。rewind 函数是用于移动文件指针的最简单的函数,其功能是将文件的位置指针移到文件的起始位置。rewind 函数的原型为:

```
void rewind(FILE * stream)
```

其中,stream 参数表示所要操作的文件,其返回值为空。该函数可以用于文本文件和二进制文件。

3. 文件定位函数 fseek

对文件的随机读写,需要移动文件的位置指针到指定的位置。将按要求移动文件位置指针的操作,称为文件的定位。

rewind 函数提供的是一种简单的文件定位功能,只能移动到文件的起始位置。文件的随机读写,需要有更灵活的移动文件的位置指针的函数。

fseek 函数是文件定位中最重要的一个函数,用以移动文件的位置指针的值,从而改变下一次读写操作的位置,其函数原型为:

```
int fseek(FILE * stream, long offset, int startPos);
```

说明:

(1) 形参 offset 表示目标位置相对起始点的偏移量,即要移动多少个字节。offset 的值为正数时,表示由文件头向文件尾的方向移动;为负时,向相反的方向移动。注意 offset 的类型为 long 型,若提供的实际参数为常量,需要用 L 或 l 作为后缀,如 100L。

(2) 参数 startPos 是起始点,表示从何处开始计算位移量。规定的起始点有三种:文件首、当前位置和文件尾,其可能取值如下。

① SEEK_SET：以文件头作为定位的起始点。

② SEEK_CUR：以文件指示器的当前位置作为起始点。

③ SEEK_END：以文件尾作为起始点。

这三种取值是在头文件 stdio.h 中定义好的宏，其中，SEEK_SET、SEEK_CUR 和 SEEK_END 的实际值分别为 0,1 和 2。

例如：

```
fseek(fp, 100L, SEEK_CUR);
```

其作用是把 fp 指示的文件的位置指针移到当前位置后 100 个字节处。

在前面介绍的调用 rewind(stream) 函数，相当于调用 fseek(stream,0L,SEEK_SET)。

（3）fseek 函数的返回值为整型值。如果执行成功，函数返回 0。

fseek 函数要以确定的位移量移动文件的位置指针。对于文本文件，除非是按字符操作，对其他数据几乎没有意义。例如，对于 int 型常量 3，只需要一个字节就可以保存在文本文件中，而对于 10002 却需要 5 个字节，因此无法确定作为一个整型数据的确切位置。所以，fseek 函数一般不用于文本文件，而是用在二进制文件中，并且在文件读写时，常以数据块为单位进行操作。

7.4.2　读写数据块函数

对二进制文件进行操作，一般以"数据块"为单位进行。所谓"数据块"指的是用固定的一段内存表示的一组数据，如一个整型数据、数组中的若干个元素，一个结构变量的值等。数据块占用的内存空间的大小总是固定的，且这个大小可以由程序设计者指定。以数据块为单位的读写只管与文件的交互，而数据的用途，则由程序中的其他部分决定。

以数据块为单位读、写数据，分别使用 fread 和 fwrite 函数。这两个函数的原型为：

```
int fread(void * buffer, int size, int count, FILE * stream);
int fwrite(void * buffer, int size, int count, FILE * stream);
```

说明：

（1）形参 buffer 是一个指针，在 fread 函数中表示存放输入数据的首地址，在 fwrite 函数中，表示存放输出数据的首地址。

（2）形参 size 表示每个数据块占用的字节数。

（3）形参 count 表示要读或写的数据块的块数。

（4）形参 stream 表示文件指针。

（5）函数的返回值为实际读写了的数据块的块数。

例如：

```
fread(buf,4,5,fp);
```

其意义是从 fp 所指的文件中，将 4 个字节作为一个数据块。连续读出 5 个数据块，并将读出的数据保存到 buf 指向的连续内存单元中。

要注意到 buffer 参数是 void 型指针,在实际应用中,需要对地址进行强制类型转换,转换为指向实际读取的数据类型的指针。例如,要读出的数据是整型,为了操作这样的数据,定义了整型变量 a,其地址为 &a,用在 fread 函数中时,要对将这一地址值进行强制类型转换,写做(void *)&a。

为了保证程序能够在不同的平台中进行移植,数据块的字节数 size 也往往并不用常量表示,而是用 sizeof 运算符进行求解。同样的例子,在读出的数据要保存在整型变量 a 中时,调用函数时,size 对应的实参写做 sizeof(int)或 sizeof(a)更好。

例如,用 fread((void *)&a, sizeof(int), 1, fp);将从 fp 指向的文件中,读出一个 int 型数据,保存到以 &a 为首地址的内存单元中。而 fwrite((void *)&a, sizeof(int), 1, fp);将变量 a 中保存的整型数据,保存到文件中。

再例如,fwrite((void *)a, sizeof(int), 5, fp);的意义是,将以 a 为首地址的 5 个 sizeof(int)大小的连续内存单元中的数据,保存到 fp 指向的文件中。由参数之间的关系可以看出,a 应该是一个 int 型数组的名字,或者是 int 型动态数组的首地址,其元素个数至少有 5 个。

【案例 7.7】 从键盘输入三名学生的数据,写入一个二进制文件 stu_list.dat 中,再读出这三名学生的数据显示在显示器上。

程序如下。

```
#include<stdio.h>
#include<stdlib.h>
#define NUM 3
typedef struct
{
    int num;
    char name[10];
    int age;
    char addr[15];
} Student;
int main()
{
    FILE * fp;
    Student stu1[NUM], stu2[NUM];
    int i;
    if((fp=fopen("stu_list.dat","wb+"))==NULL)  /* 用读写二进制文件的方式打
                                                    开 */
    {
        printf("Cannot open file!");
        exit(1);
    }
    printf("Enter data of %d students\n",NUM);
    for(i=0; i<NUM; i++)
```

```
        scanf("%d%s%d%s",&stu1[i].num,stu1[i].name,&stu1[i].age,stu1[i].
    addr);
        fwrite((void*)stu1, sizeof(Student), NUM, fp);      /* 一次性地写入多名学生
                                                                数据 */
        rewind(fp);                          /* 将文件位置指针移到文件的开始位置 */
        printf("number\tname\tage\taddr\n");
        for(i=0; i<NUM; i++)
        {
            fread((void*)&stu2[i], sizeof(Student), 1, fp); /* 每次循环读出一名学生
                                                                数据 */
            printf("%d\t%s\t%d\t%s\n",stu2[i].num, stu2[i].name, stu2[i].age,
    stu2[i].addr);
        }
        fclose(fp);
        return 0;
    }
```

说明：

（1）程序定义了一个结构体类型 Student，声明了两个结构体数组 stu1 和 stu2。在以读写二进制文件的方式 wb＋打开文件 stu_list.dat 时，若文件已经存在，将会清除原有的所有数据。然后由键盘将 10 个学生的数据读入到数组 stu1，之后调用 fwrite，用一次函数调用将 10 名学生的数据（10 个元素的结构体），一次性地写入到文件中。然后，文件的位置指针通过 rewind(fp)被移到文件首，采用一个循环结构，每次读出一名学生的数据，保存在数组 stu2 中，随后在显示器上显示。

（2）程序中展示了一次性地读写多名学生数据，以及对每名学生的数据分别读写的两种处理方法。当然，在写入时，也可以用循环结构，每次只写入一名学生信息，而在读出时，一次性读取多名学生的数据。要用哪种方式，在具体应用中根据具体情况定。一般不赞成频繁地读写文件，但也不希望一次读入到内存的数据太多，以免降低效率。这在工程中需要折中考虑。

如果用"记事本"软件查看文件 stu_list.dat 中的内容，会看到不少"乱码"。实际上，二进制文件中存储信息是按照内存中数据存储的结构，而不是按 ASCII 存储的，不能用"记事本"查看。可以下载 Binary Viewer 等第三方软件打开二进制文件，查看其中的数据。

7.4.3　二进制文件的随机读写

在案例 7.7 中建立的关于学生的数据，在实际应用中往往会包含上万名学生甚至更多学生。这时，就需要使用随机读写的方式了。程序中总是将文件位置指针根据需要移动到要操作的学生数据处，可以将数据读入到计算机内存中。如果对数据进行了修改，还要将对应的数据单独保存到文件中指定的位置。

要实施二进制文件的随机读写，要通过 rewind、fseek 函数移动文件的位置指针，从

而对特定的数据进行读写。

【案例 7.8】 在案例 7.7 中建立的学生文件 stu_list.dat 中,实现增、删、改功能。

(1) 在原来文件尾部增加三条学生信息;

(2) 按照学号删除某一个学生的信息;

(3) 按照学号修改某一个学生的年龄信息。

程序如下。

```c
#include<stdio.h>
#include<stdlib.h>
#define DATAFILE "stu_list.dat"                /* 数据文件名 */
typedef struct
{
    int num;
    char name[10];
    int age;
    char addr[15];
} Student;
FILE * file_open(char * filename,char * mode)
{   /* 按照指定 mode 打开文件 filename */
    FILE * fp=fopen(filename,mode);
    if(fp==NULL)                                /* 打开文件失败 */
    {
        fprintf(stderr,"error open file\n");
        exit(-1);
    }
    return fp;
}
int get_record_num(FILE * fp)
{   /* 获取文件当前学生数目 */
    int n;
    fseek(fp, 0, SEEK_END);                     /* 将文件位置指针指向文件尾 */
    n=ftell(fp)/sizeof(Student);                /* 计算文件当前学生数目 */
    return n;
}
int find(FILE * fp,int num)
{   /* 在文件中查找学号 num 的所在序号 */
    int no=-1;                                  /* 序号-1表示没有该学生 */
    int i,n;
    Student stu;
    n=get_record_num(fp);                       /* 获取文件中学生的数目 */
    rewind(fp);                                 /* 位置指针指向文件开始 */
    for(i=0; i<n; i++)
    {
        fread((void*)&stu, sizeof(Student), 1, fp); /* 读出学生信息 */
        if(stu.num==num)
        {
            no=i;                               /* 记录要找的学生序号 */
            break;
```

```c
        }
    }
    return no;                                      /* 返回序号值 */
}
void add(FILE * fp)
{   /* 在文件尾部增加一条记录 */
    Student stu;
    int no;
    do
    {   /* 循环判断新增学号是否重复 */
        printf("Enter num,name,age,addr\n");
        scanf("%d%s%d%s",&stu.num,stu.name,&stu.age,stu.addr);
        no=find(fp,stu.num);                        /* 调用查找函数查找该学生 */
        if(no!=-1)                                  /* 该学生信息已存在 */
            printf("num:%d already exist,try again!\n",stu.num);
    }
    while(no!=-1);
    fseek(fp, 0, SEEK_END);                          /* 文件位置指针指向文件尾 */
    fwrite((void * )&stu, sizeof(Student), 1, fp);   /* 写入学生数据 */
    return;
}
FILE * delete(FILE * fp)
{   /* 在文件中按学号删除一个学生信息 */
    int num,n,i,j;
    int no;
    Student * pstu;
    printf("Enter delete num:");
    scanf("%d",&num);                               /* 输入要删除学生的学号 */
    no=find(fp,num);                                /* 查找要删除的学生序号 */
    if(no==-1)                                      /* 文件中没有该学生信息 */
    {
        printf("num:%d not found!\n",num);
        return fp;
    }
    n=get_record_num(fp);                           /* 获取文件中学生的数目 */
    if(n==1)                                        /* 只有一条记录 */
    {
        fclose(fp);
        fp=file_open("student.dat","wb+");          /* 将文件内容清空 */
        return fp;
    }
    pstu=(Student * )malloc(sizeof(Student) * (n-1));/* 申请容纳 n-1 个学生的内
                                                        存 */
    rewind(fp);                                     /* 文件位置指针指向文件开始 */
    for(j=i=0; i<n; i++)
    {
        fread((void * )(pstu+j),sizeof(Student),1,fp);/* 从文件读入数据 */
        if((pstu+j)->num==num)                       /* 是否是要删除的学号 */
            continue;                                /* 跳过该条记录 */
```

```c
            j++;                                          /* 继续读入后续的记录 */
        }
        fclose(fp);
        fp=file_open(DATAFILE,"wb+");                     /* 将文件内容清空 */
        fwrite((void*)pstu, sizeof(Student), n-1, fp);    /* 写入所有的记录 */
        return fp;
}
void change(FILE * fp)
{   /* 修改一个学生的年龄 */
        int num;
        int no;
        Student stu;
        printf("Enter change num:");
        scanf("%d",&num);
        no=find(fp,num);                                  /* 查找要修改的学生序号 */
        if(no==-1)                                        /* 文件中没有该学生信息 */
        {
            printf("num:%d not found!\n",num);
            return;
        }
        fseek(fp, no * sizeof(Student), SEEK_SET);  /* 文件位置指针指向第 no 个学生 */
        fread((void*)&stu, sizeof(Student), 1, fp);       /* 读出该学生的数据 */
        printf("enter age:");
        scanf("%d",&stu.age);                             /* 输入年龄 */
        fseek(fp,-1L * (long)sizeof(Student), SEEK_CUR);  /* 重新指向这个学生 */
        fwrite((void*)&stu, sizeof(Student), 1, fp);      /* 写入修改后的信息 */
        return;
}
void show_all(FILE * fp)
{   /* 显示文件所有学生信息 */
        int n,i;
        Student stu;
        n=get_record_num(fp);
        if(n==0)
            return;
        rewind(fp);
        printf("num\tname\tage\taddr");
        for(i=0; i<n; i++)
        {
            fread((void*)&stu, sizeof(Student), 1, fp);   /* 读出学生的数据 */
            printf("\n%d\t%s\t%d\t%s",stu.num,stu.name,stu.age,stu.addr);
        }
        return;
}
int main()
{
        FILE * fp;
        int i;
        fp=file_open(DATAFILE,"ab+");                     /* 追加方式打开文件读写 */
```

```
    for(i=0; i<3; i++)
        add(fp);                                    /* 追加学生信息 */
    fp=delete(fp);                                  /* 删除学生信息 */
    fclose(fp);
    fp=file_open(DATAFILE,"rb+");                    /* 重新打开文件读写 */
    change(fp);                                      /* 修改学生信息 */
    show_all(fp);                                    /* 显示所有学生信息 */
    fclose(fp);
    return 0;
}
```

说明：

（1）本程序由若干函数组成。

（2）函数 file_open 以二进制访问模式打开文件 stu_list.dat。若打开文件失败，将调用 exit 函数退出程序。

（3）函数 add 增加一个学生的信息。在函数中首先调用函数 find 查找要增加的学生学号是否存在，如果存在则给出提示信息，并重新输入学生信息；如果不存在该学生，则将文件读写位置指针指向文件尾部，把新增加的学生信息写入文件。

（4）函数 delete 删除一个学生的信息。在函数中首先调用函数 find 查找要删除的学生学号是否存在，如果不存在则给出提示信息，并返回到调用函数；如果存在该学生，则将文件中除了要删除的学生数据外，其他学生数据都顺序读取到结构体动态数组 pstu 中，然后关闭文件，并按照方式"w+"重新打开文件（此时原文件内容被清空），并将保存在 pstu 中的学生数据重新写回文件中。

（5）函数 change 修改一个学生的年龄。在函数中首先调用函数 find 查找要修改的学生学号是否存在，如果不存在则给出提示信息，并返回到调用函数；如果存在该学生，则输入要修改学生的年龄，将文件指针定位到该学生，将修改过的数据写入到文件中。

（6）在增、删、改学生信息时都用到了函数 find，该函数在文件中根据学生学号查找并返回学生在文件中的序号。

（7）函数 show_all 用来显示文件中所有学生的信息，其中调用函数 get_record_num 用来计算当前文件中学生的人数。

在程序中实现的函数操作，如增加、删除、修改、学号查找和统计记录数目等，都是对文件数据进行直接读写。如果文件数据较大，需要大量的磁盘访问操作，一方面降低了程序的执行效率，另一方面会因为对磁盘的频繁访问而对磁盘造成损伤。特别是在进行删除操作时，每删除一个学生的信息，需要将源文件的数据读到内存，再重新写回原文件，大大降低了执行效率。可以采用的改进方法是，将文件中的数据全部预读到内存中，对文件的增删改等操作，不再直接对文件操作，而是对内存中保存的数据直接操作，减少了磁盘访问，从而提高了效率。当然如果文件的数据量太大，当前内存不足以容纳所有数据，可以将文件的部分数据读到内存，并根据不同操作的需求频率采取适当的调度算法来进行优化。

本章知识结构图

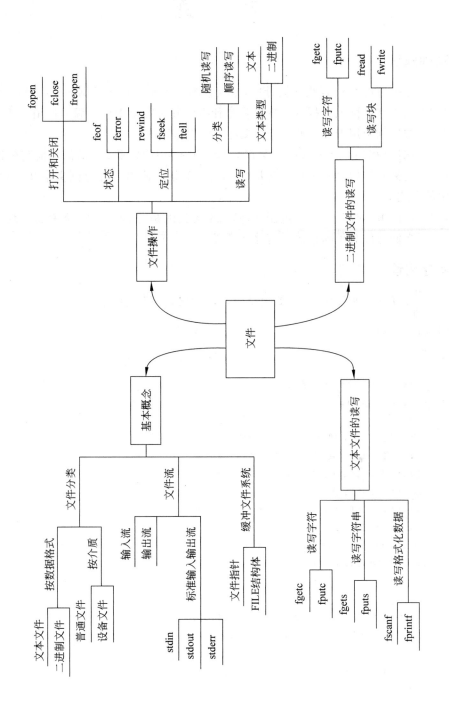

习　　题

基础知识

7.1　在一般的 C 语言程序设计中,输入数据的来源和输出数据的去向是什么?

7.2　从文件中读入数据的基本过程是什么? 其中各个操作步骤的作用是什么?

7.3　如何判断用 fopen 函数打开文件的操作是否成功?

7.4　如何理解 fscanf(stdin, "%d", &x)和 scanf("%d", &x)的功能完全相同?

7.5　定义并初始化一个整型变量 int d=123,请说出将其保存到文本文件和二进制文件中的形式。

7.6　用记事本打开一个二进制文件,结果看到的是"乱码",如何解释这个现象?

7.7　文件定位对于随机读写有什么意义?

程序阅读

7.8　阅读下面的程序,写出输出结果,并上机运行程序进行对照。

```c
#include "stdio.h"
int main()
{
    FILE * outfile, * infile;
    char line[80];
    int i=0;
    outfile=fopen("data.dat","w");
    fprintf(outfile, "1111111111\n");
    fprintf(outfile, "aaaaaaaaaa\n");
    fprintf(outfile,"AAAAAAAAAA\n");
    fprintf(outfile,"**********\n");
    fclose(outfile);
    infile=fopen("data.dat","r");
    while(!feof(infile))
    {
        i++;
        fgets(line,sizeof(line), infile);
        printf("%d: %s", i, line);
    }
    fclose(infile);
    return 0;
}
```

7.9　区分 ASCII 文件和二进制文件:阅读并运行下面的两个程序,分别用记事本和二进制文件阅读器(请自行下载 Binary Viewer 等之类的程序,并百度其用法)。查看其内容,并理解文件存储的原理。

(1)

```c
#include <stdio.h>
#include <stdlib.h>
int main()
{
    FILE * outfile;
    int a;
    outfile=fopen("f1.dat","w");
    if(!outfile)
    {
        printf("open error!\n");
        exit(1);
    }
    scanf("%d", &a);
    fprintf(outfile, "%d", a);
    fclose(outfile);
    return 0;
}
```

(2)

```c
#include <stdio.h>
#include <stdlib.h>
int main()
{
    FILE * outfile;
    int a;
    outfile=fopen("f2.dat","wb");
    if(!outfile)
    {
        printf("open error!\n");
        exit(1);
    }
    scanf("%d", &a);
    fwrite(&a, sizeof(int), 1, outfile);
    fclose(outfile);
    return 0;
}
```

7.10 阅读下面的程序,请说出运行程序后 test.txt 中的内容,体会 fseek()等与文件指针相关的函数的功能及其用法。

```c
#include <stdio.h>
#include <stdlib.h>
```

```
int main()
{
    FILE * outfile;
    long pos;
    outfile=fopen("test.txt","w");
    if(!outfile)
    {
        printf("open error!\n");
        exit(1);
    }
    fwrite ("This is an apple",16, 1, outfile);
    pos=ftell(outfile);
    fseek(outfile, pos-7, SEEK_SET);
    fwrite (" sam", 4, 1, outfile);
    fclose(outfile);
    return 0;
}
```

程序填空

7.11 下面程序的功能是统计文本文件 abc. txt 中的字符个数,请填空将程序补充完整。

```
#include <stdio.h>
#include <stdlib.h>
int main()
{
    int i=0;
    FILE * fp;
    if((fp=fopen("abc.txt",___(1)____))==NULL)
    {
        printf("open error!\n");
        exit(1);
    }
    while(___ (2)_____)
    {
        fgetc(fp);
        ____(3)_____;
    }
    printf("Character: %d\n", i);
    fclose(____ (4)____);
    return 0;
}
```

C 程序设计教程

程序设计

7.12 用键盘输入文件名,统计输出文件中每个字母、数字字符出现的次数。

7.13 建立文本文件 score. dat,在其中输入若干名学生的姓名和 C 语言、高数和英语课程成绩,请编写程序完成下面的处理。

(1)定义学生结构体,其中包含姓名、C 语言、高数和英语课程成绩数据成员;

(2)用结构体数组进行存储学生的成绩,读入成绩并计算总分;将总分高于平均总分且没挂科的同学的信息保存到文件 pass_score. dat 中。

7.14 编程序建立二进制文件,并按随机读写的方式进行操作:

(1)从键盘输入 10 名职工的工号、姓名和年龄,并保存到二进制文件 worker. rec 中;

(2)从文件中读取并显示顺序号为奇数的职工记录(即第 1,3,5,…号职工的数据)。

7.15 编制一个二进制文件浏览器。要求输入文件名后,可以以十六进制和 ASCII 对照的方式列出该文件的内容,可以参考图 7.6。

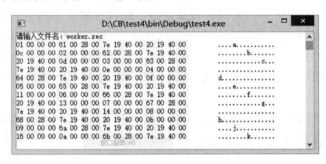

图 7.6 二进制文件浏览器

提示:循环中,一次读入 16 个字节,先用十六进制形式输出,再用字符形式输出。

7.16 (2924)二进制文件操作。现有 100 名学生的姓名(name)、学号(num)、英语(English)、数学(math)、语文(chinese)成绩存储在一个二进制文件 student. dic 中(姓名用 char[20],学号和各科成绩用 int 存储),现要求将指定行数的学生信息输出,每条信息占一行。前五行学生信息为:

Alice   13773   84   83   66

Bob   30257   15   14   88

Carol   61281   87   8   31

Denis   38635   55   50   60

Earl   92803   54   6   77

输入:要输出行号的整数序列,以 0 作为结束标志。

输出:输出学生信息,每个学生占一行。

样例输入:1 3 5 0

样例输出:

Alice   13773   84   83   66

Carol   61281   87   8   31

```
Earl    92803    54    6    77
```

7.17 (3014)文件格式转换。将文本文件 data.dic 的部分内容按特殊要求打印。已知该文件有 m(<25)行文字,每行最多有 n(<80)个 ASCII 字符,打印时按古文书写格式自上而下,自右向左显示文字。

综合实践

7.18 用 C 语言写的源程序是一种文本文件。本项目以 C 语言的源程序为操作对象,完成对源程序的一系列处理,如判断是否有 main 函数、将某些行加上注释等。各功能可以分别编制一个程序实现(建议用这种简单的方案),也可以编制一个程序文件,各功能作为程序中的模块。

(1) 读入一个 C 程序,判断其中是否只有一个 main()函数,输出"暂时没有发现问题",或者"没有 main()函数",或者"不能定义多个 main()函数"。

提示 1:简单处理,可以只比较判断"main()",考虑实际上的各种可能,main 后面的括号中有任意多个空格及 void 的都应该算在内。建议按最简单的情形处理。

提示 2:建议设计一个函数 is_sub_sring(char * s1, char * s2),函数用于判断 s1 是否"包含"在读入的一行 s2 中。调用时,用"main()"与读到的代码与字符串进行比较,形参 s1 对应的实参用"main()"即可。这样写提升了"抽象"级别,更容易实现,对应更高的代码质量。

(2) 读入一个 C 语言程序,使程序中的所有左大括号"{"和右大括号"}"都单独占一行,修改后的程序保存到另一个.c 文件中,并在屏幕上显示处理过的程序,显示时加上行号。

(3) 读入一个 C 语言程序,输入 m、n 两个数字,从第 m 行起的 n 行代码将作为注释使用(即在这些行前面加上"//"),修改的程序保存到另一个.c 文件中,并在屏幕上显示处理过的程序,显示时加上行号。

第 8 章 问题求解与算法

在本书的前 7 章,全面、系统地介绍了 C 语言的基本成分和基本的程序设计方法,目的在于使学习者能够利用 C 语言支持的数据类型、控制结构,以及函数等机制,解决一般的程序设计问题。第 8 章介绍利用计算机问题求解的基本过程,重点是选择合适的数据结构,并通过链表、查找、排序、问题求解策略等,帮助学习者提高解决问题的能力。

8.1 问题求解中数据结构的选用

用程序设计的手段解决问题,是将问题的求解步骤用计算机实现的过程。在这个过程当中,涉及内容和表达两个方面。所谓内容就是要有明确的解决问题的思路和方案,而表达是使用程序设计语言描述解决问题的方案。其中要解决问题的过程和步骤,很大程度上取决于选用的数据结构。

8.1.1 问题求解的过程

与解决其他任何问题一样,在利用程序设计进行问题求解时,首先要明确需要解决的问题和已知的条件。只有在这两者都明确的条件下,才有可能找到从出发点通向目标的正确道路。在明确问题之后,才能开始寻找实现目标的方法,选择适当的算法和数据结构,并且考虑如何检验和证明所实现的程序是否符合设计目标的各项要求。在这些问题都清楚之后,才能进一步考虑使用什么样的语句进行编码,将上述的想法转化为程序。根据这些要点,用程序设计进行问题求解的基本过程可以分为问题分析、建模、设计、编码、运行和测试等几个阶段,如图 8.1 所示。

图 8.1 用计算机求解问题的一般过程

尽管所有的程序设计工作基本上都要经过这几个阶段,但不同规模的程序在每个阶段的复杂程度是有很大区别的。例如在大型的软件中,与问题分析对应的工作,被称为需求分析,工作的结果,需要写出需求分析报告;设计工作会细化为概要设计和详细设计;测试也分为单元测试、集成测试、系统测试和验收测试等。而对于几十行、上百行的程度来说,事情远不需要这么复杂,各个阶段的工作都要简单很多。很多时候,这些阶段之间的分界并不是非常明确的,一些工作还可能会交叉地进行。但是,即使对一个不算太大的程序,也有许多问题要仔细地考虑,分阶段地处理。对于初学者而言,学会按这样的阶段划分进行工作是有必要的,这有利于掌握有条不紊、按部就班地分析和解决问题的方法,养成良好的习惯,逐渐培养起解决大型工程项目中问题的能力。我们以下面的案例为例阐述计算机求解的过程。

【案例 8.1】 N!的质因子分解。从键盘上读取一个整数 N($2 \leqslant N \leqslant 60\,000$),将 N 分解成质数幂的乘积,并通过显示器输出。分解式中的质数要按从小到大的顺序输出,对重复出现的质因数,用指数形式表示。

样例输入:5
样例输出:2^3 * 3 * 5

1. 问题分析

问题分析是程序设计的第一步,其目的是理解题目的要求,明确程序的运行环境和方式,以及相关的限制条件。问题分析的基本内容包括:确定程序的功能和性能,程序的输入输出,数据的来源、去向、范围及格式,程序的人机交互要求,运行环境等。在进行问题分析时,不但要理解字面的意思,更要深入分析题目文字中隐含的内容,要准确、完整、全面地理解要解决的问题的要求。

对于一般的程序,尤其是对于练习题一类的小程序来说,程序的要求会在程序的任务说明中明确给出。对于复杂一些的问题,其主要功能可能会明确地给出,但辅助功能以及具体要求的细节,往往需要通过对问题的具体分析才能得到。对程序功能的理解是否全面、准确、具体,是后续工作是否能正确顺利开展的关键。要尽量考虑到问题涉及的所有方面,包括可能出现的各种情况,以及隐含的和潜在的要求。

【案例 8.1(续一)】 "N!的质因子分解"的问题分析。

题目的基本功能是将 N!分解成质数幂的乘积,辅助功能分别是读入输入数据和输出计算结果。输入和输出数据,以及格式,通过样例的进一步说明,也已经很清楚了。

注意到 N 的取值最大可以到 60 000,N!的计算量会相当大,现在还要将其分解质因子,这个问题如果不加思索地直接先计算 N!再分解质因子,时间的开销很大。另外,60 000!是个超乎想象的大数,C 语言中提供的任何标准数据类型都无法直接表示这个数据。设计的程序,应该在时间和空间两个方面,做出有针对性的考虑。

2. 建立模型

要让计算机完成问题求解的任务,在搞清楚问题之后,首要的工作就是将问题描述成从计算机的视角容易理解的形式。这就需要建立现实问题的计算模型。这是一个对现实问题的抽象过程,运用逻辑思维能力,抓住问题的主要因素,忽略次要因素,用计算过程中的各种元素,如数据、公式、操作等,描述所要求解的问题。经过抽象,题目中提及的实体的具体形态逐渐淡化,取而代之的是用形式化的方式,将问题中本质的、核心的内容描述出来。这样,将思维的焦点聚集在真正要解决的问题上。

许多问题的计算模型,是用于完成计算的数学模型。计算机善于处理数学问题,而很多用计算机求解的问题,也的确可以归结为在数学模型上的求解。对于非常复杂的问题,建立数学模型是非常难的事情。例如,天文物理学家研究"宇宙大爆炸"的模型。各个领域的研究人员,都在他们各自的领域,研究问题相关的数学模型的建立。有些问题,貌似与数学没有关系,但是,从中抽取出要计算的实体,以及它们之间的联系之后,依然可以发现需要用数学模型对问题进行严格计算的问题。

建立问题的数学模型的抽象过程,其目标是对问题的简化,逐步用更精确的语言描述问题,最终过渡到用计算机语言能够描述问题为止。对于简单问题的求解,可以直接描述出其中的数据之间内在的逻辑关系,作为计算模型。例如,一个工程项目进度安排的问题,可以抽象为在有向图中求解关键路径的问题,用图中的顶点代表工程项目中的活动,用顶点之间的有向边代表活动之间的前后关系。数据间的逻辑关系一旦确定,也就具备了下一阶段数据结构和算法设计的条件。

【案例8.1(续二)】 "N!的质因子分解"问题中计算模型的建立。

如果从问题的字面描述直接入手,先计算N!,再对其分解质因子并计数,可以很容易地给出计算N!的公式,以及分解质因子的数学方法的描述,但是,这并不是一个适合让计算机求解的数学模型,因为当N的取值稍大一些,用这种思路进行求解,将带来数据溢出、运行速度慢等很多问题。

$N!=2\times 3\times\cdots\times I\times\cdots\times N$,可以对连乘式中的每一项I分别分解质因子,然后累计每个质因子出现的次数来求解。下面罗列当N取较小值的几种情况进行观察。

$2!=2$,输出 2

$3!=2\times 3$,输出 $2*3$

$4!=2\times 3\times 4=2\times 3\times(2\times 2)=$,输出 $2\wedge 3*3$

$5!=2\times 3\times 4\times 5=2\times 3\times(2\times 2)\times 5$,输出 $2\wedge 3*3*5$

$6!=2\times 3\times 4\times 5\times 6=2\times 3\times(2\times 2)\times 5\times(2\times 3)$,输出 $2\wedge 4*3\wedge 2*5$

……

从中可以看出,在计算的过程中,N!连乘式中每一项I,都可以由2开始的质数开始考察,该质数是否为I的因子,出现了几次。在求解过程中,将每一个因子出现的次数累加记录下来,也便完成了求解的任务。

于是,在解决问题过程中,需要记录如图8.2所示的信息。可以看出,需要明确表达出这些数据之间的次序关系,这个次序对于求解过程是有影响的。

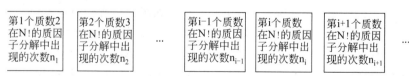

图 8.2　在"N!的质因子分解"求解中,将要记录的数据及其逻辑关系

图8.2中所展示出来的 n_i 之前有唯一的 n_{i-1},n_i 之后有唯一的 n_{i+1} 的关系,建立起来的是一种数据之间的线性关系。之后的问题求解,可以基于数据之间的线性关系,继续深入。

3. 数据结构的设计

着眼于最终要用程序设计语言实现对问题的求解,接下来的设计阶段要考虑的问题是,确定数据特定的表示方法和结构特征,并在抽象层面上确定算法。先谈数据结构及其选择的问题。

数据结构指的是相互之间存在一定关系的数据元素的集合。在描述数据时,既要描述数据元素本身,也要描述数据元素之间的关系。

数据元素间逻辑关系形成数据的逻辑结构。如案例 8.1(续一)中分析得到的 n_{i-1}、n_i、n_{i+1} 之间严格的唯一对应的前后关系,形成的是具有一对一关系的"线性"的逻辑结构。在计算机求解问题中,最常用的还有描述一对多关系的"树"结构,以及描述多对多关系的"图"结构。数据的逻辑结构是从具体问题抽象出来的数学模型,用于描述数据元素及其关系的数学特性。在问题求解中,确定逻辑数据结构可以视为是建模阶段的基础性的工作,决定了数据表示的合理性。

数据必须在计算机内存储,需要在数据的逻辑结构基础上,设计对应的数据存储结构。一种逻辑数据结构可以有多种存储结构,例如,呈"线性"关系的数据可以用 C 语言中的数组存储,也可以设计 8.2 节中介绍的链表结构来存储。存储结构会影响算法的设计,影响问题求解的质量。

【案例 8.1(续三)】 "N!的质因子分解"问题中数据存储结构的设计。

60 000 以内的质数个数是确定的,在计算过程中也不需要增加和删除其中的表项,可以选择最方便的一维数组来存储如图 8.2 所示的每一个质数在 N!的质因子分解中出现的次数。

用 C 语言的语法,这个数组定义为:

```
int numbers[MAX_ITEM];
```

其中,MAX_ITEM 是 60 000 以内的数的质因子的最大数目。这样,数组元素中,numbers[0]存储第一个质数 2 在 N!的质因子中出现的次数,numbers[1]存储第二个质数 3 在 N!的质因子中出现的次数,以此类推。为使数据的描述更加直观,实际上也是考虑到随后算法设计中的方便,增加一个数组 primes,由小到大存储质数。这个数组定义为:

```
int primes[MAX_ITEM];
```

在 primes[0]存储第一个质数 2,primes[1]存储第二个质数 3,以此类推。numbers[i−1](i≥1)中存储的是第 i 个质数 primes[i−1]。如图 8.3 所示的是 primers 数组中的值,以及求解 5!的质因子分解后 numbers 数组中的值,对应的结果是 5!＝2^3 * 3 * 5。

最后,确定数组 primes 和 numbers 的存储空间大小 MAX_ITEM。尽管 N!是个非常大的数,但它是 N−1 个因子的乘积,因此其最大的质因子不应该超过 N。题目中 N 的上限是 60 000,MAX_ITEM 的值最大可以是 60 000。通过粗略的估计,应为 MAX_ITEM 取一个合适的值,以降低对空间的要求。因为质数的分布会随着数值区间向上增长而趋于稀疏。例如,10 以内有 4 个质数,100 以内有 25 个,200 以内 46 个,500 以内 95

个,1000 以内 168 个,5000 以内 669 个,以此类推,可以保守估计 60 000 以内的质数不超过其 1/8,即 7500 个,而事实上,60 000 以内的质数共有 6057 个,选 7500 个绰绰有余。事实上,如果做不出如上估计时,不妨编一个程序,求出 60 000 以内质数的个数,用一个简单的程序,为相关的一个复杂任务确定参数的值,也是问题求解中可以用到的办法。

	[0]	[1]	[2]	[3]	[4]	[5]	[6]	[7]	[8]	[9]	[10]	[11]	
primes	2	3	5	7	11	13	17	19	23	29	31	37	...

	[0]	[1]	[2]	[3]	[4]	[5]	[6]	[7]	[8]	[9]	[10]	[11]	
numbers	3	1	1	0	0	0	0	0	0	0	0	0	...

图 8.3 primers 数组中的值和求解 5!的质因子分解后 numbers 数组中的值

4. 算法设计

在算法和算法设计中,效率是我们关注的核心之一,尤其对问题解决中的关键部分。在程序设计能力中,应用和设计算法的能力很重要。为了实施问题求解,需要知道何谓好算法,何谓坏算法,好在哪里,坏在哪里,在什么情况下好,又会在什么情况下不好,好到什么程度,以及坏到什么程度。也就是说,要具备算法分析的能力。

算法分析,指对算法所需要的两种计算机资源——时间和空间进行的估算。时间,指的是计算机执行算法需要的时间;而空间,指的是在执行算法时需要的计算机内存空间。所需要的资源越多,称算法的复杂度越高。算法复杂度分为时间复杂度和空间复杂度两个方面。

对于给定的问题,设计出复杂性尽可能低的算法,是设计算法时追求的目标。另一方面,当给定的问题有多种解法时,选择复杂度最低的算法。

算法的时间复杂性分析是要确定算法的运行时间。算法的时间复杂度不能依据编制好的程序在计算机上运行的实际时间确定。要给出可比较的、客观的复杂度评价,需要剔除诸如计算机的运算速度、计算环境的负载、编程语言的选择等外在的因素。在算法分析中,用算法中基本操作执行次数的数量级来度量算法的工作量。

基本操作对算法运行时间的影响最大,是算法中最重要的操作。例如,搜索和排序的算法中,元素间的比较是算法的基本操作,其执行次数决定了算法的快慢。再如,冒泡排序算法,基本操作是比较和元素的交换。

基本操作的执行次数,与问题规模 n 有关。所谓问题规模,指的是要解决的问题中数据元素的数量的大小。例如要进行查找,在 10 个数中的查找和在 100 万个数中的查找,在问题规模上是不可等同视之的。

算法中基本操作重复执行的次数,是问题规模 n 的某个函数,用 $T(n)$ 表示。在实际的工作中,通常不需要 $T(n)$ 严格的代数表达式,而只关心其"量级"。

例如,有时间复杂度分别为 $T(n)=n^2+30n+4$ 与 $T(n)=4n^2+2n+1$。给出确定的 n,计算出的 $T(n)$ 不同,但其时间复杂度相同,都表示为 $O(n^2)$,称算法的时间复杂度均为 n^2 级别。这是一种对算法运行所需时间的度量,是一种渐进的时间度量方法,忽略了所有低次幂和最高次幂的系数,能够简化算法的分析,而将注意力集中到最重要的一点——增长率上来。

在问题求解中,随着数据存储结构的确定,算法也就逐渐清晰起来了。实际上,在程序设计中,数据结构和算法是密不可分的。一方面,不了解施加于数据上的算法,无法决定如何构造数据;另一方面,算法的构造和选择,也在很大程度上依赖于作为算法基础的数据结构。在实际工作中,算法设计的工作基于数据结构的设计,但二者之间是相辅相成、互为协调的。

一般来说,对于一个确定的问题,可选的数据结构和算法并不唯一,当问题比较复杂时更是如此。数据结构和算法,由于其更加接近于程序的实现,更需要从实现的角度观察和考虑各种不同方案的优缺点。程序运行中需要的时间和空间的开销、算法的思路是否直观和易于表达、使用特定语言实现的难易程度,都是需要关注的。各种可以完成问题求解任务的方案选择,在不同的度量指标上表现各不相同,需要在实现和使用过程中的具体要求和限制条件中进行权衡,选择出最合适的方案。

【案例 8.1(续四)】 N!的质因子分解的算法设计。

基于案例 8.1(续三)中确定的数据存储结构,可以列出如下的粗略的算法步骤。

Step 1 建立按升序排列的自然数 N 以内的质数表 primes。

Step 2 将所有的质数出现次数表 numbers 中的各项清零。

Step 3 对从 2 到 N 的每一个自然数 n,进行下列操作。

Step 3.1 对 n 进行质因子分解,并将 n 所包含的各质因子的个数累加到质数出现次数表 numbers 的相应表项中。

Step 1 和 Step 2 是两个相对独立的步骤。Step 3 要通过一个循环完成,其循环体部分 Step 3.1 则显得稍微复杂一些,需要进一步细化。其细化结果如下。

Step 3.1 对自然数 n 进行质因子提取操作如下:

Step 3.1.1 A 赋值为 n,i 赋值为 0,表示要考察的第一个质数的序号;

Step 3.1.2 如果 A 的值等于 1,则结束 3.1 步的操作;

Step 3.1.3 如果 primes[i]能整除 A,则 A 赋值为 A 除以 primes[i]的商,numbers[i]的值增加 1,并重复 Step 3.1.3 的操作;

Step 3.1.4 如果 primes[i]不能整除 A,则 i 的值增加 1,返回 Step 3.1.2,考察下一个质数。

在这样一个过程中,A 的初值为 n,从第一个质数 primes[0]开始,不断地由小到大提取质因子,并通过累加,将其出现的次数记到 numbers 数组中,总是在 Step 3.1.3 中将较小的质数全部提取完之后,才在 Step 3.1.4 中再考虑下一个质数。因为 n 的质因子的数量总是有限的,算法也总能在有限步骤内完成。至此,具有一定经验的读者应该可以据此写出程序来了。不过,这一算法在效率上仍然有改进的空间,留给读者作为思考题。

5. 编码:从算法到代码

编码阶段的工作,是要将设计方案付诸实施。编码是使用编程语言对程序的解题步骤、算法和数据结构进行操作性描述的过程。编码工作的依据是前期的设计方案,但并不仅仅是对解题步骤和算法的简单翻译。在编码过程中,有其特别需要注意的要点和方法,以保证编码的结果既能完整正确地体现设计方案的思想,又能充分利用编程语言的描述能力,简洁有效地实现程序。

在编码过程中首先需要关注的是程序的结构。编码是一个自顶向下的过程,保持良好的程序结构,体现的是对计算过程描述的层次性。要描述出在自顶向下、逐步细化的过程中,每一个层次中直接使用到的计算步骤和控制机制。而各个步骤的细节,则可以在下一个层次中再进行细化。这样逐级细化的结果,是所有的操作都转化为基本的 C 语言的语句。

程序是软件设计的自然结果,程序的质量主要取决于设计的质量。不过,书写程序的风格,在很大程度上影响着程序的可读性、可测试性和可维护性。程序设计语言一般为程序设计者提供了不少灵活的表达方式,但技术人员实际在写程序时,尤其是参加多人合作的项目时,需要严格遵循约定的规范。作为程序设计的初学者,也需要及早了解相关规范,养成按照行业内普遍的要求实施编码的习惯。

【案例 8.1(续五)】 "N!的质因子分解"程序的结构。

本例用于从顶层展示求解该问题的代码,在程序的结构以及编码风格方面应该考虑到的问题,并不给出完整的程序。

全局的数据结构定义和顶层代码如下。

```c
/* 在程序中要用到的常数,通过宏定义及枚举类型定义,用标识符代替 */
#define MAX_N 60000                              /* N 的最大值 */
#define MAX_ITEM 7500                            /* 数组元素的个数 */
int primes[MAX_ITEM]={0}, numbers[MAX_ITEM]={0};  /* 两个数组作为全局变量,初
                                                     始化为 0 */

/* 采用模块化程序设计的方法,将独立的功能模块定义成函数 */
int gen_primes(int n, int * primes);              /* 生成质数表 */
void gen_factors(int n, int m, int * prime, int * num); /* 分解质因数,填入出现次数
                                                     表 */
void print(int m, int * primes, int * num);       /* 输出结果 */
/* 在标识符命名、缩格排放、一句一行、必要的注释等方面,遵守约定俗成的规范 */
int main()
{
    int m, n;
    printf("please Enter N: ");
    scanf("%d", &n);
    if( n<2 || n>MAX_N)
    {
        printf("N must be between 2 and %d\n", MAX_N);
    }
    else
    {
        m=gen_primes(n, primes); /* 生成质数表,返回值 m 是质数表中的项数 */
```

```
        gen_factors(n, m, primes, numbers); /* 分解质因数,填入出现次数表 numbers
                                                中 * /
        print(m, primes, numbers);                        /* 输出结果 */
    }
    return 0;
}
```

6. 运行和测试

运行和测试的目的主要是选择测试数据,确认程序的运行结果是否满足预期结果。
为此,需要设计测试用例,在运行程序的过程中,发现程序在功能和性能方面存在的问题,
为进一步定位和改正错误提供依据。

一个好的程序,应该能够完成应该完成的工作,同时不会做应该做的工作以外的工
作。测试用例在设计时,就要制定出"合理的测试用例",确定程序是否正确完成应该完成
的工作;也要设计"不合理的测试用例",用于检验程序对"非法"的输入是否做了相应的
考虑。

测试用例的设计,可以用"黑盒法"的模式,即不考虑程序实现的内部结构,而只根据
对程序功能和性能的要求,设计测试数据和测试方法。运用黑盒法,要结合功能描述,将
合法的输入数据划分为若干等价类,每一类中设计出一组输入数据,来代表这一类情形。
在程序设计中,大量的错误是发生在输入或输出范围的边界上,需要着重测试的边界情
况。应当选取正好等于,刚刚大于或刚刚小于边界的值作为测试数据。测试中还常常使
用"白盒法"设计测试用例。白盒测试的测试用例设计技术是以程序执行的"路径",即流
经了哪些分支为基础的,所以前提是已知程序的结构。

在测试用例的设计中,要给出测试时运行程序的输入数据,同时也要给出预期的结
果,以便于和运行结果对照。没有预期结果,只有输入数据,对于测试没有任何的指导意
义。有些问题,拟定了输入数据,但期望的结果可能难以通过手工算出。这时,可以根据
问题的条件、性质等,针对特定的数据,推导出对应的预期结果,达到测试的目的。

【案例 8.1(续六)】 "N!的质因子分解"程序的测试用例设计。

程序只有一个输入数据 N,范围是 2~60 000。用于测试输入的数据,应该包括 2 和
60 000 两个端点,以及这一区间内适当分布的若干数值,包括 N 是质数,以及 N 是由一个
和多个质因子的幂组成的合数。问题的输出是一个字符串,只要将程序的输出与期望的
结果直接比较就可以完成测试。但是,预期的输出结果的生成有困难。当 N 是一个较小
的数时,可以用手工的方式写出 N!的质因子分解结果,对于较大的 N,这将不是一件简单
的事情。考虑到 N!和(N-1)!的质因子分解结果之间相差的是 N 的质因子,因此在测试
数据中,就可以取相邻的两个数作为输入分别运行程序,通过考察输出结果的差异来完成
测试。若选取的 N 为一个质数,N!和(N-1)!的质因子分解结果仅相差一个质因子 N,
这是一组更容易检验的输入数据。

8.1.2　问题求解中对数据结构的选择

从问题求解的过程看,先完成数学建模,再进行设计,实施的是数据结构的设计和算法的设计。采用什么样的数据结构是由数学模型决定的,但是,各不相同的数据结构自身的一些特点反过来也会影响数学模型的选择,数据结构是建立解决问题的数学模型的基础。如果不了解数据结构,就没有办法建立模型,或者建立的模型不合适,导致算法演化困难,甚至无法实现。掌握的数据结构越多,解决问题的思路就越宽。因而在实际的工作中,建模,以及数据结构和算法的设计总是相互影响的。随着学习的深入,以及工作经验的增加,既能够按照过程要求分阶段实施,又能够在各个阶段考虑到其他阶段的需要,构造出从整体上完整、协调的方案。

下面将以一个极简化的"银行储蓄系统"为线索,展示与程序设计直接相关的数据存储结构的设计,借此讨论常用到的存储结构的特点,以及根据问题特点与要在数据上实施的操作,确定合适的存储结构需要关注的话题。

【案例 8.2】　设计一个"极简化"版的"银行储蓄系统"。

在这个极简化版本的银行储蓄系统案例中,只有最基本的三项功能:开户、存款、取款。表 8.1 中是工作中用到的储户清单[①]。执行开户操作,将在表中增加一个账户的信息,余额为开户时存入的金额;存款操作,将为对应的账号增加金额;而取款操作,则是为对应的账号减去金额,取款时不能透支,所以取款金额不能超过余额。清单中的"状态"一栏中的数据,是在后续开发中涉及挂失、解挂、销户功能时要操作的数据,取值为三种状态:正常、挂失、销户。本例保存状态值,以备将来的扩充,状态值只取"正常"。

表 8.1　银行储蓄系统中用到的储户清单

账　　号	用 户 名	密　码	余　额	状　态
10001	Zhao	123456	1000.23	正常
10023	Qian	666666	20000.05	正常
23005	Sun	888888	20.34	正常
12306	Li	123123	0.00	正常
...				

我们看到的这一张表格,就是数据的逻辑结构的一种表述:每一行数据,代表一个储户账号的信息,数据集合由这多个储户的信息构成;数据之间呈现一种"线性"的逻辑关系,即储户是一个接一个地顺序地排列。这样一种线性结构的数据,称为"线性表"。

下面设计这张表格的存储结构。在下面的所有方案中,状态数据用整型数据存储:

---

① 在实际系统中,对数据的要求远比例题复杂得多。比如,密码必须要用加密的形式存储,账号对应活期、定期等多种储蓄种类,每个账号也并不仅是存储一个余额就可行,要登记用户的身份证号、家庭住址等,每一笔业务,包括存款期间的计息情况,都要记录下来。

用 0 代表正常,1 代表挂失,2 代表销户。程序设计中,可以定义宏或枚举数据类型,用符号代表这三个值,以增强程序的可读性。

方案 1:使用结构体数组存储数据

```
# define N 10000
typedef struct
{
    int num;                                        /* 账号 */
    char name[10];                                  /* 用户名 */
    int password;                                   /* 密码 */
    double balance;                                 /* 余额 */
    int status;                                     /* 状态:0 正常 1 挂失 2 销户 */
} Account;
Account account[N];
```

图 8.4 是在这种结构下存储的数据的一部分。

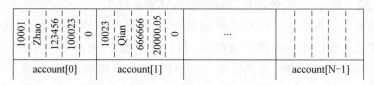

图 8.4　用结构体数组存储储户信息

采用结构体数组作为存储结构,逐个地存储与表 8.1 中所示的数据的逻辑结构有直接的对应,每一个储户的信息,有效地集合到一个数组元素中。在引用数据时,形如 accout[i].num 的书写也使程序的可读性大大加强。

但这种结构也存在明显的缺陷。最大的问题在于,在定义数组时,数组长度 N 的取值。N 的值为多大合适?根据什么标准去定义?实际上,如上定义的 10 000 毫无根据。当系统刚刚开始运行时,数据很少,10 000 个存储结构体数组元素的空间浪费严重,而当储户的数目突破 10 000 之后,这个程序也就无能为力了。为了能够适应尽可能多的用户,而将 N 的值定得尽可能大的做法没有任何的意义。任何的计算机的内存空间都是有限的,对空间的无限制的浪费,将导致系统的低效,甚至崩溃。

这是长度固定的数组天然的缺陷。在 C99 之后的标准中,允许定义数组时,数组长度使用变量,但这在很多场合会造成混乱,在实际工程项目中,这种机制被严格限制使用。

可以继续在方案设计上完善,下面采用动态数组存储数据。

方案 2:使用动态结构体数组存储数据

理想的存储结构:结构体数组。

```
typedef struct
{
    int num;                                        /* 账号 */
```

```
    char name[10];                              /* 用户名 */
    int password;                               /* 密码 */
    double balance;                             /* 余额 */
    int status;                                 /* 状态: 0 正常 1 挂失 2 销户 */
} Account;
Account * account;
```

在程序中,要先通过某种手段(用户输入或从文件中读入)确定实际的储户数目,将其保存到一个变量(例如 n)中,就可以调用 malloc 函数,为数组动态分配存储空间。

```
account=(Account * ) malloc(n * sizeof(Account)); /* n 为确定的储户数目 */
```

或者:

```
account=(Account * ) calloc(n, sizeof(Account));
```

在程序结束时,要用 free(account);将动态分配的空间释放。这种使用动态数组的方案,实现了"用多少取多少"的目标。

在工程设计中,几乎没有完美无缺的设计。或者说,当一种总体上更好的方案出现时,需要采用一定的手段,解决新方案中带来的新的问题。动态结构体数组方案带来的问题是,当要为新用户开户时,"刚刚正好"的数组容不下新的用户。这是在功能上的基本需求,可以采用的方法可以有以下两种。

(1) 用 realloc 重新分配空间。

```
n++;                                            /* 储户数目增 1 */
account=(Account * ) realloc(account, n * sizeof(Account)); /* n 为增 1 后的
                                                             值 */
```

新开户的储户将存储在"扩容"后的数组的最后元素中。然而,如果频繁地重新分配空间,会给系统带来很大的负担。

(2) 内存分配时保持适度冗余。

在每次动态分配空间时,按一定的比例,留一定的"余量"。这样,适度地闲置一些内存单元,但避免了增加一名新储户,就要重新分配空间带来的问题。当余量用完时,再去分配带余量的空间。

具体地,首先需要定义一个符号常量 ADJUST_RATIO 表示分配空间时余量的比例:

```
#define ADJUST_RATIO 0.1                        /* 表示每次分配空间时,多分配 10% 的单元 */
```

用一个变量 n 代表确定了的实际的储户数目,用另外一个变量 N 代表动态数组中元素的个数。分配内存空间时,先确定 N 再分配:

```
N=n * (1 +ADJUST_RATIO);                         /* 确定动态数组的元素个数 */
account=(Account * ) malloc(N * sizeof(Account)); /* 为数组分配的空间略有冗
                                                              余 */
```

当新开户时,根据需要重新分配空间:

```
n++;                                                    /* 储户数目增 1 */
if(n > N)                                               /* 这时需要扩容 */
{
    N * = (1 +ADJUST_RATIO)
    account= (Account * ) realloc(account, N * sizeof(Account)); /* N 为扩容后的
                                                                      大小 */
}
```

这样,只有在必要时,才进行内存的动态分配,是一种折中的处理。

方案 3:结合文件随机读写

以上方案不管使用哪种数组,都需要将要操作的数据全部保存到内存中,然后用程序进行操作。由于操作后的数据要永久性地保存,所以这些数据还需要用文件存储在外存储器上。于是,程序运行时,将数据由文件全部读入到内存,当程序运行结束后,再将更新过的数据,由内存保存到外存储器的文件中。对文件的读写,利用顺序读写的方式即可。

这些方案,不免遇到了数据量太大,内存资源不足以应对的局面。了解以上的方案,包括根据本章后面的实践要求实现这些方案,获得用相关方案解决问题的第一手直接体验是有价值的,这些的确也是在不少小型项目中可以采用的方案。然而,对于真正的大型银行系统,具有海量的数据,要支持多用户并发操作,数据往往通过网络传输而网络带宽有限,还有其他各种问题本身的特点,决定了上述方案是不可行的。

普遍采取的方案,是对数据文件进行随机读写方式。由于二进制文件按块读写固定字节方面的优势,文件采用二进制形式存储。在处理业务时,先在文件中确定文件位置指针,再将固定字节的数据读入到内存中的结构体变量中,如果在业务中对数据进行了修改再将数据写回到原先的位置。如各种业务的处理逻辑如下面的形式。

```
Account account;                    /* 用于在业务处理时存储要操作到的储户信息 */
FILE fp=fopen(...);                 /* 用读写二进制文件的方式,打开数据文件 */
输入账号;
在文件中定位该账号数据的位置;
fread((char * ) &accout, sizeof(Account), 1, fp); /* 从打开的文件中读出储户的信
                                                      息 */
完成业务操作;
fwrite((char * ) &accout, sizeof(Account), 1, fp); /* 把操作过后数据写入文件 */
fclose(fp);
```

8.1.3　基于数组存储数据的局限

"银行储蓄系统"案例中方案 1 和方案 2 均是以数组为基础的数据存储解决方案,是在一些小型应用项目中很实用的方案。面对要解决的问题中各种更现实的要求,必须认识到这些基于数组的数据存储方案的局限,从而在需要时,选用其他的方案。

数据存储结构的选择,要考虑到在数据上所要进行的操作。一般而言,采用数组存储

时,一定要考虑到是否会实施插入数据和删除数据的操作。这两个操作,是数组的"软肋"。

设有如下的数组定义:

```
#define MAXLEN 100              /* MAXLEN 表示数组中最多的元素个数 */
int a[MAXLEN]={25, 78, 67, 99, 87};   /* 为简单起见,定义整型数组时直接初始化 */
int len=5;                      /* len 表示数组中的元素个数 */
```

当要向数组中插入一个数据时,例如,要将数字 43 插入到数组中 a[3]的位置,却不可以直接赋值 a[3]=43 就可以完成。如图 8.5(a)所示是要进行插入操作的数组;图 8.5 (b)中将插入点及其后的数据逐个向后移动,这时 a[3]处就被"空"出来,可以被赋值了;图 8.5(c)中完成了插入,并将 len 的值修改为 6。插入的位置越靠前,要移动的数据就越多。

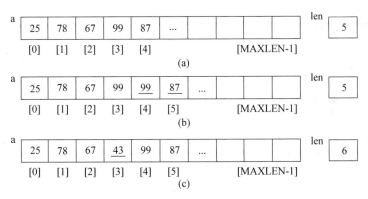

图 8.5 在数组中插入元素的过程

删除的过程相对简单,也是通过数据的移动来实现。如图 8.6(a)所示是删除数据之前的数组,要删除 a[1]位置的数据时,需要将 a[2]及之后的所有有效数据向前移动,依次覆盖前一个元素。如图 8.6(b)所示,尽管在移动之后 a[5]的值仍为 87,但数组的有效长度 len 变为 5,数组中的最后一个有效元素为 a[4],其实际效果是删除了 a[1]处的 78。

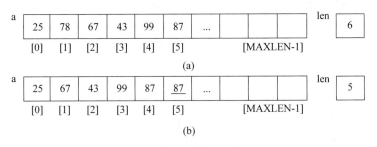

图 8.6 在数组中删除元素的过程

【案例 8.3】 实现在数组中插入数据的函数 insert_data 和删除数据的函数 delete_data。

下面设计函数 int insert_data(int a[], int len, int index, int data),在有效长度为

len 的数组 a 中的 index 位置上,插入数据 data 的操作。设计函数 int delete_data(int a[], int len, int index),在有效长度为 len 的数组 a 中,删除 index 位置上的数据。这两个函数的返回值均为整型,代表执行完相应操作后数组的有效长度。

程序如下,定义了 main 函数和 print 函数,分别用于驱动测试以及测试中输出数据。

```c
#include <stdio.h>
#define MAXLEN 1000
int insert_data(int[], int, int, int);
int delete_data(int[], int, int);
void print(int[], int);
int main()
{
    int a[MAXLEN]={25, 78, 67, 99, 87};
    int len=5;
    print(a, len);
    len=insert_data(a, len, 3, 43);        /* 插入数据 */
    print(a, len);
    len=delete_data(a, len, 1);            /* 删除数据 */
    print(a, len);
    return 0;
}
int insert_data(int a[], int len, int index, int data)
{
    int j;
    if(len>=MAXLEN)                        /* 数组已满,不能插入 */
        printf("the array is full, insert fail.\n");
    else if(index >len || index <0)        /* 要插入的位置不合适,不能插入 */
        printf("the locate is beyond len, insert fail.\n");
    else                                   /* 实施插入操作 */
    {
/* 将插入点及其后的元素后移,以便于"腾开"位置 */
        j=len;
        while(j>index)
        {
            a[j]=a[j-1];
            j--;
        }
/* 在腾开的位置上赋值,并改变线性表的长度 */
        a[index]=data;
        len++;
    }
    return len;
}
int delete_data(int a[], int len, int index)
```

```
{
    int j;
    if(index >len-1 || index <0)              /* 要删除的位置不合适,不能删除 */
        printf("the locate is beyond len, delete fail.\n");
    else
    {
/* 将要删除位置之后的每一个元素向前移,"丢失"的是要被删除的元素 */
        j=index;
        while(j <len-1)
        {
            a[j]=a[j+1];
            j++;
        }
        len--;                                /* 线性表长度减 1,最后重复存储的数据被放弃 */
    }
    return len;
}
void print(int a[], int len)
{
    int i;
    for(i=0; i<len; i++)
        printf("%-5d", a[i]);
    printf("\n");
    return;
}
```

用数组存储具有线性结构的数据,以其直观(顺序存储在连续的空间中)和直接(通过下标可以直接访问到数据元素)的优势,通过下标直接存取数据,实现指定位置即可随机访问,在不少应用场合受到青睐。可是,当需要实现插入和删除操作时,"移动"元素所需要的代价太大。将数组中存储的数据元素的个数记为 n,平均情况下移动的次数达到 $n/2$。极端情况下,如果要插入和删除的位置在数组的最开始,需要移动所有的 n 个元素。这是基于数组存储数据的局限所在。

数据结构的选择要结合在数据集合中实施的操作要求。在需要频繁地对数据进行插入和删除的场合,不用数组存储数据,常用的是链表。

8.2 链   表

链表是实现批量数据存储的另外一种重要存储结构,其主要优点在于对存储空间的使用灵活,插入、删除操作方便等,适合在很多场合的应用。链表有很多种形式,如单链表、双链表、循环链表等。本节介绍最基本的单链表,以及单链表最常用的操作的实现,借此初步体会并学会运用链表解决问题。

单链表中的每一个数据元素,是通过一个称为"结点"(Node)的结构来存储的,每个结点作为一个整体,占用连续的一段内存空间,而多个结点所占的存储空间,是通过内存的动态分配获得的,不需要保证结点的存储位置连续,结点之间通过专门的指针相互链接构成一个整体。

8.2.1　单链表存储结构

在存储单链表时,每一个结点包括两部分的数据:数据域和指针域。数据域对应的是数据元素的值,而指针域存储下一个结点的地址。使用链表时,链表中的第一个结点称做"首结点",需要有一个指针变量存储第一个结点的地址,这个指向链表中首结点的指针就称为链表的"头指针"(Head)。单链表中最后一个结点的指针域的值为空指针 NULL,后边不再有任何结点。当一个链表为空时,其头指针的值也为 NULL。

图 8.7 展示的是一个数据域为整型值的单链表,其中最后一个结点的指针域的值为 ^,代表空指针 NULL,即后面不再有结点。

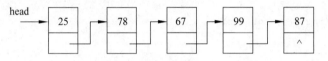

图 8.7　几个整型数据元素结点形成的链表

为实现单链表的存储,每一个结点视为一个整体,可以定义一个结构体来存储。例如,图 8.7 中单链表的结点,用下面的结构体实现。

```
typedef struct NODE
{
    int data;                        /* 数据域,表示结点中的数据部分 */
    struct NODE * next;              /* 指针域,用于指向下一结点的指针 */
} Node;
```

链表中的每一个结点的类型为 Node,其中的 data 是数据域,保存数据元素的值,next 是指针域,保存下一个结点的地址。数据域 data 根据需要可以使用任何其他的类型。

在使用链表的程序中,常定义如下的指针变量:

```
Node * head, * p;
```

定义得到的是指针变量 head 和 p,均可以指向链表中的任何结点。特别地,在后面的操作中,总是让 head 指向首结点,标识整个链表的开始,而诸如 p 这样的指针变量,通常指向链表操作中的当前结点。p＝p－＞next,就是使 p 指向当前 p 指向的结点的下一个结点,也称为指针移动。如果 p 从 head 开始,通过指针移动,可以找到链表中的每一个结点,直到表尾。

为简便起见,指针 p 指向的结点,也常常表述为 p 结点。

8.2.2 遍历链表

在编制程序时,对数据结点的各种操作,常统称为"访问"。对某一数据结构中所有元素按照某种次序逐一访问,称为对该数据结构的"遍历"。本节以读取并输出链表中每一个结点的值的操作为例,展示对于一个已经建立起来的链表进行遍历的方法。

【案例 8.4】 实现自定义函数 print,通过输出链表中每一个结点的值,完成对链表的一次遍历。

分析:

输出链表中每一个结点值的函数原型设计为:

void print(Node * head);

其中,形式参数 head 表示获得要输出链表的头指针。

在实现这个函数时,需要设置一个指向当前结点的指针 p,其初值就是链表的头指针 head。当 p 不为空(即 p 指向一个实际存在的结点)时,输出数据元素值 p—>data,然后令 p 再指向下一个结点(p=p—>next),以此循环,真到 p 值为空指针。所以,遍历链表的过程,就是在链表中逐个移动指针进行访问的过程。

程序如下。

```
void print(Node * head)        /* 调用时,形式参数 head 得到链表的首结点 */
{
    Node * p;
    p=head;                    /* p 指向首结点,head 在整个函数中一直指向首结点 */
    while(p!=NULL)
    {
        printf("%-5d", p->data); /* "访问"结点,此处用最简单的操作:读取输出 */
        p=p->next;             /* p 指向下一个结点,当 p 不为空指针时,将循环继续处理 */
    }
    printf("\n");
    return;
}
```

8.2.3 创建一个链表

创建链表,是对给出的一组数据,将它们按照某种策略,存储在一个链表中。创建链表的策略有多种,下面介绍"尾插法"策略的实现过程。所谓尾插法,指的是在链表中增加新结点时,总是被加入到链表的尾部。图 8.8 展示了用尾插法创建一个单链表的完整过程。

初始时,头指针 head 的值为 NULL,即创建的链表是空链表,如图 8.8(a)所示。在增加第一个结点时,让 p 指向新创建的结点,新结点的元素值为键盘输入的值,而指针域

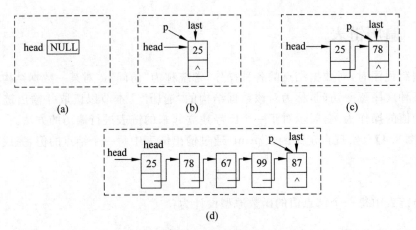

图 8.8　利用尾插法创建链表的过程

的值为空指针。这时,p 只是一个"游离"的结点,只有让它加入到由 head 指向的链表中,才能成为链表中的一个结点。在这个时候,由于是在创建第一个结点(当 head == NULL 为真)时,执行 head=p,令 head 也指向新结点即可,新创建的结点就是整个链表的首结点。如果链表不空,新增加的结点是要插入到链表的最后一个结点的后面,这时需要有一个指针变量,指向链表中的最后一个结点。这个指针命名为 last,显然,在这个时候,要将 last=p,表示这个新增的结点同时也是整个链表中的最后一个结点,如图 8.8(b)所示。

　　从增加第二个结点开始,局势开始明朗。新增加的结点仍然由 p 指向,这时,head == NULL 为假,表明链表已经不为空链表,新增加的 p 结点应该加到链表的最后,于是执行 last->next=p,使原有链表中最后一个结点的指针域指向新增加的结点。为了让 last 保持其总是指向链表中的最后一个结点的角色,执行 last=p。结果如图 8.8(c)所示。

　　将如图 8.8(c)所示的操作可以重复进行下去。每次重复,将会在链表末尾加入一个新的结点。当要创建的链表有 5 个结点,输入的值依次为 25、78、67、99、87 时,最终得到的就是如图 8.8(d)所示的链表。

　　【案例 8.5】　设计函数 create_linklist,用尾插法的策略完成链表的建立。

　　分析：

　　为实现上面描述的创建链表的过程,设计的函数原型可以是：

```
Node * create_linklist(int n);
```

　　create_linklist 函数将建立一个有 n 个结点的链表,结点中数据域的值由用户输入。create_linklist 函数的返回值的类是指向 Node 的指针,是所创建链表的首结点的地址。

　　程序如下。

```
Node * create_linklist(int n)
{
    Node * head=NULL, * p, * last; /* head 是头指针,p 指向新结点,last 指向尾结
                                      点 */
```

```
    int d;                      /* 用于输入要插入的元素的值 */
    int i;
    for(i=0; i<n; i++)
    {
        scanf("%d", &d);
        p=(Node *)malloc(sizeof(Node));    /* p指向新增的结点 */
        p->data=d;                          /* 为数据域赋值 */
        p->next=NULL;                       /* 指针域为空,作为最后一个结点 */
        if (head==NULL)                     /* 当前链表为空时 */
            head=p;                         /* 新增加的结点作为首结点 */
        else                                /* 否则 */
            last->next=p;                   /* 新结点加在链表中最后一个结点后面 */
        last=p;                     /* 无论如何,新增加的结点,作为下一轮插入时的尾结点 */
    }
    return head;
};
```

为了测试上面创建链表的过程,设计如下的 main 函数并运行程序。

```
int main()
{
    Node * head;
    head=create_linklist(5);
    print(head);
    return 0;
}
```

8.2.4　在链表中插入结点

在一个已经存在的链表中插入一个结点,是链表应用中更常见的需求。图 8.9 描述了要将 p 指向的新结点,插入到链表中 pre 指向的结点后的过程。具体地,图 8.9(a)是插入前的状态,p 结点尚"游离"在链表之外,插入操作完成后,p 结点将作为 pre 结点的后继结点;图 8.9(b)首先将 p 的指针域指向 pre 结点指向的下一个结点;图 8.9(c)将 pre 的指针域指向 p 结点,由于为 pre—>next 重新赋值,原有的链接将断开,新的链接形成了。

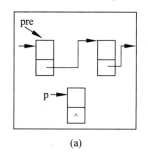
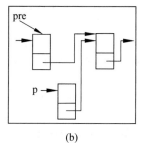
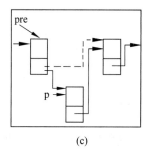

(a)　　　　　　　　(b)　　　　　　　　(c)

图 8.9　在链表中插入结点的过程

在实现时,上述将 p 结点插入到链表中的操作,可以由下面两个语句完成。

```
p->next=pre->next;           /* 将 p 与 pre->next 连接起来,如图 8.9(b)所示 */
pre->next=p;                 /* 将 pre 与 p 连接,如图 8.9(c)所示 */
```

特别强调的是,这两个操作的前后顺序不能互换,其中的原因请读者自行分析。

不过,上面展示的只是插入结点时最一般的形式,前提是,要插入的结点的位置已经明确,就是要插入到某一个结点 pre 之后。在应用中,必须要根据要求,先确定插入的位置。此外,还需要考虑两种特殊的情况:①如果插入 p 结点时,链表本身尚为空链表,怎么办?②如果要插入的结点 p 要作为链表的首结点,该怎么办?这两个问题的解决,与"将 p 插入到 pre 后"的问题思路一致,但在细节上会有点儿小的区别,其处理方法在案例 8.6 中体现。

【案例 8.6】 设在 head 为头指针的链表中,各结点数据元素的值已经按由小到大排序。请设计算法,插入元素值为 b 的结点,使链表中的数据元素仍然有序。

分析:根据要求,设计的函数原型是:

```
Node * insert_node(Node * head, int b);
```

其功能是在给定头指针为 head 的链表中,插入元素值为 b 的结点,插入结点后,链表中的元素保持升序。函数的返回值为链表的头指针。

在实现 insert_node 函数时,要先找到插入点,再执行插入操作。插入时,要关注上面提及的两种特殊情况的处理。

程序如下。

```
Node * insert_node(Node * head, int b)
{
    Node * pre1=head, * pre2, * p;
    p=(Node * )malloc(sizeof(Node)); /* 生成新结点 */
    p->data=b;
    if(head==NULL)                  /* 当前链表为空,新结点作为首结点 */
    {
        head=p;                     /* 头指针就是 p,将 p 赋值给 head */
        p->next=NULL;               /* p 的指针域赋值为空,表示尚无下一个结点 */
    }
    else if(p->data < head->data)  /* 新结点的值小于首结点的值,新结点作为首结
                                       点 */
    {
        head=p;                     /* 将头指针 head 赋值为 p */
        p->next=pre1; /* 新结点的指针域指向原首结点(pre1 已经初始化为原 head) */
    }
    else                            /* 否则,在中间找到插入 p 的位置,将其插入 */
    {
/* 先找到合适的位置,pre1 的初值是 head,即从首结点开始考察 */
        while((pre1!=NULL&&p->data>=pre1->data))
```

```
        {
            pre2=pre1;                      /* pre2 记录 pre1 的值 */
            pre1=pre1->next;                /* pre1 继续向后试探 */
        }
        /* 将新结点 p 插在 pre2 后 */
        p->next=pre2->next;                 /* p 的下一个结点为当前 pre2 的下一结点 */
        pre2->next=p;                       /* pre2 的下一个结点变为 p */
    }
    return head;
}
```

设计如下的测试函数,可以通过逐个插入结点的方式,建立起一个结点值由小到大排列的有序链表。程序的输出是：25 67 78 87 99。

```
int main()
{
    int b[]={67, 25, 78, 99, 87},i;
    Node * head=NULL;
    for(i=0; i<5; i++)
        head=insert_node(head, b[i]);
    print(head);
    return 0;
}
```

8.2.5 在链表中删除结点

删除链表中的元素,也是一个常用到的基本操作。如图 8.10(a)所示,要删除的是结点 p,结点 p 的前一个结点是 pre。这样的一个任务,也可以描述成为：删除结点 pre 的下一个结点。于是,只要 pre->next=p->next,就"解除"了 pre 结点与 p 结点之间的联系,pre 的指针域指向了原先下一结点的下一结点,如图 8.10(b)所示。

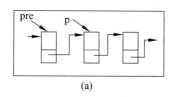 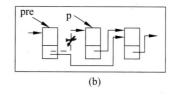

(a)   (b)

图 8.10   删除结点 p 的过程

这种删除是逻辑上的,p 指向的结点仍然在内存中占用存储空间,结点的指针域仍然指向原先指向的结点,只不过,从链表首结点开始遍历,已经不能访问到 p 结点了。要求 p 结点不再使用时,要用 free 函数释放 p 指向的空间。所以,删除结点的操作一般需要如下两步。

```
pre->next=p->next;                          /* p 的前一个结点的指针域,指向其后一个结点 */
```

```
    free(p);                              /* 释放已经不再使用到的结点所占的空间 */
```

删除结点操作中的特殊情形,是要删除的结点恰是首结点时,直接将首结点的指针指向 p 的下一个结点,再释放 p 占用的空间即可。

【案例 8.7】 接案例 8.6 建立起的有序链表,要设计算法,删除元素值为 b 的结点。

可以设计函数 delete_node 来实现这一操作。函数定义的原型可以为:

```
Node * delete_node(Node * head, int b);
```

函数的功能是在给定的头指针为 head 的链表中,删除数据域值为 b 的结点。函数的返回值为删除操作完成之后的链表的头指针。

当链表不为空时,首先找到要删除的结点 p(可以是直到最后一个结点,也没有发现值为 b 的结点),并同步地记录其上一个结点 pre。删除 p 指向的结点,也即删除 pre 指向结点的下一个结点。然后根据不同的情况给出相应的处理。

下面是 delete_node 函数的一种实现。

```
Node * delete_node(Node * head, int b)
{
    Node * p, * pre;
    p=head;                              /* p 首先指向首结点 */
    if(head==NULL)                       /* 链表为空时不能删除 */
        printf("List is null, delete failed.\n");
    else
    {
/* 首先找到要删除的结点 */
        while(b!=p->data&&p->next!=NULL)
        {
            pre=p;                       /* pre 记录 p 的值 */
            p=p->next;                   /* p 指向下一个结点,pre 指向是 p 的上一个结点 */
        }
        if(b==p->data)                   /* 要删除的结点 p 在链表中存在 */
        {
            if(p==head)                  /* 如果要删除的结点就是首结点 */
                head=p->next;            /* 令 head 指向 p 的下一个结点 */
            else                         /* 否则 */
                pre->next=p->next;       /* 删除 pre 的下一个结点 p */
            free(p);                     /* 释放 p 结点 */
        }
        else
            printf("%d not found, delete fail.\n", b);
    }
    return head;
}
```

在案例 8.6 的测试函数的基础上扩充，可以设计下面的 main 函数进行测试。

```
int main()
{
    int b[]={67, 25, 78, 99, 87},i;
    Node * head=NULL;
    for(i=0; i<5; i++)
        head=insert_node(head, b[i]);
    print(head);
    head=delete_node(head, 43);
    print(head);
    head=delete_node(head, 78);
    print(head);
    return 0;
}
```

8.2.6　链表结构的应用

链表和数组都是具有一对一的线性关系的数据的常用存储结构。两者在对存储空间的使用方式、适合的操作、访问方式等方面各具特点，决定了两者适用于在不同的应用场合。

首先，从对存储空间的使用方式上看，数组是申请的一块连续的内存空间，并且是在编译阶段就要确定空间大小的，同时在运行阶段是不允许改变的。而链表使用动态申请的内存空间，根据需求动态地申请或删除内存空间，分配的机制相对灵活。

其次，从要执行的操作上看，数组中的数据存储空间连续的特点，使得在插入和删除操作时，需要移动操作数所在位置后的所有数据，时间复杂度为 $O(n)$，开销相对要大。而链表在增加或删除数据时，对应的就是在链表中的插入结点和删除结点的操作，需要的开销与问题规模无关。

第三，数组使用连续的内存，可以通过下标直接读取数据，时间复杂度为 $O(1)$，而链表是物理上非连续的内存空间，需要从头遍历整个链表直到找到要访问的数据，没有数组有效。

综上所述，对于有快速访问数据要求，不经常执行添加删除操作，数据规模相对固定的场合，选择数组实现。而对于经常添加删除数据，对于访问速度没有很高要求，且数据规模变动大的场合，优先选择链表。

对于 8.1.2 节中"银行储蓄系统"案例，更适合用数组，而不用链表，原因如下。

（1）银行储蓄系统中的数据量非常大，用下标法快速访问，比通过指针域逐个地查找后才能访问，在效率上要高很多；

（2）开户时只需要在尾部添加数据，不需要移动现有数据，更是没有删除数据的需求（即使销户，只在"状态"中做标记，出于保存业务历史的需要，数据并不删除）；

（3）选择大小固定的数组的确存在问题，但是使用动态数组，能够很好地解决。

事实上,针对数据量巨大的应用,选择将所有数据读入到内存进行操作并不是一种好的方案。在案例中给出了结合文件的随机读写,在操作中准确定位,每次只将要操作的数据读取到内存中,这是最好的选择。

下面以实现多项式加法的需求为例,讨论链表在适合其的问题中的优势,以及如何根据问题的特点,应用链表作为存储结构求解问题的方法。

【案例 8.8】 选择多项式的存储结构,实现多项式的加法。

【数据结构设计】 多项式的通式是 $P_n(x)=a_n x^n+a_{n-1}x^{n-1}+\cdots+a_1 x+a_0$。$n$ 次多项式共有 $n+1$ 项。直观地,可以定义一个数组来存储这 $n+1$ 个系数 $a_i(i=0,1,\cdots n)$,在数组元素 $a[i]$ 中存储多项式的系数 a_i。

```
#define N 50                    /* N 是多项式可能的最大次数 */
double a[N+1];                  /* 数组元素对应各项的系数 */
```

以多项式 $p(x)=-3.4x^{10}-9.6x^8+7.2x^2+x$ 为例,存储这个多项式的数组如图 8.11 所示。

图 8.11 多项式 $p(x)$ 在数组中的存储

可以看出,这是一种可选的多项式存储方案,适合对某些多项式的处理。但是,存储的多项式为 $p(x)$ 时,除了 a[10]、a[8]、a[2]、a[1] 外,其余数组元素全为 0,存在浪费空间的现象。尤其是在处理一些次数高但项数少的多项式时,浪费情况更加严重。

另外一种可选的数组方案是,定义一个结构体,表示多项式中一项系数和指数,这样就可以用结构体数组存储多项式。系数为 0 的项,则不用再存储。具体如下。

```
#define N 20                    /* N 是多项式可能的最多项数 */
typedef struct
{
    int exp;                    /* 指数,正整数 */
    double coef;                /* 系数,浮点数 */
} Item;                         /* 多项式中的"项"的类型 */
Item poly[N];                   /* 存储多项式中各系数不为 0 的项的指数与系数 */
```

在这样的定义下,多项式 $p(x)$ 存储到数组 poly 后各元素的值如图 8.12 所示。

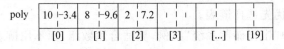

图 8.12 用结构体数组存储多项式

这种数组存储结构不存在上述的空间浪费的问题,但是带来了增加和删除代价大的问题。例如,在图 8.12 描述的多项式基础上,增加次数为 9 的项,将在这个连续存储的数据结构上插入数据元素,需要移动 poly[1] 及其之后的项。

—————— C 程序设计教程

还可以使用如下定义的单链表结构存储多项式：链表中的每一个结点是多项式中的一项，结点的数据域包括指数和系数两部分，由指针域连接起多项式中的各项。

结点的类型定义如下。

```
typedef struct node
{
    int exp;                    /* 指数,正整数 */
    double coef;                /* 系数,浮点数 */
    struct node * next;         /* 指向下一项的指针 */
} Item;
Item * head;
```

用于表示多项式 p(x) 的链表将如图 8.13 所示，在建立多项式的链表时，已经令结点按指数由大到小的顺序排列。

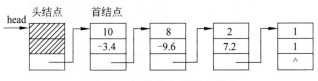

图 8.13　用单链表存储多项式

在这个链表中，用了与前述单链表稍不一样的处理方法。首结点仍然为保存数据的第一个结点，而在其前面，增加一个"专职"记录链表开始的"头结点"。可以看到，头结点中数据域部分存储的值并无意义，这样额外多增加一个结点的处理，将对链表的插入、删除操作带来方便。

【算法分析】　在如上定义的单链表存储结构基础上，讨论实现多项式加法的算法。两个多项式相加，其规则是对具有相同指数的项，令其系数相加。设两个待相加的多项式的链表的头指针分别为 head1 和 head2，两者的和保存到链表 head1 中。只需要先将 head1 和 head2 链表的首结点作为当前结点（分别用 p1 和 p2 指向）开始检测，在遍历链表的过程中，分情况做如下处理。

（1）若两个多项式中当前结点的指数值相同，则它们的系数相加，结果保存到 p1 结点，并将 p2 结点删除。如果相加后的系数不为 0，p1 指向第一个多项式的下一个结点，准备随后的工作，否则，不保存系数为 0 的项，将当前 p1 结点删除。

（2）当两个多项式中对应结点的指数值不相等时，若 p1 指向的结点的指数大，则 p1 简单地指向下一结点即可；而 p2 指向的结点大时，需要将 p2 结点插入到 p1 前，然后 p2 再重新指回到第二个多项式中的下一结点，继续进行处理。

（3）检测过程直到其中的任一个链表结束。若 p1 不为空，第一个多项式中的剩余项已经在链表中，不做处理，如果 p2 不为空，只需要将 p2 链接到相加后的第一个多项式末尾。

上述相加的过程，在程序中由函数 addpoly 实现。为保证程序的完整，在程序中设计了用于输入的函数 inpoly，建立多项式的链表；设计了函数 outpoly 来输出多项式。

在程序中，当前正在检测的结点由 p1 和 p2 分别指向，分别用 pre1 和 pre2 记录这两个工作中用到的当前结点的前一个结点,以便于完成插入和删除操作。由于链表结构的设置中,增加了专门的头结点,程序初始时,pre1 和 pre2 指向头结点,p1 和 p2 指向随后的首结点,使得在插入和删除操作时,不必再区分插入或删除的结点是否为首结点而做特殊的处理,使程序的可读性更好。这一点,可以在阅读程序时加以注意,还可以对照前面不设置专门的头结点时的处理方法进行理解。

程序如下。

```
#include <stdio.h>
#include <malloc.h>
typedef struct node
{
    int exp;                              /* 指数,正整数 */
    double coef;                          /* 系数,浮点数 */
    struct node * next;                   /* 指向下一结点的指针 */
} Item;                                   /* 多项式中的"项"的类型 */

void addpoly(Item * head1, Item * head2)  /* 多项式相加,结果保存在第一个多项
                                             式 */
{
    Item * pre1=head1, * pre2=head2;      /* pre1 和 pre2 先指向头结点 */
    Item * p1=head1->next, * p2=head2->next; /* p1 和 p2 是 pre1 和 pre2 的下一结
                                                点 */
    while(p1!=NULL && p2!=NULL)           /* 当两个链表都未结束时,重复做下面的工作 */
    {
        if(p1->exp==p2->exp)              /* 两个结点的指数值相同 */
        {
            p1->coef +=p2->coef;          /* 两结点的系数相加 */
/* 删除 p2 指向的结点 */
            pre2->next=p2->next;
            free(p2);
            p2=pre2->next;
            if(p1->coef!=0)       /* 相加后系数不为 0,相加结果已经记入 p1 结点 */
            {
                pre1=p1;                  /* 在 p1 改变前,用 pre1 记住 p1 的上一结点 */
                p1=p1->next;              /* 当前工作结点变为下一结点 */
            }
            else                          /* 相加后系数为 0,p1 结点应该删除 */
            {
                pre1->next=p1->next;      /* pre1 的下一结点指向 p1 的下一结点 */
                free(p1);                 /* 释放 p1 指向的结点 */
                p1=pre1->next;            /* 当前工作结点变为被删除结点的下一结点 */
            }
        }
```

```
        else if(p1->exp >p2->exp)  /* 当 p1 结点的指数大时,相加结果保留在 p1 结
                                        点  */
        {
            pre1=p1;
            p1=p1->next;                    /* p1 结点变为其下一结点  */
        }
        else            /* p2 指向的结点的指数大时,将 p2 插入到第一个多项式中  */
        {
            pre2->next=p2->next;            /* 在第二个多项式中建立新链接  */
            p2->next=p1;                    /* 被断开链接的 p2,链接到 p1 上  */
            pre1->next=p2;                  /* p2 结点被接入进第一个多项式  */
            pre1=p2;                        /* pre1 指向新插入的结点  */
            p2=pre2->next;                  /* p2 重回作为第二个多项式的当前结点  */
        }
    }
    if(p2!=NULL)                        /* 循环结束时 p2 不为空时  */
        pre1->next=p2;          /* 将第二个多项式中余下的所有结点接到第一个多项式  */
    return;
}
Item * inpoly()                  /* 输入多项式,建立链表,函数返回多项式链表头指针  */
{
    int e;
    double c;                           /* e 和 c 用于保存新建结点的指数和系数  */
    Item * head;
    Item * p, * pre;
    head= (Item * )malloc(sizeof(Item));    /* 分配新结点,作为头结点  */
    pre=head;                               /* pre 将作为要加入结点的前一结点  */
    printf("Enter exp and coef: \n");
    scanf("%d %lf", &e, &c);                /* 输入指数和系数  */
    while(e>=0)                             /* 输入的指数为负数时将退出循环  */
    {
        p=(Item * )malloc(sizeof(Item));    /* 分配新结点占用的空间  */
        p->exp=e;
        p->coef=c;                          /* 填入结点的值  */
        p->next=NULL;                       /* 新结点的指针域为空  */
        pre->next=p;
        pre=p;                              /* pre 保持要加入结点的前一结点角色  */
        scanf("%d %lf", &e, &c);            /* 输入下一个结点的值  */
    }
    return head;
}
void outpoly(Item * head)               /* 多项式的输出  */
{
    Item * p=head->next;                /* p 指向首结点  */
```

```
        while(p!=NULL)                       /* 循环中逐一输出结点,即多项式中的项 */
        {
            printf("(%d, %.2f)\n", p->exp, p->coef);
            p=p->next;
        }
        return;
    }
    int main()
    {
        Item * ah, * bh;
        ah=inpoly();
        printf("1st poly is: \n");
        outpoly(ah);                          /* 输入并显示第一个多项式 */
        bh=inpoly();
        printf("2nd poly is: \n");
        outpoly(bh);                          /* 输入并显示第二个多项式 */
        addpoly(ah, bh);                      /* 两个多项式相加,结果保存在第一个多项式中 */
        printf("Add result is: \n");
        outpoly(ah);                          /* 输出结果 */
        return 0;
    }
```

下面是程序运行的结果。

```
Enter exp and coef:
10 -3.4
8 -9.68
2 7.2
1 1
-1 0
Enter exp and coef:
15 9.7
10 4.3
0 145.67
-1 0
A is:
(10,-3.40)
(8,-9.68)
(2, 7.20)
(1, 1.00)
B is:
(15, 9.70)
(10, 4.30)
(0, 145.67)
C is:
```

```
(15, 9.70)
(10, 0.90)
(8,-9.68)
(2, 7.20)
(1, 1.00)
(0, 145.67)
```

从结果中可以看出,程序计算下面两个多项式的和:

$$p(x) = -3.4x^{10} - 9.68x^8 + 7.2x^2 + x$$
$$q(x) = 9.7x^{15} + 4.3x^{10} + 145.67$$

计算的结果是:

$$s(x) = 9.7x^{15} + 0.9x^{10} - 9.68x^8 + 7.2x^2 + x + 145.67$$

8.3　查　　找

查找,也经常被称为检索或搜索。要由用户提供称为"关键字"的待搜索的数据,由计算机在特定的数据集合中找出相关的关键字。

在众多的查找算法中,顺序查找的思想最为直观和简单。顺序查找在一组数据中,逐个地与待查找的数据进行比较,直到找出要查找的数据元素,或者在与所有数据元素比较过后,宣布找不到。

在单链表中查找,也只能使用顺序查找算法,从首结点开始,逐一地将结点中的值与待查找的数据比较。最坏情况下,会一直比较到最后一个结点才结束。

顺序查找是一种效率极低的算法,其复杂度为 $O(n)$。本节介绍一种常用的二分查找高效算法,其复杂度可以优化到 $O(\log n)$,而基于哈希函数存储数据和实施查找的方法,则另辟蹊径,只凭一次计算,就可以完成查找。

8.3.1　在有序表上的二分查找

先借助一个小游戏,体会一下二分法的思想。

甲在纸上写一个 1000 以内的数字,让乙猜。乙每猜一个数,甲需要告诉他,与纸上的数相比,是大了还是小了。问题是,乙应该采取什么策略,可以用最少的次数猜对数字?

乙可以从 1 到 1000 逐个猜测。他有可能在报 1 的时候,就猜到了,但也有可能猜到 1000 的时候才能猜对。这是顺序查找的思路,平均查找次数为 500。

乙应该采取的最佳策略,可以先猜是不是 500。如果不是 500,根据甲的提示,再确定猜是 1～499 间的数字,还是 501～1000 之间的数据,猜了一次,猜测的范围立刻缩小了一半。接下来的猜测,每次可以猜缩小范围后中间的数字。无论甲给出的数是多少,最坏都可以在 10 次以内猜到结果。

这样一次可以缩小一半范围的策略,应用到查找问题中,得到的就是二分查找算法。应用二分查找算法,前提是要查找的数据是有序的,也即数据在存储时,已经按照从小到大或者从大到小的顺序排好了。实际上,在上面的猜数小游戏中,之所以能够每次选中间的数字,就是因为所要猜的数从 1 到 1000 是有序的,且每两个数之间的间隔为 1。

设共有 N 个元素,它们按由小到大的顺序存储数组。图 8.14 展示了二分查找算法的思想。

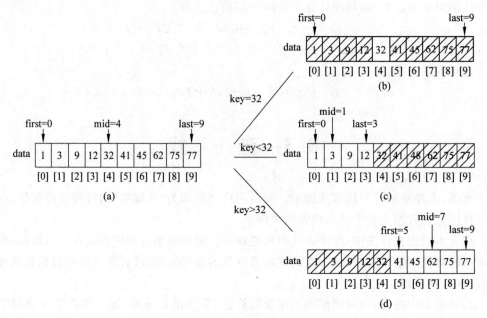

图 8.14 在有 10 个元素的数组中查找的过程

设数据元素存储在数组 data 中,要查找的关键字是 key。查找过程中,用三个整型变量 first、last 和 mid 表示数组中的下标,如图 8.14(a)所示:first 代表要查找的范围的开始位置,其初值为 0;last 代表要查找范围的最后位置,初值为 N-1;mid 表示要查找范围的中间位置。

首先,通过 first 和 last 计算 mid,mid=(first+last)/2,将关键字 key 与 data[mid]进行比较。

(1) 如果 key==data[mid],mid 所指示的位置上的数据恰好就是要找的数据元素,记录其下标 mid,查找结束,如图 8.14(b)所示;

(2) 如果 key<data[mid],由于 data 数组中的元素有序,要查找的 key 如果存在的话,必定在 data[mid]之前,将 last=mid-1,意味着下一轮的查找,将不考虑 data[mid]到 data[last]之间的数据,如图 8.14(c)所示,一次的比较,查找的规模缩小了一半;

(3) 如果 key>data[mid],同样的道理,将 first=mid+1,意味着下一轮的查找,只查找在 data[mid+1]到 data[last]间的数据,如图 8.14(d)所示。

重复上面的过程,直到被找的元素 key 被找到,或者能够判断要查找的元素在数组中不存在。

用什么样的条件能够表示要查找的元素在数组中不存在呢？例如，要查找的数据key的值为 43 时，按照图 8.14 的思路继续查找下去，会形成如图 8.15 所示的情形。这时候 first＞last，就意味着查找的过程该结束了，要找的元素在数组中不存在。

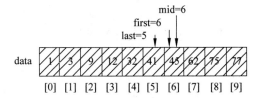

图 8.15　要查找的数据在数组中不存在时，会出现 first＞last 的情形

【案例 8.9】　设计实现二分查找的函数。

解法 1：定义二分查找的函数原型是：

```
int binary_search(int arr[], int n, int key);
```

binary_search 函数的功能是在长度为 n 的有序数组 arr 中，查找关键字 key；函数的返回值为关键字 key 出现的位置，若 key 不在数组中，返回－1。

binary_search 函数的实现如下：

```
int binary_search(int arr[], int n, int key)
{
    int index=-1;                /* 如果在查找过程中没有被重新赋值,返回初值-1 */
    int first=0,last=n-1,mid;    /* 定义控制查找范围的变量并赋初值 */
    while(first<=last)
    {
        mid=(first+last)/2;      /* 取中间位置 */
        if(key==arr[mid])        /* 找到了 */
        {
            index=mid;           /* 记录找到的位置 */
            break;               /* 及时退出 */
        }
        else if(key<arr[mid])    /* 该在前半段继续找 */
            last=mid-1;
        else                     /* 接着在后半段找 */
            first=mid+1;
    }
    return index;
}
```

可以设计如下的 main 函数，调用 binary_search 函数验证查找。

```
#define N 10
int main()
{
    int data[N]={1, 3, 9, 12, 32, 41, 45, 62, 75, 77};
```

```
        int key,index=-1;
        printf("Enter a key you want to search: ");
        scanf("%d" , &key);
        index=binary_search(data, N, key); /* 要在有 N 个元素的数组 data 中找 key */
        if(index >=0)
            printf("The index of the key is %d .\n", index);
        else
            printf("Not found.\n");
        return 0;
    }
```

解法 2：二分查找还可以用递归函数的形式实现。递归方法一般而言在执行中的效率低一些，但是对于递归的二分查找算法，由于不会出现不少递归求解中重复计算的现象，其效率还是可以保证的。

递归函数的原型是：

```
int recur_binary_search(int arr[], int first, int last, int key);
```

其功能是，在 arr 数组中的 arr[first] 到 arr[last] 中间，查找关键字 key 出现的位置。当 key 能够找到时，返回其位置，key 在数组中不存在时，返回 −1。

这个函数的定义如下。

```
int recur_binary_search(int arr[], int first, int last, int key)
{
    int index, mid;
    if (first>last)
        index=-1;                          /* first 大于 last,表示找不到了 */
    else
    {
        mid=(first+last)/2;                /* 找中间位置 */
        if(key==arr[mid])                  /* 找到了 */
            index=mid;                     /* 记录位置 */
        else if(key<arr[mid])              /* 将在前半段继续找 */
            index=recur_binary_search(arr, first, mid-1, key);
        else                               /* 将在后半段继续找 */
            index=recur_binary_search(arr, mid+1, last, key);
    }
    return index;
}
```

说明：只需要将解法 1 的 main 函数中对查找函数的调用，改为 recur_binary_search(data,0,N−1,key) 即可运行得到相同的结果。

二分查找算法，体现的是一种"分而治之"的思想，在解决一个完整问题的时候，转变为去解决一个规模更小的同类子问题，不断减小规模，直到得到结果。二分查找算法每次都可以将问题规模缩小一半，这样做的效果非常可观。这也就意味着，在一个大小为 n 的数组中查找,最多需要 $\log n$ 次的比较就可以得出结果。

用一个实例体验二分查找的效率。例如,某银行发行了 100 万张信用卡,若采用顺序查找,在最坏情况下需要 100 万次的比较,平均也需要 50 万次,这是远远不能满足众多的持卡者在交易中需要频繁认证的需求的。而利用二分查找,则最多需要 20 次就可以得到结果($2^{20}>100$ 万),这真是天壤之别。

需要强调的是,二分查找的前提是数据已经被有序排列。为数据排序,以及在数据动态更新过程中保持有序,也是影响效率的因素。因此,二分查找常用于排序不常变化的场合。

8.3.2　用哈希法存储和查找数据

二分查找算法的复杂度,表现已经相当不错。是否还有比二分查找还快的算法?这样的算法是有的。不过,要节省下时间,空间的开销不免要增加。

哈希(Hash)法,是在工程项目中普遍使用的另外一种快速查找的方法。采用哈希法,首先需要确定一个称为哈希函数的计算方法。例如,确定哈希函数为 $y=f(x)$,则意味着关键字为 x 的数据,将存储在下标为 y 的位置上,如图 8.16 所示。

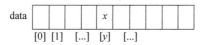

图 8.16　用哈希函数 $y=f(x)$ 确定关键字为 x 的数据,存储在下标为 y 的位置

数据在查找中实施的算法,是依赖于数据在存储时所用方法的。在这里,数据存储和查找的两个环节,都需要用到哈希函数。具体地,在存储数据时,根据关键字,用哈希函数计算出存储地址,将数据存储到该位置上;在查找时,根据查找给出的关键字,也用相同的哈希函数计算存储数据的位置,于是直接到该位置上,判断要查找的数据是否存在。在实际的应用中,这里所说的关键字,仅是数据元素中的一部分,例如查找学生信息,将学生的学号当关键字,根据学号查找到了学生信息所在的位置,诸如姓名、性别、年龄等各种数据也就被找到了。

使用哈希法对数据进行存储和查找,选用哈希函数是个关键。哈希函数是影响程序性能的重要因素。最理想的情况下,每个关键字都能对应唯一的存储位置,这样对于任何数据的查找,只需要通过哈希函数计算,就可以直接确定位置。例如,有 100 个不重复的数据,其取值范围是 0～10 000。可以用一个有 10 001 个元素的数组 data 存储这 100 个数据,存储的规则是:对要保存的数据 x,就存储在数组元素 $\text{data}[x]$ 中,若 y 不在这一组数据中,$\text{data}[y]$ 元素的值取 -1,如图 8.17 所示。

data	-1	-1	8.5	-1	x	-1	2379	-1		-1
	[0]	[...]	[85]		[x]	[...]	[2379]	[...]		[10 000]

图 8.17　在 $\text{data}[x]$ 中存储 x,$\text{data}[y]$ 的值为 -1,表示 y 不在这一组数据中

很显然,在这里所用的哈希函数是 $f(x)=x$。由于 x 的取值范围是 0～10 000 之间,必须分配 10 001 个单元的数组存储 100 个有效的数据,从存储空间的角度,效率很低。而从查

找的时间上看,判断 x 是否存在,直接看 data[x] 的值是否是 x。若 dada[x] 的值是 -1,x 不在这个数据集合中。所以,从时间复杂度角度,则没有比这更快的查找算法了。

显然,$f(x)=x$ 这样的哈希函数对存储空间的要求太奢侈。在工程中,常用直接定址法、平方取中法、折叠法、除留取余法等方法确定哈希函数。

以最简单的除留取余法为例。哈希函数为 $y=f(x)=x\%N$(N 一般是一个很大的素数),x 的取值范围可能会很大,但经过对 N 取余之后,就可以将其存储位置限制在 $0\sim N-1$ 之间。为理解方便,以 $N=13$ 这样一个小素数为例说明问题。当 $x=79$ 时,$79\%13=1$,79 存储在 data[1] 中,而当 $x=33$ 时,$33\%13=7$,91 存储在 data[7] 中。

无论如何精心地挑选哈希函数,总有可能会发生两个不同的关键字,对应同一哈希函数值的情况,即有 $x_1\neq x_2$,但 $f(x_1)=f(x_2)$,意味着值为 x_1 和 x_2 的两个数据,都要存储在 $f(x_1)$ 位置处,例如,当哈希函数选 $f(x)=x\%13$ 时,33 和 98 都应该存储在 data[7] 位置上。这种现象被称为"地址冲突"。

要使用哈希法,"地址冲突"首先要解决。N 值越大,冲突的可能性就越小,但不可避免地带来存储空间上的更多开销,N 值应该在满足需求的情况下,尽可能小。当 N 取质数时,根据质数的性质,冲突的可能性会尽量小。在 N 值的选取上做文章也不可避免冲突的发生,接下来就要采取技术手段,解决冲突。

常用的冲突解决方法包括开放地址法、再哈希法、链地址法等。以开放地址法为例。如果两个数据元素由于哈希函数值相同而产生了冲突,则在哈希表中为后插入的数据元素另外选择一个位置存储。最简单的是线性探测法,就是考察其相邻的位置是否存储其他关键字,若没有存储,则在相邻位置存储,若已经有,则继续考察相邻的下一个位置。例如,$33\%13$ 和 $98\%13$ 均为 7,在 data[7] 处已经存储了 33 的情况下,则考察是否可以将98 存储到 data[8] 处。

图 8.18 中展示了哈希函数选 $f(x)=x\%13$,用线性探测法解决冲突的一个存储结果。规定数组中有效的数字全为正数,所以,数组元素的初始值取 0,如图 8.18(a) 所示。当在数组中逐个存储 12 33 45 98 79 34 后,线性表中的数据将如图 8.18(b) 所示。在存储的过程中,12、33、45 都按计算得到的值,存储到 data[12]、data[7]、data[6] 中,当存储98 时,本来应该存储到 data[7] 中,但由于 data[7] 已经存储了 33,98 只能存储在其后的 data[8] 中,在将 79 存储在 data[1] 中后,34 本来应该存储在 data[8],却由于 data[8] 已经存储了 98,只能存储在下一个尚"空闲"的单元 data[9] 中。

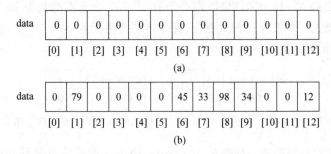

图 8.18 哈希函数 $f(x)=x\%13$,用线性探测法解决冲突,12 33 45 98 79 34 的存储结果

C 程序设计教程

存储数据的方法确定后,查找的算法随之确定。针对要查找的关键词,用相同的哈希函数计算关键字应处的位置,用解决冲突的方法,试探在冲突发生后继续查找的方案。例如,针对图 8.18 中存储的数据,要查找 34,会首先按地址计算方法,找 data[8],却发现其中不是 34,于是找下一个位置,结果在 data[9] 处找到了。再比如要查找 66,通过计算知道应该考察 data[1] 中的元素,但该位置的元素不是 66,再到下一个位置找,data[2] 却是空元素,这时就可以断定,在数组中并未存储 66。

【案例 8.10】 设计程序,用哈希法存储和查找数据。

下面的程序采用最简单的除留取余法计算存储地址,用开放地址法中的线性探测解决冲突。函数 insert_hash 用于将数据存储到数组中,函数 search_hash 用于按关键词查找。

```c
#include <stdio.h>
void insert_hash(int h[], int len, int key);
int search_hash(int h[], int len, int key);
#define N 13                        /* N 取素数 */
int main()
{
    int data[N]={0};            /* 数组中要存储的均为正数,初始化为全 0 表示值为空 */
    int key;                    /* 待查关键字 */
    int i;
    for (i=0; i<6; i++)         /* 存储数据 */
    {
        scanf("%d", &key);
        insert_hash(data, N, key);  /* 将值为 key 的关键字存入长度为 N 的数组 data
                                       中 */
    }
    printf("Enter a key you want to search: ");
    scanf("%d", &key);              /* 输入待查找的关键字 */
    int index=search_hash(data,N, key);  /* 在长度为 N 的数组 data 中查找关键字
                                            key */
    if(index >=0)                   /* 输出结果 */
        printf("The index of the key is %d .\n", index);
    else
        printf("Not found.\n");
    return 0;
}
/* 将值为 key 的关键字存入长度为 N 的数组 data 中 */
void insert_hash(int h[], int len, int key)
{
    int i;
    i=key % len;                    /* 用除留余数法计算出存储数据的位置 */
    while (h[i] !=0)                 /* 如果该位置已经存储了数据,即发生了冲突 */
    {
```

```
            i++;                          /* 用线性探测法找后面的位置 */
            i %= len;                      /* 如果越界了,将试探数组最开始的位置 */
        }
        h[i]=key;                          /* 存储关键字 key */
    }
    /* 在长度为 N 的数组 data 中查找关键字 key,返回存储数据的位置,-1代表没找到 */
    int search_hash(int h[], int len, int key)
    {
        int i;
        i=key%len;                         /* 用除留余数法计算出存储数据的位置 */
        while (h[i] !=0 && h[i] !=key) /* 确定的位置上不为空,也不是要找的数,这是由当时
                                             存储数据时发生过冲突所致 */
        {
            i++;                          /* 也用线性探测法找后面的位置 */
            i %= len;                      /* 如果越界了,将试探数组最开始的位置 */
        }
        if (h[i]==0)                       /* 找到的是空元素,说明没有找到 */
            i=-1;                          /* 返回-1将代表没有找到 */
        return i;                          /* 返回结果 */
    }
```

由以上程序可以看出,哈希算法与顺序查找、二分查找不同。哈希法用于查找,从理论上讲,并不是基于比较的,而是将关键字和存储位置通过哈希函数联系起来,用关键字确定存储位置,从而实现查找。哈希算法的效率高,在于只需要计算哈希函数,就可以实现查找。哈希法的算法性能不再与问题规模 n 有关系。

由于冲突的存在,哈希法的性能依赖于一个称为装填因子的指标。在这里装填因子 α 是指需要存储的数据数量与存储数据的数组的大小的比值。装填因子 α 越小,发生冲突的可能性就越小,查找时越容易一次就“命中”。在存储资源足够的情况下,通过选择合适的哈希函数,保证不会有冲突的发生,在查找时就能真正做到直接从计算得到的地址处找到所要查找的信息。应用哈希法时,一般开辟的空间,也在实际需求基础上要留有余地,所以在案例 8.10 的程序中,没有对数组中数据满的情况下的存储进行考虑。

8.4 排　序

使一组数据有序化的过程叫做排序。对一组数据排序,就是对数据按关键字以某种次序重新排列,可以是从小到大(升序)排,也可以是从大到小(降序)排。

排序可以应用到很多场合,在计算机科学中,排序一直是一个非常重要的话题。排序同时又是一个进行算法研究、分析和教学的理想题材。6.1 节介绍的冒泡排序算法,以其原理简单而在教学中广泛使用,但这种算法属于效率偏低的一种算法。本节将介绍另外一种在实际应用中更常用的快速排序。排序算法很多,可以有很多种思路去想问题,本节介绍简单

的基数排序,则是一种不将比较作为基本操作,以空间代价换取时间效率的方法。

8.4.1　快速排序

快速排序的基本思想是,找序列中的一个数(就取其首元素 data[0])作为基数,首先确定基数在排好序的数组中的位置,将其保存到该位置上,然后对其两边的数再用同样的策略确定位置。例如,对于序列 6 1 2 7 9 3 4 5 10 8,首先将 6 作为基数,确定 6 在序列中的位置,得序列 3 1 2 5 4 6 9 7 10 8。从整体上看,序列中所有小于 6 的数在左边,所有大于 6 的数在右(先不必关心基数两边的数字次序是如何形成的)。

这就是在快速排序中,对序列第一次扫描后的结果。首先参照图 8.19,看这样一个过程是如何进行的。

在确定基数为 data[0]后,两个用来记录数组下标的变量 j 和 i 开始工作。如图 8.19(a)所示,j 代表最右的位置,其职责是要向左找小于基数的数,i 代表最左的位置,其职责是要向右找大于基数的数。接着,如图 8.19(b)所示,只要 data[j]≥base,j 值连续递减(j——),直到向左找到了小于基数的元素;而 i 用类似的方法向右,找到了大于基数的元素的下标。为了达成最终以基数为界分隔开小于等于基数和大于等于基数的目标,现在只需要将 data[i]和 data[j]交换即可,如图 8.19(c)所示。交换后,这样的过程继续,如图 8.19(d)和图 8.19(e)所示,直到 i 和 j 相等,如图 8.19(f)所示。而此时,将基数与中间

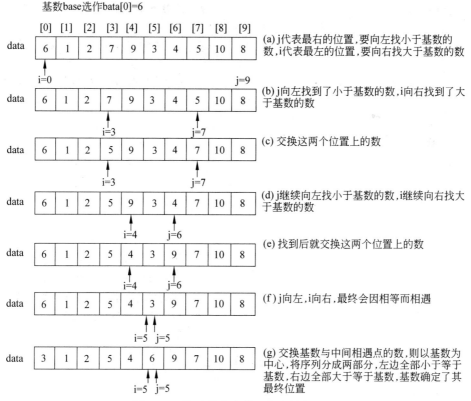

图 8.19　快速排序中第一次扫描的过程

相遇点的数 data[i]交换,形成了我们期望的如图 8.19(g)所示的结果。

到第二趟的扫描时,采取的策略与第一趟的完全一样。不过在这个时候,对前半段和后半段的数据分别进行处理,需要分别选定基数后,为基数找到其最终的位置。

【案例 8.11】 实现快速排序。

快速排序中的每一趟都用同样的策略,可以用递归函数的形式实现快速排序。递归函数原型是:

```
void quicksort(int data[], int first, int last);
```

其功能是对数组 data 中的 data[first]到 data[last]的部分进行排序,选用的基数是 data[first]。

函数的实现如下。

```
void quicksort(int data[],int first,int last)
{
    int i, j, t, base;
    if (first>last)
        return;
    base=data[first];                      /* 用首元素作为基数 */
    i=first;
    j=last;
    while(i!=j)                            /* 重复下面的过程,直到 i 和 j 相等 */
    {
        while(data[j]>=base && i<j)        /* j 从右向左,找到小于基数的元素 */
            j--;
        while(data[i]<=base && i<j)        /* i 从左向右,找到大于基数的元素 */
            i++;
/* 交换两个数 */
        if(i<j)
        {
            t=data[i];
            data[i]=data[j];
            data[j]=t;
        }
    }
    data[first]=data[i];                   /* 将 i,j 相遇处的值保存在基数位置 */
    data[i]=base;                          /* 将基数保存在其应该的位置 */
    quicksort(data,first,i-1);             /* 用同样的策略,递归处理左边的部分 */
    quicksort(data,i+1,last);              /* 用同样的策略,递归处理右边的部分 */
}
```

设计下面的 main 函数来测试快速排序的算法。

```
int main()
{
```

```
int data[10]={6, 1, 2, 7, 9, 3, 4, 5, 10, 8};
quicksort(data, 0,9);
int i;
for(i=0; i<10; i++)
    printf("%d ", data[i]);
printf("\n");
return 0;
}
```

细心的读者可以发现,在一般情况下,每一级的递归,会使问题的规模比原先的缩小一半。这里体现出来的思想和二分查找一样,是"分而治之"。每一次的递归,都使问题规模成倍地减小,快速排序算法的复杂度达到了 $O(nlogn)$,达到了比较类排序算法的下界,将其命名中的"快速"是名副其实的。

8.4.2 简单计数排序

计数排序是一种简单而有效的非比较类排序算法。当输入的元素是 n 个 $0\sim k$ 之间的整数时,它的时间复杂度是 $O(n+k)$,其速度快于任何比较类的排序算法。

按照计数排序的思想,需要设置一个额外的数组,该数组中的第 i 个元素用来存储排序数据中值等于 i 的元素的个数。借助这个额外的数组中存储的计数信息,就可以将待排序的数据按照规定的顺序列出来。

下面介绍最简单的计数排序及其实现。

设待排序的 10 个数据保存在数组 A 中,它们是取值范围在 $0\sim20$ 之间的整数。用于计数的数组为 C,其大小取决于待排序数的取值范围,所以应该有 21 个元素。根据 A 数组中提供的数据,可以由程序完成统计,如图 8.20 所示,C[i]的值,就是 i 在 A 数组中出现的次数。

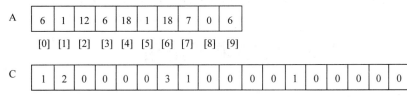

图 8.20　C[i]的值,就是 i 在 A 数组中出现的次数

由此,计数排序的步骤如下。

步骤 1:统计数组中每个值为 i 的元素出现的次数,存入数组 C 的第 i 项。

步骤 2:根据 C[i],输出待排数据。

【案例 8.12】　简单的计数排序程序。

根据上面的分析,写出的计算排序程序如下。

```
#include <stdio.h>
```

```c
int main()
{
    int A[10]={6,1,12,6,18,1,18,7,0,6};    /* 通过初始化给出待排序值 */
    int C[21]={0}; /* 用于计数的 C 数组的所有元素初值为 0 */
    int i, j;
    /* 为每一个待排序的数计数 */
    for(i=0; i<10; i++)
        C[A[i]]++;                          /* 例如,A[i]为 6 时,C[6]++,C[i]是 i 出现的次数 */
    /* 根据计数信息输出 */
    for(i=0; i<21; i++)                     /* 考察待排序数据范围内的每一个数 i */
        for(j=1; j<=C[i]; j++)              /* 输出 C[i]个 i,此即是排序的结果 */
            printf("%d ", i);
    printf("\n");
    return 0;
}
```

由题目中给出的数据,程序的运行结果是:

0 1 1 6 6 6 7 12 18 18

可以发现这样的排序的确在时间上节省了很多,一次扫描就可以确定所有元素的次序。但是需要付出的代价是,额外分配存储空间(C 数组)用于计数,这是"时空平衡"的结果。要排序的数值跨度越大,所需要的额外空间越多。所以,计数排序对于数值跨度不是很大的场合尤其适用。

在实际应用中,由于用来计数的数组 C 的长度取决于待排序数组中数据的范围(等于待排序数组中的最大值与最小值的差加上 1),这使得计数排序对于数据范围很大的数组,需要大量时间和内存。不过,众多排序算法选用的原则,是要看问题本身的特点,也可以将数据做适当的变换,使其符合计数排序适用的条件,然后再用计数排序解决。

8.5 问题求解策略

针对一个给定的问题,需要找到行之有效的算法去解决。学习和研究前人给出的算法,是具备运用算法和设计算法能力的途径。这其中包括几个层次:①知道一个已有的算法解决特定的问题;②从几个算法中,选择一个最合适的去解决给定问题;③改进已有的算法使其更适合解决当前问题;④设计算法解决别人没有解决过的问题。本节介绍一些常用的算法设计策略,一方面帮助读者拓宽运用算法的视野,另一方面,也具备初步的算法设计的能力。

常见的算法设计策略包括:穷举(见 3.4.1 节)、迭代(见 3.4.2 节)、递归(见 5.4节)、分治(在 8.3.1 节介绍的二分查找和 8.4.1 节介绍的快速排序中,体现了分治策略)。在本节中,介绍贪心、回溯和动态规划的方法。

8.5.1 回溯法

回溯法是一种通用的搜索算法,几乎可以用于求解任何可计算的问题。算法的执行过程就像是在迷宫中搜索一条通往出口的路线,总是沿着某一方向向前试探,若能走通,则继续向前进;如果走不通,则要做上标记,换一个方向再继续试探,直到得出问题的解,或者所有的可能都试探过为止。

下面用经典的八皇后问题为例来讲解如何使用回溯的思想解决问题。

八皇后问题:在 8×8 的棋盘上摆放 8 个皇后,使其不能互相攻击,即任意的两个皇后不能处在同一行、同一列或同一斜线上。可以把八皇后问题拓展为 n 皇后问题,即在 $n \times n$ 的棋盘上摆放 n 个皇后,使其任意两个皇后都不能处于同一行、同一列或同一斜线上。

首先需要对棋盘进行描述。直观地,棋盘可以用二维数组表示,有皇后的棋格对应数组元素值为 1,无皇后的棋格对应数组元素值为 0。但这种存储结构并不是最简单有效的选择。

图 8.21 中左边部分给棋盘的行、列编了号,提供的摆放方法,就是问题的一个解。右边的部分,将各行上皇后所在的列数记录下来,用这 8 个数字 $(4,6,8,2,7,1,3,5)$ 也构成了对问题解的一种描述。

由此可以看出,可以定义一个一维数组 int x[N];,用 x[i] 的值表示第 i 行上皇后所在的列数,n 皇后问题的解可以用 $(x[1],x[2],\cdots,x[n])$ 的形式描述。

解决了数据表示的问题,设计数据处理的方法。这里要用回溯的策略,设计计算机对 n 皇后问题的求解方法。以四皇后为例,如图 8.22 所示,在图 8.22(a) 中,第 1 行第 1 列上放置一个皇

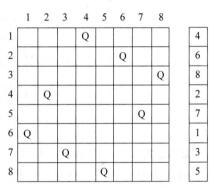

图 8.21 八皇后问题的一个解

后,图 8.22(b) 中确定第 2 行的可能放法,在尝试第 1 列、第 2 列由于相互攻击而放弃之后,确定在第 3 列放置可以继续,在图 8.22(c) 中继续对第 3 行进行考察,发现将所有 4 列都尝试过了,也没有办法将皇后安排一个合适的位置,对第 4 行做任何的尝试都没有意义,这时产生回溯,结果是在图 8.22(d) 中将第 2 行的皇后安排到第 4 列,然后第 3 行的暂时可以放在第 2 列,在图 8.22(e) 中试着确定第 4 行的皇后,却发现无解再次回溯,只能够如图 8.22(f) 所示将第 1 行的皇后放到第 2 列,再经图 8.22(g) 和图 8.22(f) 之后找到四皇后问题的一个解,那就是图 8.22(h) 的 (2,4,1,3)。

在图 8.23 中,给出求出四皇后问题所有解的完整过程的描述。图中 (1 * * *) 对应图 8.22(a) 中第 1 行皇后安排在第 1 列,其他行待定的状态,接下来的 (1 3 * *) 对应了图 8.22(b) 中第 2 行皇后安排在第 3 列的状态。可以判断出在这个状态下,继续尝试并不能够完成求解,于是发生回溯(其下方的 B 代表回溯),于是下一个尝试的状态将是 (1 4

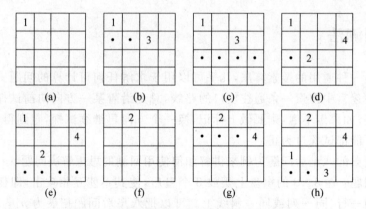

图 8.22　用回溯找出四皇后问题一个解的过程

＊＊），……。将这样的过程继续下去,能够找出四皇后问题的所有解(2 4 1 3)和(3 1 4 2),如图 8.23 中两个加网格背景的结点所示。

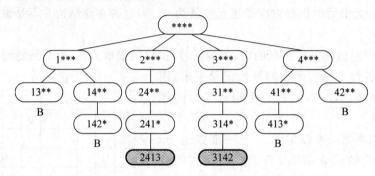

图 8.23　求出四皇后问题所有解的完整过程

搞清楚用回溯法求解的过程后,将关注如何基于$(x[1],x[2],\cdots,x[n])$形式的解结构,写出让计算机完成求解过程的代码。四皇后问题尚且可以在纸上画出解,八皇后问题的可能解有 8!＝40 320 种,最终解有 92 种,必须要依靠计算机求解了。

什么样的解才是可行的?需要描述出任何两个皇后可以“互相攻击”这样的条件。

(1)有两个皇后处在同一行:解的结构$(x[1],x[2],\cdots,x[n])$已经保证同一行不会出现两个皇后。

(2)有两个皇后处在同一列:表示为 $x[i]＝x[k]$,假如在图 8.23 中出现表示为(1 1＊＊)、(4 2 3 2)之类的结点,则说明有两个皇后在同一列了。

(3)有两个皇后处在同一斜线:若两个皇后的摆放位置分别是第 i 行第 $x[i]$ 列、第 k 行第 $x[k]$ 列,若它们在棋盘上斜率为－1 的斜线上,满足条件 $i－x[i]＝k－x[k]$,例如(1 4 3 ＊)、(4 1 2 ＊);若它们在棋盘上斜率为 1 的斜线上,满足条件 $i＋x[i]＝k＋x[k]$。将这两个式子分别变换成 $i－k＝x[i]－x[k]$ 和 $i－k＝x[k]－x[i]$,例如(3 4 1 ＊)。综合两种情况,两个皇后位于同一斜线上表示为 $|i－k|＝|x[i]－x[k]|$。

在下面的程序实现中,place(x,k)函数用于判断在第 k 行第 $x[k]$ 列放置皇后,是否会与前面摆放好的皇后产生相互攻击。只要有某行(第 i 行)的皇后与这个第 k 行的皇后

处在同一列（x[i]＝x[k]）或者处在同一斜线（|i−k|＝|x[i]−x[k]|），则立即返回假(0)，表示不可能构成解。

再接下来，就是在实现问题求解的 nQueens(x，n)函数中，从第一行开始，逐行逐列地考察皇后的摆放，当遇到某一行所有可能情况试过不必再深入到下一行考察时，及时回溯到上一行，接着考察。

程序实现中，将保存解的数组定义成了动态数组。多分配一个单元，因为数组的首元素 x[0]一直空闲未用，有用的单元是 x[1]～x[n]。

【案例 8.13】 求解八皇后问题的程序。

```
#include <stdio.h>
#include <math.h>
#include <malloc.h>

void nQueens(int * x, int n);          /* 求解 n 皇后问题 */
int place(int * x, int k);             /* 判断是否可以在第 k 行第 x[k]列摆放皇后 */
void printSolution(int * x, int n);    /* 输出求解结果 */

int main()
{
    int n;
    int * x;                           /* 存放求解结果的数组首地址 */
    scanf("%d", &n);
    x=(int *)malloc(sizeof(int) * (n+1)); /* 动态分配数组空间, x[0]空闲 */
    nQueens(x, n);
    return 0;
}
/* 如果一个皇后能放在第 k 行第 x[k]列,则返回真(1),否则返回假(0) */
int place(int * x, int k)
{
    int i;
/* 对前 k-1 行,逐行考察 */
    for(i=1; i<k; i++)
    {
/* 如果前 k-1 行中有某行的皇后与第 k 行的在同一列或同一斜线,返回 0 */
        if((x[i]==x[k])||(fabs(x[i]-x[k])==fabs(i-k)))
            return 0;
    }
/* 能执行下一句,说明在第 k 行第 x[k]列摆放皇后,不会互相攻击 */
    return 1;
}
/* 求解在 n×n 的棋盘上,放置 n 个皇后,使其不能互相攻击 */
void nQueens(int * x, int n)
{
```

```
    int k;
    k=1;                             /* k是当前行 */
    x[k]=0;                          /* x[k]是当前列,进到循环中,立刻就会执行x[k]
                                        ++,而选择了第1列 */
    while(k>0)/* 当将所有可能的解尝试完后,k将变为0,结束求解过程 */
    {
        x[k]++;                      /* 移到下一列 */
        while(x[k]<=n && !place(x, k)) /* 逐列考察找出能摆放皇后的列x[k] */
            x[k]++;
        if(x[k]<=n)                  /* 找到一个位置可以摆放皇后 */
        {
            if(k==n)                 /* 是一个完整的解,输出解 */
                printSolution(x, n);
            else                     /* 没有完成最后一行的选择,是部分解,转向下一
                                        行 */

            {
                k++;                 /* 接着考察下一行 */
                x[k]=0;    /* 到循环开始执行x[k]++后,下一行将从第一列开始考察 */
            }
        }
        else /* 对应x[k]>n的情形,这一行已经没有再试的必要,回溯到上一行 */
            k--; /* 上一行在原第x[k]列的下一列开始考察 */
    }
}
/* 输出求解结果 */
void printSolution(int * x, int n)
{
    int i, j;
    for (i=1; i <=n; i++)            /* 输出第i行 */
    {
        for (j=1; j<=n; j++)
        {
            if (j==x[i])             /* 第x[i]列输出Q,其他列输出*号 */
                printf("Q");
            else
                printf("*");
        }
        printf("\n");
    }
    printf("\n");
}
```

8.5.2　贪心法

贪心法广泛应用于最优化问题的求解中。例如,在工厂生产安排中,在现有生产能

力、生产资料、制造时间的限制条件下,如何合理安排几种产品的生产,能使总产值最高或总利润最大;设计 GPS 导航的路径规划时,如何才能用最短路程、最短时间或最少收费,到达目的地。

贪心法的设计思想是,将待求解的问题分解成若干个子问题进行分步求解,且每一步总是做出当前最好的选择,即得到局部最优解,最终期望由各个局部最优解,能合成得出问题的全局最优解。贪心法是以当前的局部利益最大化为导向的问题求解策略。

【案例 8.14】 解决找零钱问题的程序。

假设有三种硬币,面值分别为 1 元、5 角和 1 角。这三种硬币各自的数量不限。在设计自动售货机时,需要解决为顾客找零钱的问题,请设计程序,要求找给顾客的硬币的枚数最少。

对这个问题,很容易给出原则:尽可能找给顾客面值大的硬币。例如,要找 2.7 元的方案如下。

(1) 确定面值不超过 2.7 元的面额最大的硬币是 1 元硬币;

(2) 计算最多用几枚 1 元硬币,使金额不超过 2.7 元——给顾客找两枚 1 元硬币;

(3) 剩余 0.7 元,确定不超过 0.7 元,面额最大的是 5 角硬币;

(4) 计算最多用几枚 5 角硬币,使金额不超过 0.7 元——给顾客找一枚 5 角硬币;

(5) 剩余 0.2 元,当前最大面额的硬币为 1 角;

(6) 计算最多用几枚 1 角硬币——给顾客找两枚 1 角硬币。

这个找钱的过程,实际上就是一种典型的贪心思路。它并不是从整体最优上加以考虑,它所做的每一步选择,只是在某种意义上的局部最优选择。

下面给出解决这个问题的程序,为方便处理,金额的单位都用分,例如 1 角硬币为 10,输入 2.7 元时,要输入 270。

```c
#include <stdio.h>
int main ()
{
    int money[10]={100,50,10,0};  /* 最大面额的硬币面值排在最前面,将被优先处理 */
    int x;                        /* 找零金额 */
    int i=0, n=0, m;              /* i 初值为 0,体现从币值最大的硬币开始考虑 */
    scanf("%d", &x);              /* 输入找零金额 */
    while(x>0 && money[i]!=0)
    {
        m=x/money[i];             /* 确定面额为 money[i] 的硬币 */
        n+=m;                     /* n 记录零钱总枚数 */
        x-=m*money[i];            /* 剩余的零钱金额 */
        i++;                      /* 将继续考虑下一种面额的硬币 */
    }
    if(x==0)
        printf("最少零钱数:%d\n", n);
    else
        printf("找不开了\n");
```

```
        return 0;
    }
```

贪心法是最接近于人类日常思维的一种求解方法,在计算机问题求解中发挥着重要的作用。不过有些时候,这样的策略却不见得奏效。例如,将上面找零钱问题稍做改动,三种面值的硬币分别是1元、5角、3角(假定银行发行了这种面额的硬币),要找给顾客2.7元,用贪心法会得到"找不开"的结论,而实际上最优解是存在的(1个1元,1个5角,4个3角),找给顾客9个3角,也是一种可行解。

【案例8.15】 最优装载问题。

已知一批集装箱的重量,要将它们装入一个载重量为 c 的货船中,在货船装载体积不限的前提下,怎样才能将最多的集装箱装上船?

这个问题可以用贪心法解决。目标是装上船的集装箱的个数最多,约束条件是货船载重量有限,所以选择优先重量最少的集装箱装船的策略,以此得到最优装载问题的一个最优解。

给出问题的一个实例来说明求解的过程。设货船的载重量 c 为13,共有5个集装箱待装船,各个集装箱的重量依次为5、7、6、3、2。在设计算法时,用一个数组 w[] 存放输入的每个集装箱的重量。

为了实施重量最少的集装箱优先被选择的策略,需要对数组 w[] 排序。但排序之后,下标与原有的重量值之间对应关系将被改变。下面的算法中给出的一个解决方案是,另外设计一个数组 t[],记录数组 w[] 中元素的下标。在根据重量对 w[] 排序的过程中,保证数组 t[] 能够记录元素在原数组中的下标。例如,图8.24(a)中是排序前 w[] 和 t[] 中的值,排序后,其值应该对应图8.24(b)的情形。

(a) 排序前的w[]和t[]   (b) 排序后的w[]和t[]   (c) 在w[]和t[]的指导下求解

图8.24　算法执行过程中,各个数组的作用

问题的最终解要记录到数组 x[] 中。x[i] 值为0代表第 i 个集装箱不装船,x[i] 值为1代表第 i 个集装箱装船。x[] 中的元素初值全为0,在算法运行过程中,确定第 i 个集装箱装船,就将 x[i] 置1。由图8.24(b)可以看出,第一个能确定装船的是排序后的 w[0],它在原数组中的下标为 t[0],于是,在图8.24(c)中,将 x[t[0]],即 x[4] 赋值为1,表示在排序前的 w[] 数组中,下标为4的集装箱要装船。最终解如图8.24(c)所示,表示原先下标为3和0的集装箱,即重量为3和5的集装箱要装船。

由此看出,解决这个问题需要以下三步。

Step 1 按集装箱重量排序,同时在 t 数组中保存原有的顺序;

Step 2 根据排好序的数组 w[],在不超重的情况下,确定哪些集装箱该被装载;

Step 3 输出结果。

下面是解决这个问题的程序。

```c
#include <stdio.h>
#define N 50                        /* 最多可能集装箱数 */
int main()
{
    int w[N];                       /* 存放集装箱重量,w[i]是第 i 个集装箱的重量 */
    int x[N]={0};  /* 用来存放集装箱的装法,x[i]为 1 表示 i 集装箱要装船,为 0 不装 */
    int t[N];                       /* 用来存放 w[i]的下标 */
    int c;                          /* 货船总载重量 */
    int n;                          /* 集装箱个数 */
    int i, j, tmpw, tmpt;           /* 用于控制循环及用于交换的临时变量 */
    printf("输入货船的最大载重量:");
    scanf("%d", &c);
    printf("输入集装箱个数:");
    scanf("%d", &n);
    printf("输入每个集装箱的质量:\n");
    for(i=0; i<n; i++)
        scanf("%d", &w[i]);
/* 在数组 t[]中记录下原先集装箱的下标 */
    for(i=0; i<n; i++)
        t[i]=i;
/* 步骤 1:按集装箱重量排序,同时在 t 数组中保存原有的顺序 */
    for(i=0; i<n-1; i++)
        for(j=0; j<n-i-1; j++)
            if(w[j]>w[j+1])         /* 如果前大后小,要交换 */
            {
                tmpw=w[j];          /* 交换 w 中的元素 */
                w[j]=w[j+1];
                w[j+1]=tmpw;
                tmpt=t[j];          /* 同时交换代表它们原先下标的数组 */
                t[j]=t[j+1];
                t[j+1]=tmpt;
            }
/* 步骤 2:根据排好序的数组 w[],在不超重的情况下,确定哪些集装箱 */
    for(i=0; i<n && w[i]<=c; i++)
    {
        x[t[i]]=1;                  /* w[i]要装载,其原下标是 t[i],所以 x[t[i]]=
1 */
        c=c-w[i];                   /* 调整 c 值 */
    }
/* 步骤 3:输出结果 */
    for(i=0; i<n; i++)
```

```
    {
        if(x[i]==1)
            printf("BOX:%d ", i);
    }
    return 0;
}
```

程序输入货船的最大载重量 c 为 13，集装箱个数 n 为 5，每个集装箱的重量分别为 5、7、6、3、2 后，输出为 BOX：0 BOX：3 BOX：4，分别代表装载重量为 5、3、2 的集装箱。

贪心法由于其算法简单，效率高而广泛应用，但是在决定使用之前需要对问题本身进行深入分析，以保证使用贪心算法能得到最优解（相关的理论分析请查阅相关资料）。贪心算法不是对所有问题都得到最优解，但实际应用中的许多问题都可以用贪心算法得到最优解。与此同时，即使贪心法得到的不是最优解，但也是不错的近似解。相比采用复杂度很高的求精确解的算法，使用贪心法求得满足要求的近似解也可以接受。

8.5.3　动态规划

动态规划也称多阶段决策，是求解决策过程最优化的数学方法。动态规划方法往往面对的是组合问题，而这类问题当问题规模变大时，可能解的情况很多，以至于按照常规方法不能够在有效时间内求得解。

动态规划方法求解问题的基本思想是，将待求解的问题分为若干个阶段，即若干个互相联系的子问题，在求解子问题的过程中，逐步推导出原问题的解。计算过程要存储子问题的解，从而避免对子问题多次的重复求解，提高算法效率。

【案例 8.16】　用动态规划求解最短路径问题。

目前在各种移动设备中都配置了的智能导航系统中的路径规划功能。有了这一功能，导航系统可以为用户计算出满足各种不同要求的，从出发地到目的地的最优路径，可能是花费时间最短，也可能是路程最短，也可能是过路费最少。这样的问题，适合用动态规划方法。

如图 8.25 所示，将出发点、终止点，以及中间经过的路口，表示为图中的结点，带箭头的线条代表行进的方向，线条上的数字代表之间的距离、时间或者过路费。将这个数字笼统地称为开销（Cost），这是一种抽象，使得这样一种数据描述忽略了具体的意义，反过来却能够适应相关的各种情况了。这样从图中任意一点到另外一点，都有多种可能的路径选择，最短路径指在两个结点之间所有路径中，开销之和最小的路径。

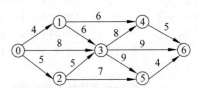

图 8.25　将要求从 0 结点到 6 结点的最短路径

在现实中，随便一次导航遇到的问题，对应的结点可能都比这复杂得多。这样的问题如果要通过组合的方法解决，用户是没有耐心等着导航设备慢慢计算的。下面以从结点 0 到结点 6 的最短路径为例，展示用动态规划求解的方法。

显然，若结点 k 经过从结点 0 到结点 6 的最短最径，则这条路径中从 0 到 k 之间的结点，构成的也就是从 0 到 k 的最短路径。这一点可以用反证法证明，这里略去。这个原理很重要，这是应用动态规划法的基础。

这样，为计算从结点 0 到结点 6 的最短路径，只需要依次求出从结点 0 到各中间结点的最短路径。将求解过程分为 5 个阶段。

用 cost[i] 表示从结点 0 到结点 i 的开销，中间经过的结点构成了最短路径。用 path[i] 表示从结点 0 到结点 i 的最短路径上 i 的前一结点。初始时，cost[0]＝0，后续各阶段，依次递推计算。

第 0 阶段：由出发点 0 到其自身，开销为 0：

cost[0]=0

第 1 阶段：到达结点 1 或结点 2。两结点都只能由结点 0 直接到达，没有别的选择，开销的计算也简单：

cost[1]=cost[0]+4=4,path[1]=0
cost[2]=cost[0]+5=5,path[2]=0

第 2 阶段：到达结点 3。可以由结点 0 直接到达(开销为 cost[0]＋8)，也可以经由结点 1 到达结点 3(开销为 cost[1]＋6)，还可以经由结点 2 到达结点 6(开销为 cost[2]＋5)，取这三种方案的最小开销是 cost[0]＋8，值为 8，因此 path[3] 的值为 0：

cost[3]=min{cost[0]+8, cost[1]+6, cost[2]+5}=8,path[3]=0

第 3 阶段：到达结点 4 和结点 5。结点 4 可以由结点 1 到达，也可以由结点 3 到达，最短路径取两者最小；同理，到结点 5 的最短路径，在由结点 2 到达和由结点 3 到达的两条决定：

cost[4]=min{cost[3]+8, cost[1]+6}=10,path[4]=1
cost[5]=min{cost[3]+9, cost[2]+7}=12,path[5]=2

第 4 阶段：到达结点 6。经由结点 3、结点 4 和结点 5 三种可能到达，选三者中最短。

cost[6]=min{cost[4]+5, cost[3]+9, cost[5]+4}=15,path[6]=4

根据计算得知，从结点 0 到结点 6 的最短路径值是 15。从 path[6] 往前倒推，分别经过了 4(path[6])、1(path[4])、0(path[1]) 结点，说明从起点 0 到终点 6 的最短路径是 0→1→4→6。

下面的代码实现了动态规划求解的过程。

```
#include<stdio.h>
#define n 7
#define x 9999                        /* 用一个尽可能大的开销,代表结点之间没有通路 */
int map[n][n]=   /* 对图 8.25 中交通网的描述,map[i][j]代表 i 结点到 j 结点的开销 */
{
    {x,4,5,8,x,x,x},
```

```
        {x,x,x,6,6,x,x},
        {x,x,x,5,x,7,x},
        {x,x,x,x,8,9,9},
        {x,x,x,x,x,x,5},
        {x,x,x,x,x,x,4},
        {x,x,x,x,x,x,x}
    };
    int main()
    {
        int cost[n];                    /* 记录出发点到每个结点的最短路径 */
        int path[n]={0};                /* 记录到达各个结点的最短路径中,上一个结点的编号 */
        int i,j;
        int minCost, minNode;
        cost[0]=0;                      /* 出发点到自己的开销为 0 */
        for(i=1; i<n; i++)              /* 循环过程中,求出到每个结点的最小开销,并且记录
                                           使开销最小的前一结点 */
        `{
            minCost=x;
            for(j=0; j<i; j++)
            {
                if(map[j][i]!=x)
                    if((cost[j]+map[j][i])<minCost)
                    {
                        minCost=cost[j]+map[j][i];
                        minNode=j;
                    }
            }
            cost[i]=minCost;
            path[i]=minNode;
        }
        printf("最短路径的开销为:%d\n",cost[n-1]); /* 输出最短路径的开销 */
        printf("从终点向前推,最短路径经过了:");
        i=n-1;                          /* n-1 就是终点的编号,本例中,n 值为 7 */
        while(i!=0)
        {
            printf(" %d",path[i]);      /* 输出最短路径上前一个结点的编号 */
            i=path[i];                  /* 从刚输出的结点,再循环向前倒推 */
        }
        printf("\n");
        return 0;
    }
```

本章知识结构图

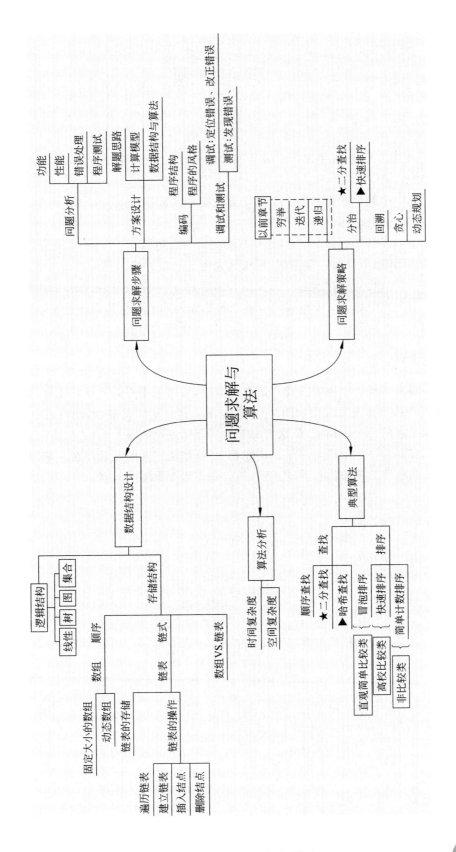

习 题

基础知识

8.1 有人认为,用程序设计完成问题求解的任务,最关键的工作就是写程序。请评论这样的观点。

8.2 在一个数组中存储着 8 个由小到大排序的数据:8 13 17 26 44 56 88 97,请写出利用二分查找算法查找 88 的过程。

8.3 有一组数据:44 96 38 62 88 41 37 28 73,现用 $y = f(x) = x \% 17$ 作为哈希函数,长度为 17 的数组作为存储空间,用线性探测法解决冲突。请写出这一组数据存储结果,并描述从中找出 62 的过程。

8.4 有一组数据:14 7 23 31 40 56 78 9 2,请写出利用快速排序算法,将其由小到大排序的过程。

程序设计

8.5 参考单链表中尾插法建立链表的策略,写出采用头插法策略建立链表的算法并用 C 语言实现。即,使每次增加的结点,总是作为链表新的首结点,而链表中原先的首结点,作为新结点的下一个结点,依次与原有的所有结点产生联系。

8.6 (2204)在一个递增有序的线性表中,有数值相同的元素存在。采用单链表存储这些数据,编程序删掉数值相同的元素,使表中不再有重复的元素。

输入:元素个数和数据元素
输出:排序后的数据
样例输入:
6
8 9 10 11 22 22
样例输出:
8 9 10 11 22

8.7 (2227)两个整数序列 A=a1,a2,a3,…,am 和 B=b1,b2,b3,…,bn 已经存入两个单链表中,设计一个算法,判断序列 B 是否是序列 A 的子序列。

输入:
一个整数 m,表示 A 序列的长度 m。
m 个数表示 A 序列中的 m 个数据元素。
一个整数 n,表示 B 序列的长度 n。
n 个数表示 B 序列中的 n 个数据元素。
输出:yes 或者 no
样例输入:
9

12 13 14 15 6 71 18 19 10

5

15 6 71 18 19

样例输出:Yes

8.8　利用单链表结构存储多项式,实现两个多项式的乘法运算。

8.9　(2325)利用 search(a,n,k)函数在数组 a 的前 n(n≥1)个元素中找出前 k 个 (1≤k≤n)小的值。假设数组 a 中各元素的值都不相同。

输入:数组中各元素及 n、k 的值

输出:a 中前 k 个小的值

样例输入:

5 6 2 1 4 85 78 11

7 4

样例输出:5 2 1 4

8.10　(2754)输入一组整数,将这组整数用快速排序算法从小到大排列。

输入:n 和 n 个整数

输出:从小到大输出

样例输入:

10

2 1 3 5 4 6 8 7 9 10

样例输出

1 2 3 4 5 6 7 8 9 10

8.11　(1082)约翰买了他农场的卫星照片,照片有 W×H 像素(1≤W≤80,1≤H≤ 1000),并希望确定最大的连通的牧场。所谓连通,是指图像中任何成对的区域都可以通 过遍历相邻的垂直或水平而连接起来。(这很容易建立起形状怪异的牧场,甚至圆圈当中 套着圆圈。)

每张照片中的区域用字符表示,用星号(＊)表示牧场区域,用点(.)表示非牧场区。 下面是一个 10×5 样品卫星照片。

```
..*.....**
.**..*****
.*...*....
..****.***
..****.***
```

这幅照片有三个连通的牧场,分别有 4、16 和 6 个像素。

输入:

第 1 行:两个整数,表示卫星照片的宽和高,即 W 和 H。

第 2~H+1 行:每行包含星号(＊)和点(.),代表卫星照片中的一行。

输出:卫星照片中最大连通区域的大小。

样例输入:

10 5
..*.....**
.**..*****
.*...*....
..****.***
..****.***
样例输出:16

8.12　(2461)寒假到了,小明回到家和爸妈打声招呼就奔向电视了,作为一个资深电视迷,一定想看尽量多的完整的电视节目,以弥补学校枯燥的学习生活。假设你已经知道了所有小明喜欢看的电视节目的转播时间表,请帮助小明合理安排时间(目标是能看尽量多的完整节目)。

输入:输入数据包含多个测试实例,每个测试实例的第一行只有一个整数 n(n≤100),表示喜欢看的节目的总数,然后是 n 行数据,每行包括两个数据 T_{i_s},T_{i_e} (1≤i≤n),分别表示第 i 个节目的开始和结束时间,为了简化问题,每个时间都用一个正整数表示。n=0 表示输入结束,不做处理。

输出:对于每个测试实例,输出能完整看到的电视节目的个数,每个测试实例的输出占一行。

样例输入:

12
1 3
3 4
0 7
3 8
15 19
15 20
10 15
8 18
6 12
5 10
4 14
2 9
0

样例输出:5

8.13　(2363)学校定于5月16日举行校运动会。学校有 n 个系。组委会要求每个系有 m 个运动员参加开幕式,并且每个系的 m 个运动员站成一队。假设 n×m 名运动员站成一个 n 行 m 列的队列,表示为 Anm:下图中的每一行代表一个系。

a11 a12 a13 … a1m
a21 a22 a23 … a2m
...
an1 an2 an3 … anm

现组委会要求每系在 m 个运动员中选出一名旗手站在本系的前面,为了视觉上的美

观,要求相邻的旗手身高差距尽可能小,形成一个完美旗手队列。比如从上述队列中选择出{a12,a24,a33,…,ank}作为旗手队列,则这 n 个人的身高差最小的队列是完美旗手队列。比如有 4 个系,各系选择的旗手分别为 a,b,c,d,则 val＝|a－b|＋|b－c|＋|c－d|最小的选择为完美旗手队列。你能帮学校选择完美旗手队列吗?

输入:多个测试样例,每个测试样例第一行为两个整数 n, m(1≤n, m≤1000),接着是 n 行整数数列,表示原始的队列,整数值表示运动员的身高(≤10 000)。

输出:对于每一个测试样例,输出最小的 val 值。

样例输入:

3 3

2 3 1

4 7 6

7 9 2

样例输出:3

项目实践

8.14 银行储蓄系统的设计和实现。

模拟银行柜台业务的要求,实现一个小型的"银行储蓄系统"软件的开发,其中包括开户、存款、取款、转账、改密、挂失、解挂、销户等功能。

在开发过程中,请按照问题求解过程的要求,体验开发过程中需要做的工作。除了下面的系统基本功能的描述外,鼓励开展调研,使开发的软件尽量符合实际的银行储蓄系统的实际业务内容。可以参考 8.1 节中关于选用合适的数据结构的讨论,确定数据存储方案。

要求在程序运行过程中或程序结束运行之前,将业务发生的数据保存到文件中,并在下一次运行时,能从文件中读出数据,使业务能够继续在原先的基础上开展。可以使用文本文件,也可以使用二进制文件。

根据模块化程序设计的要求,将各功能设计成独立的函数实现。必要时,提取出公共的功能设计专门的函数,作为支持各函数中的子功能要调用的模块。建议设计"菜单"式的操作界面,方便用户的使用。

各功能的要求分别如下。

(1) 开户:增加一个银行账户,输入账号、姓名、密码、金额,状态自动置为 0(正常)。建议输入密码的过程中,以星号(﹡)代替实际的输入的符号显示出来(实现方法请利用搜索引擎获得帮助)。作为对密码的设置,在输入一次密码后,需要再次输入密码,两次输入一致后,才接受并保存。由于设置了密码,其他的业务必须在输入的账号、密码均正确时才能继续。

(2) 存款:输入账号、金额,增加该账号的余额。

(3) 取款:输入账号、金额,减少取款后的余额。要求取款额不能超过原余额。

(4) 查询:输入账号,显示账户信息。

(5) 转账:输入转出的账号、金额以及转入的账户,减少转出账号的余额,增加转入账号的余额。要求转出账户的金额不能超过该账号的余额,转出减少的金额,与转入账户增加的金额相同。

(6)挂失:输入账号,将其状态改变为1(挂失)。处于挂失状态的账号,不能执行除解挂以外的其他任何操作。

(7)解挂:输入账号,将状态为1(挂失)的账户的状态改为0(正常)。

(8)销户:输入账号,确认后,提示将余额全部取完,将余额置0,并将状态 state 置为2(销户)。办理销户后的账号,不能再执行除查询以外的功能。

(9)改密:用新密码替代旧密码。新密码要求输入两次,一致后才确认改密成功。

8.15 构建 Fibonacci 序列。分别用递推、递归、数组构建 Fibonacci 序列的若干项,分别从时间、空间的复杂度角度对三种方法进行比较,并实际测试三种方法程序运行的时间。

ASCII 值	控制字符	ASCII 值	控制字符	ASCII 值	控制字符	ASCII 值	控制字符
0	NUT	32	（space）	64	@	96	、
1	SOH	33	!	65	A	97	a
2	STX	34	"	66	B	98	b
3	ETX	35	#	67	C	99	c
4	EOT	36	$	68	D	100	d
5	ENQ	37	%	69	E	101	e
6	ACK	38	&	70	F	102	f
7	BEL	39	,	71	G	103	g
8	BS	40	(	72	H	104	h
9	HT	41	)	73	I	105	i
10	LF	42	*	74	J	106	j
11	VT	43	+	75	K	107	k
12	FF	44	,	76	L	108	l
13	CR	45	—	77	M	109	m
14	SO	46	.	78	N	110	n
15	SI	47	/	79	O	111	o
16	DLE	48	0	80	P	112	p
17	DCI	49	1	81	Q	113	q
18	DC2	50	2	82	R	114	r
19	DC3	51	3	83	X	115	s
20	DC4	52	4	84	T	116	t
21	NAK	53	5	85	U	117	u
22	SYN	54	6	86	V	118	v
23	TB	55	7	87	W	119	w

ASCII 值	控制字符	ASCII 值	控制字符	ASCII 值	控制字符	ASCII 值	控制字符
24	CAN	56	8	88	X	120	x
25	EM	57	9	89	Y	121	y
26	SUB	58	:	90	Z	122	z
27	ESC	59	;	91	[	123	{
28	FS	60	<	92	/	124	|
29	GS	61	=	93	]	125	}
30	RS	62	>	94	^	126	~
31	US	63	?	95	—	127	DEL

附 **B** 录 综合实践报告

1. 问题描述

据说著名犹太历史学家 Josephus 有过以下的故事：在罗马人占领乔塔帕特后，39 个犹太人与 Josephus 及他的一个朋友躲到一个洞中，39 个犹太人决定宁愿死也不要被敌人俘虏。于是决定了一个自杀方式，41 个人排成一个圆圈，由第 1 个人开始报数，每报数到第 3 人该人就必须自杀，然后再由下一个重新报数，直到所有人都自杀身亡为止。Josephus 要他的朋友先假装遵从，他将朋友与自己安排在第 16 个与第 31 个位置，成为剩下的两个人，逃过了这场死亡游戏。

2. 问题分析

对问题描述进行简化如下：

将 41 个人从 1 到 41 编号，按编号从小到大顺序顺时针围成一圈。从编号为 1 的人沿顺时针方向开始从 1 报数，报到 3 的人出列。然后，下一个人开始重新从 1 报数，直到只剩下两个人，求这两个人的编号。

要解决的问题是：

(1) 每次报到 3 的人如何出列，使得下次报数时不再计算这个人；

(2) 圈中编号最大的人（如编号 41）报完数后，如何自动转到剩下最小编号的人（如编号 1）接着报数；

(3) 如何知道圈中剩下多少个人。

3. 计算模型

对问题描述抽象如下：

数字 1～n 分别从小到大沿顺时针围成一圈，从数字 m 沿顺时针方向开始从 1 计数，记到 k 时，从圈中删除该数字，从下一个数字开始重新从 1 计数，直到圈中只剩下两个数，求这两个数。

将问题抽象出三个参数 n,m,k，用这三个参数表述原问题为 Josephus(n,m,k)。

对原问题进行模拟分析：

第一个被删除的数是 1+(m+k−2) MOD n，在第一个数被删除后，原问题可以等价转换为：n−1 个数围成一圈，从数字 1+(m+k−1) MOD n 开始计数，记到 k 时，从圈中删除该数字，直到只剩下两个数。删除第一个数字后的问题可以用参数表述为

Josephus(n−1,1+(m+k−1) MOD n,k)。

以上分析表明,一个数字删除后,其生成的新问题是一个与原问题相同且规模更小的子问题。而新问题的解就是原问题的解。

按照以上模拟过程,每模拟一次 n 减少 1,当模拟过程进行了 n−2 次时,此时恰好剩下两个数,就是问题的解。

4. 算法分析

根据计算模型可以将算法描述如下。

(1) 令原问题为 Josephus(n,m,k),n 表示总数(n≥2),m 表示初始计数的数字,k 表示计数临界值,n 个自然数 1～n 从小到大沿顺时针方向围成一圈;

(2) 如果 n 等于 2,算法结束,输出剩下的数字;

(3) 从数字 m 开始沿顺时针方向从 1 计数,当计数为 k 时,删除该数字;

(4) m 等于被删除数字的下一数字;

(5) n=n−1;

(6) 转到步骤(2)。

5. 数据结构

根据以上算法分析可知,每个数字需要知道它下一个数字的情况,逻辑结构可以采用线性表。物理存储结构可以使用数组或者链表。

以下分析是两种方式解决关键问题的策略。

1) 采用数组方式

将所有数字按顺序存储到一个一维数组中,使用数组元素的值记录数字是否已经从圈中删除。初始化所有数组元素为 1,用 1 表示所有数字都在圈中,对于从圈中删除的数字,并不是从数组中删除真正的数组元素,而只是将该数组元素的值置为 0。这样在计数时,只有数组元素值为 1 的数字才会影响计数结果,解决了删除的数字不再参与计数的问题。

2) 采用链表方式

将每个数字作为一个链表结点,按数字从 1 到 n 建立具有 n 个数字的循环链表。对于每个要删除的数字,只需将其从链表中删除。

采用数组方式实现,已经删除的数字仍需要访问(对应数组元素没有真正删除)并判断,而链表方式解决了删除数字重复访问的问题,因此链表更适合处理该问题。

```
typedef struct node
{
    int data;                       /* 结点编号 */
    struct node * next;
} LinkNode;                         /* 链表结点 */
```

6. 主要代码实现

因篇幅原因,此处只列出部分函数实现的代码。

1）LinkNode * create_linknode(int data)；

生成一个新的链表结点，其结点编号为 data。

2）LinkNode * create_linklist(int n)；

创建具有 n 个结点的单循环链表。返回尾结点的指针。

3）LinkNode * delete_linknode(LinkNode * previous)；

删除循环链表 previous 的下一个结点，返回 previous。

4）void Josephus(LinkNode * last,int n,int m,int k,int leftover)

对尾指针为 last 的循环链表进行处理。n 个人从第 m 个开始报数，报到 k 的出列，输出最后出列的 leftover 个人。

```
void Josephus(LinkNode * last,int n,int m,int k,int leftover)
{
    LinkNode * previous;        /* 指向上一个结点 */
    LinkNode * current;         /* 指向当前结点 */
    int i;
    /* 定位到第一个报数的人 */
    previous=last;
    current=previous->next;
    for(i=0; i<m-1; i++)
    {
        previous=current;
        current=current->next;
    }
    /* 循环模拟 n 次报数过程 */
    while(n>0)
    {
        /* 从 1 到 k 报数 */
        for(i=0; i<k-1; i++)
        {
            previous=current;
            current=current->next;
        }
        /* 输出最后出列的 leftover 个人 */
        if(n<leftover+1)
            printf("%5d",current->data);
        /* 删除 previous 的下一个结点 current */
        previous=delete_linknode(previous);
        if(previous)
            current=previous->next;
        n--;                      /* 人数减 1 */
    }
}
```

7. 运行与测试

1）编写测试主函数

```
int main()
{
    int n,m,k;                      /* 人数,起始报数编号,报数 */
    int leftover=2;                 /* 最后剩下的人数 */
    LinkNode * last;                /* 指向链表的最后一个结点 */
    printf("enter n,m,k,leftover:");
    scanf("%d%d%d%d",&n,&m,&k,&leftover);
    if(n<1||m<1||k<1||leftover<1)
    {
        printf("Error n or m or k or leftover\n");
        return 0;
    }
    last=create_linklist(n);        /* 建立具有 n 个元素的链表 */
    Josephus( last, n, m, k,leftover);
    return 0;
}
```

2）选择测试数据并检测结果

第一组测试：边界数据测试。

输入：1 1 1 1
输出：   1

目的：测试最小边界数据 n、m、k、leftover 的取值。

第二组测试：边界数据测试。

输入：10 1 1 10
输出：   1   2   3   4   5   6   7   8   9   10

目的：测试最大边界数据 leftover 的取值,按模拟次序输出所有人。

第三组测试：非法数据测试。

输入：1 0 1 1
输出：Error n or m or k or leftover

目的：检测异常数据处理能力。

第四组测试：非法数据测试。

输入：10 1 1 20
输出：   1   2   3   4   5   6   7   8   9   10

目的：检测 leftover 的取值过大时,程序的自适应能力。

第五组测试：题目中的原始数据。

输入:41 1 3 2
输出: 16   31

目的:给出题目的正确答案。

8. 改进

题目采用的存储结构为链表,比数组实现方式在报数时节省了时间,但空间要求比数组方式要多。两种实现方式的时间复杂度为 $O(nk)$,空间复杂度均为 $O(n)$。而该问题存在等价的数学解法,其时间复杂度为 $O(n)$,空间复杂度为 $O(1)$。

9. 总结

将整个题目完整地做出来后,体会到了对一个问题从分析、建模到算法的分析和设计,直到最后代码实现,以及实现后代码优化的整个过程。了解了今后解决问题时的方法,分析问题时应如何分析。用链表来解决这个问题的过程中,加深了对链表的理解,而且通过与数组的对比,更加明白了两者的优劣。